相馬隆郎 [著]
Takao Soma

C言語
で作って学ぶ
数値計算
プログラミング

Learning
Numerical Programming
through C

講談社
Kodansha

はじめに

　本書は理工系大学の学部生を対象に数値計算法の基礎的な内容をまとめたものです．数値計算とは具体的な数値を用いて計算を行うことを指します．たとえば微分方程式を解く場合，解析的な処理によって解の数式を求めるのではなく，具体的な解曲線を数値的に求めることが目的となります．また関数の積分を求める場合も不定積分ではなく，定積分した結果の数値を求めることになります．

　コンピュータの発展した現代においては，一般に数値計算というと手計算ではなくコンピュータを用いた計算を指します．したがって数値計算を学ぶには，数学の知識とコンピュータの知識の両方が必要になります．とくに本書を読むのに必要となる前提知識は，数学的な部分では学部1年生で学ぶ程度の線形代数および微分積分に関する基礎知識です．またコンピュータに関する知識としては，主にプログラミングについての知識，本書ではC言語を用いますのでその基本的な知識が必要となります．

　以上のもと本書の目的は次の2点です．

1. 数値計算法の基礎的な手法を一通り身に付ける
2. 数値計算法のプログラムを作成できる能力を身に付ける

　これらに関し，よく聞く学生の声としては「計算手法は理解できても，それをどうやってプログラムにするのかがわからない」というものです．そこで本書では，各手法のプログラムについて紹介するだけでなく，数値計算のプログラムの作り方に関する解説も行っていきます．見通しよくプログラムを作成するためには，コーディングを始める前に大まかな設計を行っておくことがとても重要です．そのためのツールとして本書ではSPD（Structured Programming Diagram）を利用します．これはフローチャートと同種の図表ですが，フローチャートよりもアルゴリズムの構造がわかりやすくなるように工夫されています．またSPDでは図表を階層的，段階的に作ることができるため，プログラムの全体像を把握しながら詳細を作り込んでいく，といった使い方ができ，設計には非常に有効なツールです．このSPDを用いることで，初見の計算手法であっても自力でプログラムを作成する能力を身に付けられるようになります．

　なお本書は基本的にはC言語を用いていますが，Cで実現しにくい一部の機能については，C++を用いました．具体的にはC++のクラスと演算子多重定義を用いています．これらを導入する目的は自動微分を利用することです．自動微分とは文字通り関数の微分値を自動計算する手法です．第7章で紹介するニュートン法のように，数値計算の手法には関数の微分値を必要とするものがあります．自動微分を用いることにより，手計算で微分してから計算機に掛ける，といったような一手間を省くことができます．

　また同じく第7章で，クラスや演算子多重定義によるプログラミングの練習として複素数のクラスを導入しました．こちらに関しては，現在ではC言語でも複素数を扱うことができるようになっているので，より実際的な問題を解く場合は複素数演算用のライブラリを用いてください．

　なお，これらの章で必要となるC++の文法事項については以下のダウンロードサイトに説明を載せておきましたので，Cを知っているがC++は知らないという人はそちらをご確認ください．また本書に掲載したプログラムは以下のサイトからダウンロードが可能です．

https://github.com/LeaningNumericalProgrammingThroughC/Programming

本文中に記載したプログラムリストは一部省略している部分もありますので，実際に実行する際はダウンロードサイトのプログラムをご利用ください．また，章末問題の解答や正誤表についてもサイトをご確認ください．

　最後に本書をまとめるにあたり，巻末の参考文献に挙げた本をはじめとした多くの良書を参考にさせて頂きました．著者の方々にお礼を申し上げます．また，本書の完成に至るまで遅筆な私を温かく見守り，気長に付き合ってくださった講談社サイエンティフィク編集部の方々には大変深くお礼を申し上げます．

2025年4月

著者

目次

第1章　コンピュータ内の数値表現と誤差

1.1　**計算機内の数値表現**......1

1.1.1●浮動小数点数......1

1.1.2●浮動小数点数の計算機への実装......3

1.2　**数値計算による誤差**......7

1.2.1●丸め誤差......7

1.2.2●情報落ち......8

1.2.3●桁落ち......12

第2章　数値計算の基礎知識

2.1　**数値計算プログラムの作成方法**......15

2.1.1●プログラムの基本構造......15

2.1.2●総和・総乗を含む数式のプログラムへの変換......16

2.1.3●総和・総乗以外の手続きとしての反復処理......19

2.1.4●図的イメージをもとにしたプログラミング......21

2.1.5● SPD......22

2.2　**ベクトルノルムと行列ノルム**......25

2.2.1●ベクトルノルム......25

2.2.2●行列ノルム......29

第3章　連立一次方程式の直接解法（1）

3.1　**ガウスの消去法**......34

3.1.1●ガウスの消去法の原理......34

3.1.2● SPD を用いたプログラム設計......37

3.2　**部分ピボット選択付きガウスの消去法**......43

3.2.1●部分ピボット選択付きガウスの消去法の計算方法......43

3.2.2●部分ピボット選択のプログラム作成......44

3.3　**ガウスの消去法の計算量**......48

第4章　連立一次方程式の直接解法（2）

4.1　**LU 分解**......52

4.1.1●行の入れ替えを含まない LU 分解......52

4.1.2●行の入れ替えを含む LU 分解......57

4.1.3● LU 分解のプログラム作成......59

4.2 **コレスキー分解**......62

4.2.1●コレスキー分解の計算方法......62

4.2.2●コレスキー分解のプログラム作成......63

4.3 **修正コレスキー分解**......67

第5章 連立一次方程式の反復解法

5.1 **ヤコビ法**......71

5.1.1●ヤコビ法の計算方法......71

5.1.2●ヤコビ法のプログラム作成......72

5.2 **ガウス・ザイデル法**......76

5.2.1●ガウス・ザイデル法の計算方法......76

5.2.2●ガウス・ザイデル法のプログラム設計......76

5.3 **SOR 法**......77

5.3.1● SOR 法の計算方法......77

5.3.2● SOR 法のプログラム作成......78

5.4 **各手法の行列による表現と収束性**......80

5.5 **共役勾配法**......88

5.5.1●最急降下法と最適勾配法......89

5.5.2●共役勾配法......90

5.5.3●共役勾配法のプログラム作成......93

5.5.4●共役勾配法の収束......95

第6章 数値微分と自動微分

6.1 **数値微分**......100

6.2 **自動微分**......102

6.2.1●自動微分の概要......102

6.2.2●ボトムアップアルゴリズム......103

6.2.3●計算グラフによる説明......105

6.2.4● C++によるボトムアップ型の実装......110

6.2.5●トップダウンアルゴリズム......113

6.2.6● C++によるトップダウン型の実装......113

第7章 非線形方程式の解法（1）

7.1 2分法......119
　7.1.1 ● 2分法の計算方法......119
　7.1.2 ● 2分法のプログラム作成......120
7.2 反復法と縮小写像原理......122
7.3 ニュートン法......125
　7.3.1 ● ニュートン法の反復式の導出......125
　7.3.2 ● ニュートン法の収束性......126
　7.3.3 ● ニュートン法のプログラム作成......129
7.4 ニュートン法の複素数への拡張......130
7.5 DKA法......134
　7.5.1 ● DKA法の概要......134
　7.5.2 ● DK法の初期値の求め方......134
　7.5.3 ● DKA法のプログラム作成......137

第8章 非線形方程式の解法（2）

8.1 非線形連立方程式に対する反復法......145
8.2 多変数ニュートン法......147
　8.2.1 ● 多変数ニュートン法の計算方法......147
　8.2.2 ● 多変数ニュートン法のプログラム作成......148
8.3 ホモトピー法......155
　8.3.1 ● ホモトピー法の計算方法......155
　8.3.2 ● ホモトピー法のプログラム作成......156

第9章 行列の固有値問題（1）

9.1 固有値と固有ベクトル......163
9.2 べき乗法......164
　9.2.1 ● べき乗法の計算方法......164
　9.2.2 ● べき乗法のプログラム作成......166
9.3 ヤコビ法......168
　9.3.1 ● ヤコビ法の計算方法......168
　9.3.2 ● ヤコビ法のプログラム作成......172

第10章 行列の固有値問題（2）

10.1 ハウスホルダー法......176

10.1.1●ハウスホルダー法の計算方法......176

10.1.2●ハウスホルダー変換を用いた3重対角化......177

10.1.3●ハウスホルダー法のプログラム作成......180

10.2 **2分法（スツルム法）による固有値の計算......182**

10.2.1●2分法の計算方法......182

10.2.2●2分法のプログラム作成......185

10.3 **QR法......188**

10.3.1●QR分解の計算方法......188

10.3.2●QとRの求め方......189

10.4 **ヘッセンベルグ行列に対するQR分解......191**

10.4.1●回転行列によるQR法の概要......191

10.4.2●QR法のプログラム作成......192

10.5 **逆反復法による固有ベクトルの計算......195**

10.5.1●逆反復法の計算方法......195

10.5.2●逆反復法のプログラム作成......196

第11章　関数近似

11.1 **離散データに対する最小二乗近似......199**

11.1.1●多項式による最小二乗近似......199

11.1.2●最小二乗近似のプログラム作成......200

11.1.3●一般の関数系による近似......202

11.2 **連続データに対する最小二乗近似......204**

11.3 **直交多項式による最小二乗近似......205**

第12章　補間

12.1 **ラグランジュ補間......209**

12.1.1●ラグランジュ補間の計算方法......209

12.1.2●ラグランジュ補間のプログラム作成......210

12.1.3●ラグランジュ補間の誤差......212

12.2 **直交多項式補間......213**

12.3 **スプライン補間......215**

12.3.1●スプライン補間の計算方法......215

12.3.2●スプライン補間のプログラム作成......217

第13章　数値積分

13.1 **ニュートン・コーツ公式......221**

目　次　ix

13.1.1 ● 中点公式......222

13.1.2 ● 台形公式......223

13.1.3 ● シンプソン公式......224

13.1.4 ● 台形公式・シンプソン公式のプログラム作成......225

13.2 **ガウス型積分公式**......**226**

13.2.1 ● ガウス型積分公式の概要......226

13.2.2 ● ガウス・チェビシェフ積分公式のプログラム作成......227

13.3 **ロンバーグ積分法**......**228**

13.3.1 ● ロンバーグ積分の計算方法......228

13.3.2 ● ロンバーグ積分のプログラム作成......231

第14章　常微分方程式（1）

14.1 **初期値問題の数値解法**......**234**

14.2 **オイラー法**......**235**

14.3 **ホイン法**......**235**

14.4 **中点法**......**237**

14.5 **ルンゲ・クッタ法**......**238**

14.5.1 ● 2 次のルンゲ・クッタ法......238

14.5.2 ● 3 次のルンゲ・クッタ法......239

14.5.3 ● 4 次のルンゲ・クッタ法......241

14.6 **1 段法のプログラム作成**......**242**

14.7 **1 段法の収束**......**245**

第15章　常微分方程式（2）

15.1 **多段法**......**248**

15.2 **アダムスの公式**......**249**

15.2.1 ● アダムス・ムルトン法......250

15.2.2 ● 予測子修正子法......250

15.2.3 ● 予測子修正子法のプログラム作成......251

15.3 **高階微分方程式・多変数微分方程式**......**253**

15.3.1 ● 連立微分方程式による記述......253

15.3.2 ● ルンゲ・クッタ法（多変数）のプログラム作成......254

15.4 **シューティング法**......**256**

15.4.1 ● シューティング法の計算方法......256

15.4.2 ● シューティング法のプログラム作成......260

15.4.3 ● 初期値問題の数値解法に対するニュートン法の適用......262

15.5 **差分法**......**265**

15.5.1 ● 差分法の計算方法......265

15.5.2 ● 差分法のプログラム作成......267

参考文献

第1章 コンピュータ内の 数値表現と誤差

INTRODUCTION

　　数値計算によって得られた結果には多くの場合誤差が含まれます．誤差が混入する原因は複数ありますが，根本的原因の一つとして，計算機では実数が厳密に表現できないという点が挙げられます．実数はたとえ有限区間（区間 $[0,1]$ など）の中であっても無限個の数が存在します．一方，コンピュータの記憶容量は有限であるため，すべての実数を別々のパターンとして記憶することはできません．そのため無限個の実数を，計算機で表現可能な有限個の数値で代替することになります．したがって，多くの実数は計算機に値がセットされた時点で，すでに表現誤差が含まれます．また，それらの数を用いて計算を行うと，その過程においても丸め誤差や打ち切り誤差などさまざまな誤差が混入します．

　　本章ではこれらの誤差に関する基本事項として，数値計算で用いられる浮動小数点数に関し，その表現方法や計算に伴って発生する誤差について解説します．

1.1 計算機内の数値表現

1.1.1 ● 浮動小数点数

　数値計算において実数を取り扱う際には，コンピュータ内部の表現形式として**浮動小数点数**が用いられます．この表現形式では実数 x を β 進法の指数形式を用いて

$$\bar{x} = \pm \left(\frac{d_0}{\beta^0} + \frac{d_1}{\beta^1} + \frac{d_2}{\beta^2} + \ldots + \frac{d_t}{\beta^t} \right) \times \beta^n$$
$$= \pm d_0.d_1 d_2 \cdots d_t \times \beta^n \tag{1.1}$$

と表現します．ここで $d_i (i = 0, \ldots, t)$ は $0 \le d_i \le \beta - 1$ の整数，n は $e_{\min} \le n \le e_{\max}$ の整数とします．また β を**基数**，$\pm d_0.d_1 d_2 \ldots d_t$ を**仮数**，n を**指数**といいます．

　通常コンピュータの内部処理は 2 進数で行われるため $\beta = 2$ となります．たとえば実数 π を $t = 10$ 桁の 2 進数で表現する場合，

$$\pi = 3.1415926535897932384 \cdots \fallingdotseq +1.100100100 \times 2^1 \tag{1.2}$$

となり，コンピュータのメモリ上には符号「＋」と仮数「1.100100100」，指数「1」の情報が格納されます．ただし符号は正ならば「0」，負ならば「1」が格納されます．浮動小数点数は指数形式を用いているため，同じ数であっても指数の値を調整することにより，次のように複数の表現が可能です．

$$1.100100100 \times 2^1 = 0.110010010 \times 2^2 = 0.011001001 \times 2^3 \tag{1.3}$$

ここで，式 (1.3) の左辺のように，仮数部の先頭の桁に関して $d_0 \neq 0$ となる値で表現することを正規化といいます．正規化することでより多くの有効桁数をとることができるため，もっとも効率的な表現ができます．さらに，表現が一通りに定まるというメリットもあります．つまり，正規化してあれば，メモリ上に格納された値を単純に比較するだけで 2 つの数が同じかどうか判断できます．

> **例題 1.1**
>
> $\beta = 2, t = 2, e_{\min} = -1, e_{\max} = 1$ の正規化された浮動小数点数によって表現される点を，数直線上に示せ．

構成される浮動小数点数は，正規化のため $d_0 = 1$ であり，次式で表されます．

$$\pm \left(\frac{1}{2^0} + \frac{d_1}{2^1} + \frac{d_2}{2^2} \right) \times 2^n, \quad n \in \{-1, 0, 1\} \tag{1.4}$$

符号を正として d_1, d_2 と n に数値を代入し，10 進数に変換すると

$$n = -1, \quad (d_1, d_2) = (0,0) \quad \Rightarrow \quad \left(\frac{1}{2^0} + \frac{0}{2^1} + \frac{0}{2^2} \right) \times 2^{-1} = 0.5$$

$$(d_1, d_2) = (0,1) \quad \Rightarrow \quad \left(\frac{1}{2^0} + \frac{0}{2^1} + \frac{1}{2^2} \right) \times 2^{-1} = 0.625$$

$$(d_1, d_2) = (1,0) \quad \Rightarrow \quad \left(\frac{1}{2^0} + \frac{1}{2^1} + \frac{0}{2^2} \right) \times 2^{-1} = 0.75$$

$$(d_1, d_2) = (1,1) \quad \Rightarrow \quad \left(\frac{1}{2^0} + \frac{1}{2^1} + \frac{1}{2^2} \right) \times 2^{-1} = 0.875$$

$$n = 0, \quad (d_1, d_2) = (0,0) \quad \Rightarrow \quad \left(\frac{1}{2^0} + \frac{0}{2^1} + \frac{0}{2^2} \right) \times 2^0 = 1$$

$$(d_1, d_2) = (0,1) \quad \Rightarrow \quad \left(\frac{1}{2^0} + \frac{0}{2^1} + \frac{1}{2^2} \right) \times 2^0 = 1.25$$

$$(d_1, d_2) = (1,0) \quad \Rightarrow \quad \left(\frac{1}{2^0} + \frac{1}{2^1} + \frac{0}{2^2} \right) \times 2^0 = 1.5$$

$$(d_1, d_2) = (1,1) \quad \Rightarrow \quad \left(\frac{1}{2^0} + \frac{1}{2^1} + \frac{1}{2^2} \right) \times 2^0 = 1.75$$

$$n = 1, \quad (d_1, d_2) = (0,0) \quad \Rightarrow \quad \left(\frac{1}{2^0} + \frac{0}{2^1} + \frac{0}{2^2} \right) \times 2^1 = 2$$

$$(d_1, d_2) = (0,1) \quad \Rightarrow \quad \left(\frac{1}{2^0} + \frac{0}{2^1} + \frac{1}{2^2} \right) \times 2^1 = 2.5$$

$$(d_1, d_2) = (1,0) \quad \Rightarrow \quad \left(\frac{1}{2^0} + \frac{1}{2^1} + \frac{0}{2^2} \right) \times 2^1 = 3$$

$$(d_1, d_2) = (1,1) \quad \Rightarrow \quad \left(\frac{1}{2^0} + \frac{1}{2^1} + \frac{1}{2^2} \right) \times 2^1 = 3.5$$

となります．負の場合も同様に値を求め，数直線上にプロットすると図 1.1 のようになります．

図 1.1 からわかる浮動小数点数の特徴としては，整数や固定小数点数とは異なり，絶対値の大きさによって隣接する点の間隔が異なることが挙げられます．指数 n が同じ範囲においては一定間隔ですが，指数が 1 増えるごとに間隔は β 倍（この場合は 2 倍）になります．

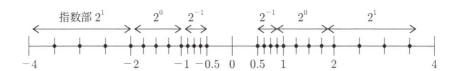

図 1.1：2 進浮動小数点数の配置

1.1.2 ● 浮動小数点数の計算機への実装

　コンピュータは数字以外にも文字や音声，映像などさまざまなデータを扱いますが，いずれの場合においてもコンピュータ内部では 0, 1 の 2 進データに変換されます．これを**符号化**といいます．符号化に関しては標準の仕様を決めておくことが大切です．もしコンピュータの種類や個々のメーカーによって独自の仕様で符号化されているならば，プログラムやデータを別種のコンピュータに移植する際，無駄なコストがかかってしまいます．この問題を避けるために業界団体によって各種の規格化，標準化が行われています．文字コードの場合は Windows 系の Shift_JIS コード，Unix 系の EUC コード，Unicode 系の UTF-8 など複数のコード体系が存在します[*1]．一方，実数の表現形式である浮動小数点数については，IEEE754 規格が実質的な標準規格となっており，ほとんどのコンピュータがこの規格を採用しています．そのため以下では，この IEEE754 について解説を行います．

IEEE754

　IEEE754 とはアメリカの電気電子学会（IEEE：Institute of Electrical and Electronics Engineers）が制定した 2 進浮動小数点演算に関する規格で，コンピュータのメモリなどに浮動小数点数を格納する際の形式（フォーマット）や演算に関する規約などが定められています．IEEE754 では，2 進浮動小数点数の表現形式として，**単精度**，**倍精度**，**四倍精度**の 3 種類の基本フォーマットが定義されています．この順序で表現できる数は大きくなり，精度も良くなります．表 1.1 に各フォーマットにおける仮数部や指数部のビット長などのパラメータを示します．

　一般に C 言語のコンパイラは float を指定すると単精度浮動小数点数が用いられ，double だと倍精度となります．ただし long double の場合は処理系に大きく依存します．ほとんどの場合，単に long double と指定しても四倍精度とはならない点に注意が必要です．

　単精度と倍精度の具体的なフォーマットを図 1.2 に示します．図中の符号 s は $s = 0$ のとき正，$s = 1$ で負です．また，指数部 E は単精度のとき $E = (e_7 e_6 \cdots e_0)_2$ とし，倍精度のとき $E = (e_{10} e_9 \cdots e_0)_2$ とします．指数部には**バイアス表現**が用いられています．バイアス表現とは実

表 1.1：IEEE754 形式の各種値

	形式名称	仮数部ビット長 (bit)	仮数桁数	指数部ビット長 (bit)	指数最小値 $e_{\min}$	指数最大値 $e_{\max}$	形式長 (bit)
単精度	binary32	23	24	8	-126	127	32
倍精度	binary64	52	53	11	-1022	1023	64
四倍精度	binary128	112	113	15	-16382	16383	128

[*1] 現在では Windows や Unix においても，UTF-8 などの Unicode 系の文字コードが広く用いられます．

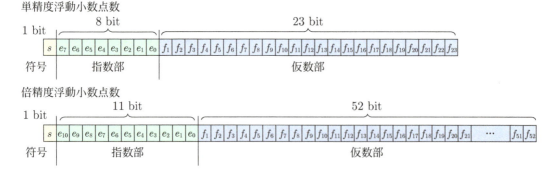

図 1.2：浮動小数点数のフォーマット

際の値に，ある一定のバイアス（かさ上げ）を加算した表現形式です．単精度の場合，指数部は n に 127 を加算した値 $E = n + 127$ となり，倍精度の場合は 1023 を加算した $E = n + 1023$ となります．

また，原則的に数値はすべて正規化されるため，仮数部の先頭ビットは必ず 1 になります．そのためこの先頭ビットはメモリには記録されません．表 1.1 の仮数部の桁数に関して，単精度と倍精度で各々 24 桁と 53 桁であるのに対して，図 1.2 における仮数部の桁数は 23 桁と 52 桁と，それぞれ 1 桁ずつ少なくなっているのはこのためです．

浮動小数点数 x と図 1.2 のフォーマットとの対応関係を式で表すと以下のようになります．

$$\begin{aligned} x &= (-1)^s \times (1 + \frac{f_1}{2^1} + \frac{f_2}{2^2} + \cdots) \times 2^{E-\alpha} \\ &= (-1)^s \times (1.f_1 f_2 \cdots)_2 \times 2^{E-\alpha} \end{aligned} \tag{1.5}$$

ただし，単精度の場合 $\alpha = 127$，倍精度の場合 $\alpha = 1023$ です．

> **例題 1.2**
> 10.625 を倍精度の浮動小数点数フォーマットで示せ．

まず，10.625 を 2 進浮動小数点数に変換すると，

$$10.625 = 1010.101 = 1.010101 \times 2^3 \tag{1.6}$$

となります．符号は正なので $s = 0$，仮数部は先頭の 1 bit を除き，小数点より右側の部分となるので $f = 010101000 \cdots 000 \, (52\,\text{bit})$ となります．また指数部は $E = 3 + 1023 = 1026 = (10000000010)_2$ となります．以上より倍精度のフォーマットで表すと図 1.3 のようになります．

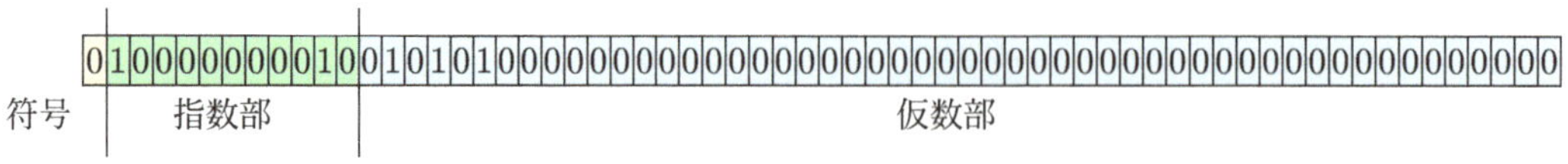

図 1.3：浮動小数点数のフォーマット（例）

第1章 コンピュータ内の数値表現と誤差 005

浮動小数点数の精度は有効桁数でいうならば，単精度で 10 進 7 桁程度，倍精度で 10 進 15 桁程度です．たとえば倍精度で説明すると，仮数部が 53 桁（つまり 2 進での有効桁数が 53 桁）であることから，2^{53} を 10 進に変換すれば約 10^{16} となり，10 進での有効桁数が約 16 桁であることがわかります．ちなみに 2^x を概算で 10 の累乗に変換するには，$2^{10} = 1024 \fallingdotseq 1000 = 10^3$ であることを利用して，$2^x \fallingdotseq 10^{(3/10)\,x}$ とします．

また倍精度において表現可能な数値の範囲は概ね -2^{1024} から 2^{1024} までです．これもわかりやすく 10 の累乗でいうと $2^{1024} \fallingdotseq 10^{(3/10)\,1024} \fallingdotseq 10^{307}$ となり，1 の後に 0 が 300 個付くほど大きな値まで表現できます．また同様に，表現可能な下限についても小数点以下 300 桁程度の数値を表すことができます．

なお，計算結果が浮動小数点数で表現可能な絶対値最大数を超えることを**オーバーフロー**といい，逆に絶対値最小数を下回ることを**アンダーフロー**といいます．具体的には仮数部の全ビットと指数部の全ビットが 1 となる $(2 - 2^{-53}) \times 2^{1023}$ を超えるとオーバーフローとなります．またアンダーフローについては，仮数部に関して省略されている先頭ビットの 1 以外はすべて 0 であり，かつ，指数部は最小値の 2^{-1022} となるとき，すなわち 2^{-1022} よりも小さくなるとアンダーフローが生じます．

非正規化数

IEEE754 では正規化された表現を基本としていますが，正規化数のみに限定してしまうと不都合がおきます．たとえば先の例題 1.1 で正規化された浮動小数点数のみを考えましたが，図 1.1 を見ると数直線上の原点 0 がプロットされていない，つまり 0 が表現できていないことに気づきます．これは正規化の条件 $d_0 = 1$ により，仮数 $\neq 0$ となるためです．そのため 0 の表現には図 1.2 の指数部，仮数部ともに 0 としたビットパターンが用いられます．

また原点の前後の正規化数で表現できない領域の点をプロットするためには，正規化を解除して $d_0 = 0$ とする必要があります．しかし，このビットは前述のようにメモリ上には書かれていないため直接書き換えることはできません．そのため IEEE754 では特殊な数の一つとして非正規化数が定義されています．ここでは正規化を解除したことを示す別のビットパターンを用意します．

表 1.1 を見ると，ビットパターンのほとんどは正規化数を表現するために使われていますが，指数部 E においてビットパターンの一部が使われていないことがわかります．たとえば倍精度浮動小数点数の場合，表 1.1 の指数の最小値と最大値をみると -1022 と 1023 となっており，バイアス表現でいうと 1 から 2046 までが使われていることになります．指数部は 11bit なので 2^{11}，つまり 0 から 2047 の値をとることが可能なので，$E = 0$ と $E = 2047$ は未使用です．そこで正規化を解除したことを示すビットパターンとして $E = 0$ が用いられます．

また図 1.4 に示すように，$E = 0$ のとき，$d_0 = 0$ かつ $n = -1022$ と解釈するようにすれば，仮数部との組み合わせによって本来浮動小数点数を配置できなかった薄緑の領域にも最小の正規化数 (2^{-1022}) と同じ間隔でプロットすることができます．また 0 の表現についても仮数部 $f = 0$ とすれば，$0 \times 2^{-1022} = 0$ となり 0 が表現可能となります．

特殊な数の表現

正規化数と非正規化数以外にも，**無限大**や非数 **NaN**（非数）といった特殊な数が定義されています．

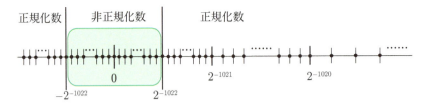

図 1.4：IEEE754 の非正規化数

・無限大

　無限大は $x/0$ $(x \neq 0)$ の演算を行った場合や，計算結果がオーバーフローを起こした際に生成される特殊な数です．無限大の表現には，先に述べたもう 1 つの空きパターンである指数部 $E = 2047$ が使われます．符号 $s = 0$，仮数部 $f = 0$ のとき $+\infty$，また $s = 1$, $f = 0$ のとき $-\infty$ となります．

　なお，一般に浮動小数点数の演算では 0 で除算したり，オーバーフローが発生した場合でも実行時エラーでプログラムが停止するということはありません．変数に無限大を代入したまま計算は継続されます．プログラムが停止しないことは一見メリットに感じられますが，無限大の発生を想定していないケースではデメリットにもなりうるのでその点は注意が必要です．たとえば計算途中で予期せぬオーバーフローが起きて変数 x に無限大が代入されてしまった場合，後続の処理で $1/x$ といった計算が行われると $1/\infty = 0$ となり計算結果は通常の値に戻ってしまいます．

　プログラムが停止したり，最終結果が無限大として出力される場合は瞬時に異常が検知できますが，そうでない場合はバグの存在に気づきにくくなります．

・符号付きゼロ

　IEEE754 ではゼロも符号を持ち，$+0$ と -0 の 2 種類が定められています．演算結果が微小な正の値（または負の値）となり，丸めを行った結果 0 となるような場合は $+0$（または -0）がセットされます．また，$1/\infty$（または $1/-\infty$）の演算を行った場合も $+0$（または -0）となります．

・NaN（Not a Number：非数）

　NaN（非数）とは不正な計算が行われた際に生成される数です（表 1.2）．NaN の表現には，無限大と同様に指数部 $E = 2047$ が使われ，仮数部 f は無限大と区別するために 0 以外の値が用いられます．また非数に正負はないので，また符号 s は 0 もしくは 1 のいずれかの値をとります．無限大とは異なり，NaN は一度発生するとその後の演算で通常の値に戻ってしまうことはほとんどありません．そのため異常の検知は比較的容易です．ただし，NaN と他の数の大小関係を比較すると，その戻り値は必ず false となります．したがって NaN が代入された変数 x に対して，if $(x > 0)$ $x = 1$ else $x = -1$ といったようなプログラムを経由すると，NaN の伝搬は途絶えることになります．

表 1.2：NaN を発生させる演算

演算の種類	演算例
不定形（加減算）	$\infty + (-\infty), \infty - \infty$
不定形（乗算）	$\pm\infty \times 0, 0 \times \pm\infty$
不定形（除算）	$0/0, \pm\infty/\pm\infty$
虚数となる演算	$\sqrt{-1}, \log(-1), \arcsin(2)$

第1章 コンピュータ内の数値表現と誤差 007

1.2 数値計算による誤差

　数値計算によって何らかの問題を解こうとするとき，その過程においてさまざまな誤差が発生します．それらを大別すると「計算手法による誤差」と「演算による誤差」の2つに分けることができます．計算手法による誤差とは，方程式を解くための数値的解法や，微分値，積分値を求める手法などに関連して生じる誤差のことです．第3章以降で解説する各種手法，たとえば代数方程式を解くためのニュートン法では本来無限回の反復計算が必要なところを有限回で打ち切るために打ち切り誤差が生じ，また微分方程式を解くためのオイラー法においては，微分を差分で近似するために離散化誤差が発生します．

　また，一方の演算による誤差とは，四則演算などの基本演算を行う際に発生する誤差です．これは浮動小数点演算による**丸め誤差**や**情報落ち**，**桁落ち**といったもので，有限桁の数値表現を用いているために発生します．本節ではこの演算による誤差について解説を行います．

　まずは誤差に関する基本的な用語の説明を行います．実数 x に対してその近似値を $\bar{x}$ とするとき，$\bar{x}$ の誤差は $e(\bar{x}) = \bar{x} - x$ と定義されます．また誤差の絶対値 $|e| = |\bar{x} - x|$ を**絶対誤差**といい，絶対誤差をもとの数値の大きさで割ったもの $\dfrac{|\bar{x} - x|}{|x|}$ を**相対誤差**といいます．なお，x を正確に表現できない場合は $\dfrac{|\bar{x} - x|}{|\bar{x}|}$ で代用することになります．相対誤差は真の値に対する誤差の割合を意味しているので，大きさの異なる数において近似精度を比較する際に有用です．

　次に四則演算の代表的な誤差である丸め誤差，情報落ち，桁落ちについて解説します．

1.2.1 ● 丸め誤差

　浮動小数点演算において，仮数部からあふれた桁に対し，切り捨てや切り上げを行うことを丸めといい，これにより発生する誤差を丸め誤差といいます．IEEE754 では2種類の「最近点への丸め」と3種類の「方向丸め」の計5種類の方式が規定されています．

1. **最近点への丸め（偶数丸め）**：演算結果に対してもっとも近い浮動小数点数へ丸めます．10進でいうところの四捨五入に相当します（この場合は2進なので0捨1入となります）．ただし，四捨五入（0捨1入）と異なる点は，2つの浮動小数点数のちょうど中間に位置する数に対する丸め方です．四捨五入の場合は必ず切り上げられるのに対し，偶数丸めでは仮数部の最下位のビットが0である浮動小数点数へと丸められます．
2. **最近点への丸め（0方向丸め）**：上と同様に，もっとも近い浮動小数点数へ丸めます．ただし，2つの浮動小数点数の中点に位置する場合は0に近い浮動小数点数へ丸められます．
3. **$+\infty$ 方向への丸め**：$+\infty$ 方向（数直線でいうと右方向）に近接する浮動小数点数へ丸めます．
4. **$-\infty$ 方向への丸め**：$-\infty$ 方向（数直線でいうと左方向）に近接する浮動小数点数へ丸めます．
5. **0方向への丸め**：0方向（数直線でいうと，正ならば左方向，負ならば右方向）に近接する浮動小数点数へ丸めます．

　なお，IEEE754 では「最近点への丸め（偶数丸め）」をデフォルトとしています．

例題 1.3

0.2 と 0.8 を単精度の浮動小数点数で表せ，また 0.2 + 0.8 の計算結果を示せ．なお，丸めの方式は $+\infty$ 方向への丸めを用いることとする．

0.2 と 0.8 を 2 進で表現すると，いずれも循環小数になるため，浮動小数点数で表現する段階で丸めが行われます．

$$
\begin{aligned}
0.2 &= (0.00110011001100110011001100110\cdots)_2 \\
&= (1.100110011001100110011 0\overset{1}{\cancel{0110011}} \cdots)_2 \times 2^{-3} \\
&= (1.10011001100110011001101)_2 \times 2^{-3} \tag{1.7}
\end{aligned}
$$

$$
\begin{aligned}
0.8 &= (0.1100110011001100110011001100110011001\cdots)_2 \\
&= (1.100110011001100110011 0\overset{1}{\cancel{0110011}} \cdots)_2 \times 2^{-1} \\
&= (1.10011001100110011001101)_2 \times 2^{-1} \tag{1.8}
\end{aligned}
$$

浮動小数点数どうしの加減算は一般に次の手順で行われます．

▼ **Step 1** 値の小さい方の指数を調整し，値の大きい方の指数にあわせる．
▼ **Step 2** 仮数どうしの加減算を行う．
▼ **Step 3** 演算結果に対して正規化および丸めを行う．

この手順に従うと $0.2 + 0.8$ は次のようになります．

$$
\begin{aligned}
0.2 &= (1.10011001100110011001101)_2 \times 2^{-3} \\
&= (0.0110011001100110011001101)_2 \times 2^{-1} \quad \textbf{(Step 1)} \tag{1.9}
\end{aligned}
$$

$$
\begin{aligned}
0.2 + 0.8 &= ((0.0110011001100110011001101)_2 + (1.10011001100110011001101)_2) \times 2^{-1} \\
&= (10.00000000000000000000001)_2 \times 2^{-1} \quad \textbf{(Step 2)} \\
&= (1.000000000000000000000001)_2 \times 2^{-0} \quad \textbf{(Step 3 正規化)} \\
&= (1.00000000000000000000000 \overset{1}{\cancel{00001}} \cdots)_2 \times 2^{-0} \quad \textbf{(Step 3 丸め)} \\
&= 1.00000011920928955\cdots \tag{1.10}
\end{aligned}
$$

なお，浮動小数点数の乗除算は加減算のように桁（位）を合わせる必要はないため，単に仮数部どうし，指数部どうしの乗除算を行い，得られた結果に対して正規化および丸めを行います．

1.2.2 ● 情報落ち

浮動小数点数では，絶対値が大きく異なる 2 数の加減算を行うと，小さい数の一部，または全部が丸めによって消されてしまいます．たとえば 10 進 6 桁の浮動小数点数において 1.37285×10^4 と 2.63351×10^{-3} を加算すると

$$
1.37285 \times 10^4 + 2.63351 \times 10^{-3} = 1.37285 \times 10^4 + 0.000000263351 \times 10^4 = 1.37285 \times 10^4 \tag{1.11}
$$

となり，小さい方の数値が計算結果に影響を与えません．これは単純な例ではありますが，このよ

第1章 コンピュータ内の数値表現と誤差 009

うな現象は数列の和や無限級数の計算において意外と多く発生します。たとえば次の無限級数

$$\sum_{k=1}^{\infty} \frac{1}{k^2} = \frac{\pi^2}{6} = 1.644934066\cdots \tag{1.12}$$

に関して、第 n 項までの部分和 S_n を計算する場合を考えます。これを第 1 項から順に加算していくと、足し込まれる部分和は徐々に大きくなるのに対し、足し込む項 $1/k^2$ は逆に急速に小さくなります。そのため、いずれ上述の例と同じことが起き、以降はまったく加算されなくなってしまいます。これを避けるためには、足し込む順序を逆にし、第 n 項から第 1 項に向けて計算すると情報落ちを防ぐことができます。

この加算順序による違いを実際に確認するプログラムをソースコード 1.1 に示します。ここでは10 億項までの部分和を計算しています。ただし、項を加算しても部分和が変化しなくなったら処理を終了し、その時点の項数を出力するようにします。

ソースコード 1.1：級数の部分和

```
 1  #include <stdio.h>
 2
 3  int main() {
 4      double s1, s2;
 5      int i,flag;
 6
 7      // 第 1 項から加算
 8      printf("第 1 項から加算\n");
 9
10      flag = 0;
11      s1 = s2 = 0;
12      for (i = 1; i <= 1000000000; i++) {
13
14          s2 = s1 + 1.0 / ((double)i * (double)i);
15
16          if (s1 == s2) {
17              flag = 1;
18              break;
19          }
20          s1 = s2;
21      }
22
23      if (flag == 1) {
24          printf("i = %d で加算されなくなりました. \t
25                                  S = %.20lf\n", i, s2);
26      }else {
27          printf(" 部分和の計算が完了しました.  S = %.20lf\n\n", s2);
28      }
29
30      // 第 n 項から加算
31      printf("第 n 項から加算\n");
32
33      flag = 0;
34      s1 = s2 = 0;
35      for (i = 1000000000; i >=1 ; i--) {
36
37          s2 = s1 + 1.0 / ((double)i * (double)i);
38
39          if (s1 == s2) {
40              flag = 1;
41              break;
42          }
```

```
43          s1 = s2;
44      }
45
46      if (flag == 1) {
47          printf("i = %d で加算されなくなりました. \t
48                                          S = %.20lf\n", i, s2);
49      }else {
50          printf(" 部分和の計算が完了しました.    S = %.20lf\n", s2);
51      }
52  }
```

実行結果は以下のようになります．

```
第 1 項から加算
    i = 67108865 で加算されなくなりました.    S = 1.64493404508729645918
第 n 項から加算
    部分和の計算が完了しました.    S = 1.64493406584822476901
```

第 1 項から計算した場合は途中で加算されなくなりましたが，第 n 項から計算した方は最後まで計算が行われています．また計算結果も真の値 $1.644934066\cdots$ に近いことがわかります．

カハンのアルゴリズム

総和計算の誤差を少なくするための他の方法としてカハンのアルゴリズムがあります．この手法では各項の加算 $S_i + x_{i+1}$ を行う際，(1) 情報落ちした部分を復元し，(2) 再度 S_i の中に繰り込んでいく方法がとられます．

まず (1) の誤差の復元について説明します（図 1.5）．なお，ここでは記号の煩雑さを避けるため S と x の添え字 i は省略します．今，$S > x$ とすると，加算 $u = S + x$ を行うと，図 1.5 に示すように x の下の桁が情報落ちします（この値を x_low とします）．そのため実際の u の値は $u = S + x$ ではなく，$u = S + x_\text{up}$ となります．そこで再度 u から S を引き $v = u - S = x_\text{up}$ とすると，情報落ちしなかった部分 x_up を取り出すことができます．さらに $\text{err} = x - v$ を計算すれば，$\text{err} = x - x_\text{up} = x_\text{low}$ となり，情報落ちした誤差が復元できます．

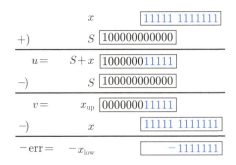

図 1.5：情報落ち誤差の復元

次に (2) の情報落ちした誤差を再度総和へと繰り込む方法について説明します（図 1.6）．S_{i-1} と x_i の加算によって S_i と err が得られたとします．この誤差 err を再度そのまま S_i に加算しても，また同じように情報落ちが起きます．そこで次の項 x_{i+1} を踏み台として利用することを考えます．

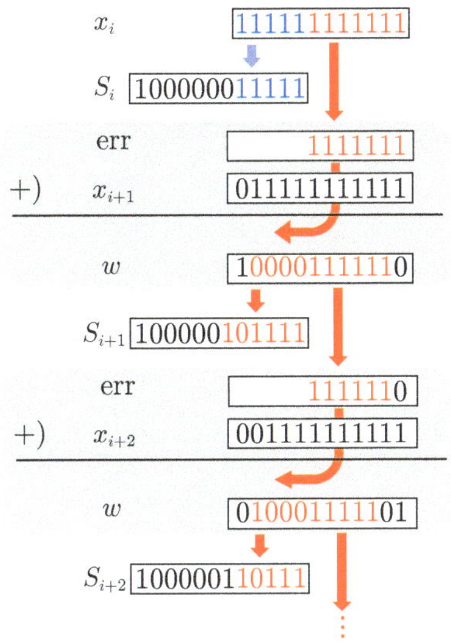

第1章 コンピュータ内の数値表現と誤差 011

図 1.6：情報落ち誤差の S への繰り込み

x_i と x_{i+1} の大きさが極端に違わないと仮定するならば，$w = \mathrm{err} + x_{i+1}$ と加算を行っても，大きな情報落ちは生じません．さらにこの加算による繰り上がりで，err の情報が w の上の桁に移動することが期待されます．その上で $S_i + w$ とすれば x_{i+1} の情報とともに，先ほどの誤差を総和に足し込むことができます．

　もちろん，一度の操作で総和に繰り込まれるとは限らず，再度情報落ちする可能性があります．しかし一度変数 err に格納された情報はそれ以降も引き継がれる可能性が高いため，いずれは繰り上がりを経て総和の中に送り込まれることが期待できます．

　カハンのアルゴリズムを用いて以下の総和を計算するプログラムをソースコード 1.2 に示します．なお，説明に用いた中間的な変数 v, w は使わずにコードを記述しています．

$$S = \sum_{i=1}^{1000000} \frac{1}{\sqrt{i}} \tag{1.13}$$

ソースコード 1.2：カハンのアルゴリズム

```
1   #include <stdio.h>
2   #include <math.h>
3
4   int main() {
5
6       float x, err, u, s1, s2;
7       int i;
8
9       err = 0; s1 = 0; s2 = 0;
10
11      for (i = 1000000; i >= 1; i--) {
12
13          x = 1.0 / sqrt(i);
14
15          // カハンのアルゴリズム-----------------------------
16          // 情報落ち誤差を繰り込んで総和に加算
17          u = s1 + (err + x);
```

```
18
19        // 情報落ち誤差の復元
20        err = x - (u - s1);
21
22        s1 = u;
23
24        // 通常の総和計算-----------------------------------
25        s2 += x;
26      }
27      printf("カハンのアルゴリズム  : %.10f\n", s1);
28      printf("通常の総和計算        : %.10f\n", s2);
29
30      return 0;
31  }
```

　実行結果は以下のようになります．float の各変数を double に変更して総和を計算した場合 1998.5401455797 となることから，下記の比較においてはカハンのアルゴリズムを用いた方が精度が良いことがわかります．

```
カハンのアルゴリズム  : 1998.5524902344
通常の総和計算        : 1998.4040527344
```

1.2.3 ●桁落ち

　値の近い 2 つの数を減算すると上位の桁が打ち消し合って 0 となるため，計算結果の有効桁数が極端に減少します．この現象を桁落ちといいます．たとえば 10 進 6 桁の浮動小数点数の演算において $x = 1.23456 \times 10^2$ から $y = 1.23433 \times 10^2$ を引くと

$$x - y = (1.23456 - 1.23433) \times 10^2 = 0.00023 \times 10^2 = 2.30000 \times 10^{-2} \tag{1.14}$$

となります．この計算においては誤差のない正確な結果が得られており，一見問題はないように思われます．しかし，x, y が誤差を含んだ値であると仮定するならば，有効桁数は 6 桁なので x, y の 7 桁目以降が 0 である保証はありません．したがって計算結果「2.30000」の後半 4 桁の「0」は信頼性のない値となり，有効桁数は 2 桁に減ります．

　桁落ちのより実際的な例として 2 次方程式 $ax^2 + bx + c = 0 \ (a \neq 0)$ を求める場合を考えてみます．この方程式の 2 つの解 x_1, x_2 は解の公式

$$x_1 = \frac{-b + \sqrt{b^2 - 4ac}}{2a}, \quad x_2 = \frac{-b - \sqrt{b^2 - 4ac}}{2a} \tag{1.15}$$

で求められます．この公式をそのまま使って解を求めると，係数 a, b, c の値によっては桁落ちが発生し，解の精度が悪くなります．具体的にいうと，b の絶対値が a, c の絶対値に比べて極端に大きいとき，公式中の分子の $\sqrt{b^2 - 4ac} \fallingdotseq \sqrt{b^2} = |b|$ となり，$b > 0$ のときは x_1 の分子に，$b < 0$ のときは x_2 の分子に桁落ちが起きます．これを防ぐには，桁落ちが起きる方の解に対して公式を変形し，分子を有理化した次式を使って計算します．

$$b > 0 \text{ のとき} \quad x_1 = \frac{-2c}{b + \sqrt{b^2 - 4ac}}, \quad x_2 = \frac{-b - \sqrt{b^2 - 4ac}}{2a}$$

$$b < 0 \text{ のとき} \quad x_1 = \frac{-b + \sqrt{b^2 - 4ac}}{2a}, \quad x_2 = \frac{-2c}{b - \sqrt{b^2 - 4ac}} \tag{1.16}$$

第1章　コンピュータ内の数値表現と誤差　013

　通常の公式と有理化した公式の精度を比較するプログラムをソースコード 1.3 に示します．係数の値は $a = 1.26356$, $b = 17834.6$, $c = 2.51522$ としました．また，違いをわかりやすくするために単精度（float 型）を用いて計算を行っています．またそれぞれの誤差を求めるための高精度の解として，倍精度（double 型）の解も併せて計算しています．

ソースコード 1.3：2 次方程式の解

```c
 1  #include <stdio.h>
 2  #include <math.h>
 3
 4  int main() {
 5      float a, b, c, D, r;
 6      double da, db, dc, dD;
 7
 8      // 係数の初期化
 9      a = 1.26356; b = 17834.6; c = 2.51522;
10
11      // 判別式の計算
12      D = b * b - 4.0 * a * c;
13
14
15      printf("通常の解の公式を用いた計算\n");
16      printf("x_1 = %.10f\n", (-b + sqrt(D)) / (2.0 * a));
17      printf("x_2 = %.10f\n\n", (-b - sqrt(D)) / (2.0 * a));
18
19
20      printf("有理化した公式を用いた計算\n");
21      if (b >= 0) {
22          printf("x_1 = %.10f\n", -2.0 * c / (b + sqrt(D)));
23          printf("x_2 = %.10f\n\n", (-b - sqrt(D)) / (2.0 * a));
24      }else{
25          printf("x_1 = %.10f\n\n", (-b + sqrt(D)) / (2.0 * a));
26          printf("x_2 = %.10f\n", -2.0 * c / (b - sqrt(D)));
27      }
28
29      da = (double)a; db = (double)b; dc = (double)c;
30      dD = db * db - 4.0 * da * dc;
31      printf("倍精度で計算\n");
32      if (db >= 0) {
33          printf("x_1 = %.10f\n", -2.0 * dc / (db + sqrt(dD)));
34          printf("x_2 = %.10f\n\n", (-db - sqrt(dD)) / (2.0 * da));
35      }else{
36          printf("x_1 = %.10f\n\n", (-db + sqrt(dD)) / (2.0 * da));
37          printf("x_2 = %.10f\n", -2.0 * dc / (db - sqrt(dD)));
38      }
39  }
```

　実行結果は以下のようになります．有理化した公式を使った場合は倍精度の解とほぼ同じ値が得られていますが，通常の公式では x_1 に桁落ちが起きています．倍精度の解が正しい値だとすると通常の公式で求めた x_1 は先頭の 1 桁しか合っておらず，有効桁数は 1 桁程度になっていることが確認できます．

```
通常の解の公式を用いた計算
x_1 = -0.0001689223
x_2 = -14114.5640854630
```

```
有理化した公式を用いた計算
x_1 = -0.0001410304
x_2 = -14114.5640854630

倍精度で計算
x_1 = -0.0001410304
x_2 = -14114.5641133550
```

章末問題

問 1.1

倍精度浮動小数点数において，無限大や非正規仮数がメモリ上にどのように格納されているか，そのビットパターンを表示するプログラムを作成せよ．また，それらが通常の数を表現するときのビットパターンと重複していないことを確認せよ．

問 1.2

整数値が代入された double 型の変数 x において，$x+1$ が正しく計算できる最大の整数値はいくつか．また，予想した値が正しいか実際にプログラムを実行して確認せよ．

問 1.3

カハンのアルゴリズムを用いて $S = \sum_{i=1}^{1} 1/i^2$ を計算するプログラムを作成せよ．ただし，浮動小数点数は float を用いること．また，カハンのアルゴリズムを使わなかった場合と比較せよ．

問 1.4

区間 $[0, 7]$ を 10 等分した分点 $x_i \in 0.7 \times i \quad (i = 0, 1, \cdots, 10)$ に対して

$$\sum_{i=0}^{10} (x^2 + 1) \tag{1.17}$$

を求めるために，以下のプログラムを作成したところ間違った値 149.65 が出力された（正しくは 199.65）．このプログラムの問題点を見つけ，正しく計算できるよう修正せよ．

```
int main() {
    double s = 0.0, x = 0.0, h = 0.7;

    while (x <= 7.0) {
        s += x*x +1.0;
        x += h;
    }
    printf("s= %lf", s);
}
```

　ヒント：ループごとの変数の値を確認しながら実行するとよい．

第2章　数値計算の基礎知識

INTRODUCTION　次章以降において数値計算の各種手法について解説を行っていきますが，本章ではその前段階として，数値計算法を活用する上で必要となる基本的なプログラムの作成方法，および数学的な基礎事項について解説を行います．まず基本的なプログラムとして，ベクトルの内積や行列の積を取り上げプログラムの設計の仕方およびコーディングの手法を説明します．次に章の後半では数値計算の基礎事項として，各種手法において収束判定や誤差解析などで用いられるベクトルノルムと行列ノルムの概念を説明します．

2.1 数値計算プログラムの作成方法

2.1.1 ● プログラムの基本構造

　本節では数値計算のプログラムを作成する方法について解説します．第3章以降で説明するさまざまな数値計算の手法に共通するのが，反復計算をメインに構成されているという点です．したがって数値計算のプログラムを作成するには，各手法の計算手順に含まれる反復処理を正しく把握することが必要となります．

　プログラムにおける処理制御の基本構造は，図 2.1 に示すように「**連接（順次）**」，「**選択（分岐）**」，「**反復**」の3種類です．連接構造とは複数の処理を順次処理していくことであり，プログラムでいうならば単に1行目，2行目，3行目・・・と順番に処理していくことに相当します．選択構造とは if 文や switch 文による条件分岐のことであり，反復構造とは for 文や while 文による繰り返し処理を指します．

　一般にプログラムはこの3つの処理で構成されるため，計算手法の中に含まれるこれらの処理を

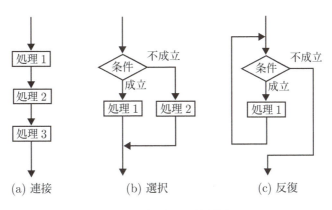

図 2.1：プログラムの基本構造

正しく把握できさえすれば，その手法をプログラムとして記述することが可能となります．計算手順の中にある連接構造や選択構造は把握しやすいことが多いので，あとは反復構造を把握することがプログラム作成の要点となります．この点を踏まえると，数値計算プログラムの基本的な作成手順は次の3ステップとなります．

(1) 計算手順に含まれる反復処理を抽出する
(2) 抽出された反復の入れ子構造を把握する
(3) 反復構造を for 文や while 文で表しプログラムを書く

次項ではこれらを念頭に，数値計算のプログラムを作成する具体的な方法を示します．

2.1.2 ● 総和・総乗を含む数式のプログラムへの変換

ここでは総和や総乗を含む数式の値を計算するプログラムについて説明します．まず，もっとも基本的なものとして反復処理を用いて総和を計算するプログラムを考えます．その具体的な処理手順は，以下の通りです．

(1) 合計値を格納する変数（仮に変数 s とする）を用意し，
(2) for 文を使って繰り返し s に足し込みを行う．

例として1から5までの総和を求めるプログラムを以下に示します．なお，下記コードにおいて変数 s, i は int 型とします．

ソースコード 2.1：総和計算

```
1 s=0;
2 for( i=1;i<=5;i++ ){
3   s += i;
4 }
```

配列の要素の総和を求める場合は，制御変数 i を配列の添え字として用いると以下のようになります．なお，配列は double 型の $a[5]$ とし，変数 i は int 型，$s, a[5]$ は double 型とします．

ソースコード 2.2：配列の総和計算

```
1 s=0.0;
2 for( i=0;i<5;i++ ){ /*  （配列の要素数は 5 とした）  */
3   s += a[i];
4 }
```

総和計算は行列の積，積分値の計算，連立一次方程式の解法など数値計算において頻繁に現れる処理です．したがって上記のような総和計算のプログラムは基本的な型として覚えてしまうのがよいでしょう．

また総乗計算，たとえば階乗の計算や配列の全要素の乗算を行う場合も，上記プログラムにおいて演算記号「＋」が「＊」に，初期化の値「$s = 0$」が「$s = 1$」に替わるだけで，プログラムの形

はまったく同じです．例として $5!$ の計算プログラムを以下に示します．なお変数 s, i は int 型とします．

ソースコード 2.3：総乗計算

```
1  s=1;
2  for(i=1;i<=5;i++){
3    s *= i;
4  }
```

以上の基本形を用いれば，ベクトル $\boldsymbol{x} = [x_1, x_2, \ldots, x_n]^t \in R^n$，$\boldsymbol{y} = [y_1, y_2, \ldots, y_n]^t \in R^n$ の内積

$$(\boldsymbol{x}, \boldsymbol{y}) = \sum_{i=1}^{N} x_i y_i \tag{2.1}$$

を計算するプログラムが書けます．ソースコード 2.4 にプログラムの全体を示します．なお，このプログラムでは内積計算の部分を，メイン関数とは別に独立した関数として定義しています．

ソースコード 2.4：内積計算

```
1  #include <stdio.h>
2  #define N 4 // ベクトルの次元数
3
4  // 内積計算----------------------------------------------------
5  double inner_product(double x[], double y[]) {
6
7      double s;
8      int i;
9
10     s = 0.0;
11     for (i = 0; i < N; i++) {
12         s += x[i] * y[i];
13     }
14
15     return s;
16  }
17
18  // メイン関数--------------------------------------------------
19  int main(void) {
20
21     double x[N] = { 1.0, 2.0, 3.0, 4.0 };
22     double y[N] = { 5.0, 6.0, 7.0, 8.0 };
23     doubel r;
24
25     r = inner_product(x, y);
26
27     printf("(x,y) = %lf\n", r);
28
29     return 0;
30  }
```

続いて次の例題を使い，反復処理が入れ子状になっている数式計算のプログラムを考えます．

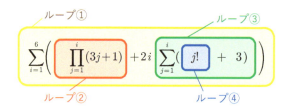

図 2.2：数式に含まれるループ構造

> **例題 2.1**
> 次式を計算するプログラムを作成せよ．
> $$\sum_{i=1}^{6}\left(\prod_{j=1}^{i}(3j+1)+2i\sum_{j=1}^{i}(j!+3)\right) \tag{2.2}$$

与式には反復計算として $\Sigma, \Pi, !$（階乗）からなる 4 つのループがあります．それらの入れ子構造は図 2.2 のようになっています．

この入れ子構造に注意しながら，上述の基本形を当てはめてプログラムを作るとソースコード 2.5 のようになります．

ソースコード 2.5：総和・総乗の計算

```
1  #include <stdio.h>
2
3  int main(){
4      double s1,p1,s2;
5      int i,j;
6
7      s1=0.0;
8      for ( i=1;i<=6;i++ ){         ループ①
9
10         p1 = 1.0;                  ループ②
11         for ( j=1; j<=i; j++ ){
12             p1 += 3.0 * j+1;
13         }
14
15         s2 = 0.0;
16         for ( j=1; j<=i; j++ ){   ループ③
17
18             p2 = 1.0;
19             for ( k = 1; k < j; k++ ){
20                 p2 *= k;
21             }                      ループ④
22
23             s2 += p2 + 3.0;
24         }
25
26         s1 += p1 + 2.0 * i * s2;
27     }
28
29     printf("計算結果は %lf です．", s1);
30
31 }
```

以上のように総和や総乗から構成された数式は機械的にプログラムに変換することができます．

2.1.3 ● 総和・総乗以外の手続きとしての反復処理

本項では，総和や総乗の計算以外の反復処理について述べます．簡単な例としては，行列やベクトルの全要素に対して入力や出力を行う処理などがあります．ベクトルの場合は1次元配列に対する入出力になるので，プログラムは1重ループの反復処理となります．行列の場合は2次元配列を用いるので，行に対する反復と列に対する反復が入れ子構造となり，2重ループで書かれることになります．また行列やベクトルの和や差の計算も，すべての要素に対して同じ演算が繰り返されるので，入出力処理の場合と同じく反復構造となります．

なお先に，プログラムの作成方法として（1）反復処理を洗い出し，（2）それらの入れ子構造（反復の大小関係）を調べる，と述べました．（2）の入れ子構造の把握についていえば，行列に対する上記処理（入出力や和差計算）の場合，各要素に対する処理が互いに独立しているため，行処理のループと列処理のループのどちらを大きいループとしても問題はありません．たとえば1行目の要素をすべて処理し終えてから，2行目に移るとした場合は，行処理のループの中に列処理のループが入ることになります．また逆に1列目の全要素を処理してから2列目へ移る場合，入れ子構造は逆になります．以下に，行ごとに処理を行う n 次正方行列 A, B の和 $C = A + B$ を求めるプログラムを示します．

ソースコード 2.6：行列の和計算

```c
1  #include <stdio.h>
2
3  /* 行列の和計算 */
4  double matrix_sum( double C[][4], double A[][4], double B[][4])
5  {
6      int i,j;
7
8      // 行のループ --------------------------------------
9      for ( i = 0; i < 4; i++){
10
11         // 列のループ ------------------------------
12         for( j = 0; j < 4; j++){
13             C[i][j] = A[i][ j] + B[i][j];
14         }
15     }
16 }
17
18 /* メイン関数 */
19 int main(void)
20 {
21     double A[4][4] = {1.0, 2.0, 3.0, 4.0,
22                       0.0, 1.0, 2.0, -1.0,
23                       -1.0, -3.0, 4.0, 1.0
24                       2.0, 0.0, 3.0, 5,0};
25
26     double B[4][4] = {4.0, -1.0, 2.0, -2.0,
27                       1.0, 0.0, 2.0, -3.0,
28                       2.0, 2.0, 0.0, -1.0
29                       -2.0, 4.0, 1.0, -1,0};
30
31     double C[4][4];
32     int i; j;
33
34     maxrix_sum(C, A, B);
35
36     printf("C=A+B の計算結果\n");
```

```
37      for ( i = 0; i < 4; i++){
38          for( j = 0; j < 4; j++){
39              printf("%5.2f,\t", C[i][j]);
40          }
41          printf("\n");
42      }
43
44      return 0;
45  }
```

次に行列と行列の積を計算するプログラムを考えます．n 次正方行列 $A = [a_{ij}]$ と $B = [b_{ij}]$ の積を $C = [c_{ij}]$ とすると

$$c_{ij} = \sum_{k=1}^{n} a_{ik} b_{kj} \tag{2.3}$$

となります．この計算を行列 C の全要素に対して繰り返し行います．したがって上に示した行列の和のプログラムにおける 2 重ループの中に，さらに式 (2.3) の総和計算のループが配置されることになります．その結果，全体としては次に示すような 3 重ループによって構成されます（ソースコード 2.7）．

ソースコード 2.7：行列の積

```
1   #include <stdio.h>
2   #define N 4
3
4   /* 行列の積 */
5   double matrix_product( double c[][N], double a[][N], double b[][N]){
6
7       int i,j;
8
9       // 行のループ--------------------------------------------
10      for ( i = 0; i < N; i++){
11
12          // 列のループ----------------------------------------
13          for ( j = 0; j < N; j++){
14
15              // 内積計算--------------------------------------
16              c[i][j] = 0.0;
17              for( k = 0; k < N; k++){
18                  c[i][j] += a[i][k] * b[k][j];
19              }
20          }
21      }
22  }
23
24  /* メイン関数 */
25  int main(void){
26
27      double a[][N] = {1.0, 2.0, 3.0, 4.0,
28                       0.0, 1.0, 2.0, -1.0,
29                       -1.0, -3.0, 4.0, 1.0
30                       2.0, 0.0, 3.0, 5,0};
31
32      double b[][N] = {4.0, -1.0, 2.0, 4.0,
33                       0.0, 1.0, 6.0, -2.0,
34                       -2.0, 8.0, 5.0, 1.0
35                       3.0, 0.0, 4.0, -6,0};
36
```

```
37      double c[4][4];
38      int i; j;
39
40      maxrix_product(c, a, b);
41
42      printf("C=AB の計算結果\n");
43      for ( i = 0; i < N; i++){
44          for ( j = 0; j < N; j++){
45              printf("%5.2f ", c[i][j]);
46          }
47          printf("\n");
48      }
49
50      return 0;
51  }
```

また上記以外の反復処理としては，第5章で述べる反復解法などがありますが，これについては後述することとします．

2.1.4 ● 図的イメージをもとにしたプログラミング

行列やベクトルを対象とした演算処理では，数式ではなく図的なイメージを使って計算手順を考えるケースも多くあります．たとえば「ベクトルの内積」と聞いて $(\boldsymbol{x}, \boldsymbol{y}) = \sum_{i=1}^{N} x_i y_i$ という数式が頭に浮かぶ場合もあれば，図2.3のように内積の計算を図として捉える場合もあります．図でイメージすると計算手順の把握が容易になるため，プログラムを作る際の手助けとなります．たとえば図2.3では，「2つの要素を掛けてから，足し込んでいく」という繰り返しの処理が感覚的にわかるので，$\sum$ の数式を思い浮かべなくても直接，1重ループのプログラムを書くことができます．

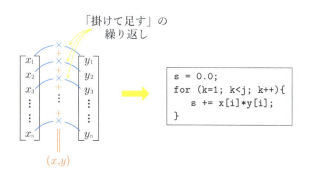

図2.3：ベクトルの内積

また行列 A とベクトル $\boldsymbol{x}$ の積 $\boldsymbol{y} = A\boldsymbol{x}$ は，たとえば図2.4のように表現できます．まずベクトル $\boldsymbol{y}$ の要素 y_1 を計算するために行列 A の1行目とベクトル $\boldsymbol{x}$ の内積を計算し（図2.4の左上段），次に y_2 を求めるために A の2行目と $\boldsymbol{x}$ の内積を求めます（図2.4の左下段）．以後この処理を3行目，4行目と続けていくことになります．ここで，図中においてどのような繰り返しがあるかというと，(1)計算対象を $y_1, y_2, \cdots$ と順次変化させていくループ（緑色のループ）と，(2)各 y_i を積和により計算するループ（薄い赤色のループ）の2つがあります．

ループの大小関係は(1)>(2)であることがわかるので，これをもとに2重ループのプログラム（図2.4の右側）を作ることができます．

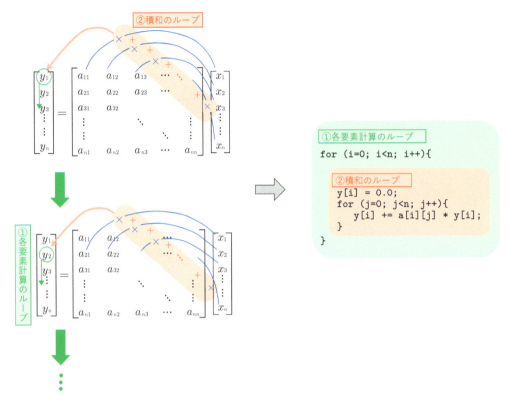

図 2.4：行列とベクトルの積

さらに n 次正方行列 A, B の積 $C = AB$ の場合は図 2.5 のようになります．まず一番小さいループ（入れ子構造のもっとも奥にあるループ）は図 2.4 と同様に，各要素を計算するたびに実行される内積計算のループです．次に行と列のループですが，図 2.5 に示された手順では各行に対して計算を行っているので，行のループの中に列のループが含まれることになります．以上によって「行ループ」＞「列ループ」＞「内積ループ」という入れ子構造も判明したので，プログラムを書くことができます（図 2.5 の右）．

2.1.5 ● SPD

簡単なプログラムであれば，前項のように処理内容を理解したあと，直接コーディングを始めることも可能ですが，処理内容が複雑になってくると正しくプログラミングすることが困難となります．そのため，コーディングを開始する前に一度設計作業を行い，全体の処理内容に間違いがないか確認しておくことが必要です．そこで本書ではプログラムの設計に **SPD**（**Structured Programming Diagram**）を用いることにします．SPD とはフローチャートと同じくプログラム設計の際に用いられるチャート（図表）です．

SPD とはその名のように，**構造化プログラミング**（Structured Programming）用のチャートです．構造化プログラミングとは前述のように連接，選択（if 文），反復（for 文，while 文）の 3 種類でプログラムを構成することです．C 言語などの高水準言語では，if 文や for 文を使ってプログラムするのは当たり前であるため，わざわざ「構造化」と銘打つ必要があるのか疑問に思うかもしれません．しかし，より機械語に近いアセンブラなどの低水準言語では，反復処理を行う単独の命令はなく，if 文と goto 文を組み合わせてループ処理を記述します．このような低水準言語との比較に

第2章 数値計算の基礎知識 023

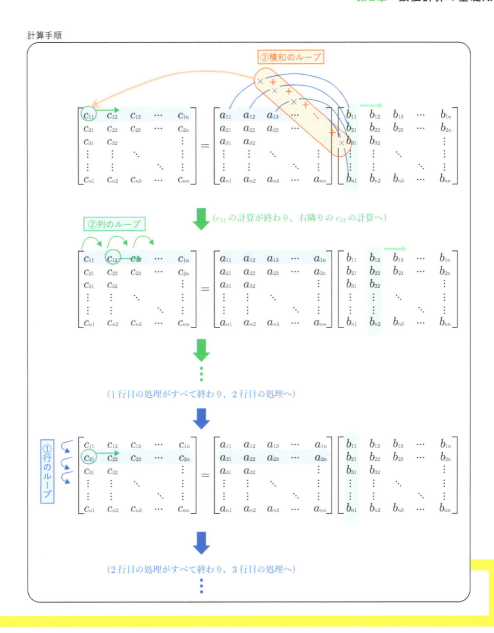

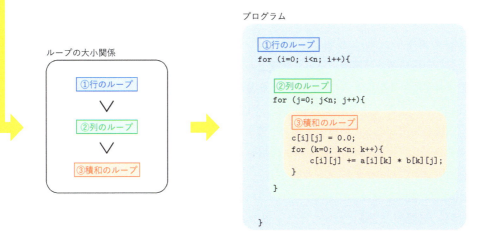

図 2.5：行列の積

おいて「構造化」という言葉が使われています．

構造化されていないプログラミングでは，goto 文によっていくらでも複雑な処理が記述できるため，バグが混入しやすく，またデバッグも困難になります．一方，構造化プログラミングでは goto 文は用いず if 文や for 文といった決められた型の組み合わせだけで作られるため，処理の流れが追いやすく，デバッグも容易になります．なお，C 言語でも goto 文を使えますが，上記の理由により特別な場合を除いて使用しないことが推奨されます．

このようなプログラミングの違いは，チャートにおいてはフローチャートと SPD の違いに相当します．フローチャートでは条件分岐を表す菱形の図形はありますが，反復処理を表す専用の図形はなく，図 2.6 (a) に示すように条件分岐を用いて記述されます．この場合，プログラムにおける goto 文と同様に，処理の流れを表す矢印が自由に引けるため，図 2.6 (b) のように反復処理の外部から反復処理の内部に移動するような記述も簡単にできてしまいます．これに対して SPD では反復処理専用の記法があるため，通常の書き方をする限りこのようなイレギュラーな処理は記述できないようになります．この点が構造化プログラミング用のチャートである SPD の利点といえます．

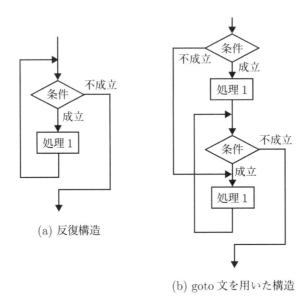

図 2.6：フローチャート

以下，SPD の書き方について説明します．まず，連接，選択，反復処理は図 2.7 のように記述されます．(a) の連接構造では縦線にそって順次上から下へ処理が実行されます．(b) の選択構造では菱形の記号の右に条件を書き，これが成立した場合は「yes」の処理を，不成立の場合は「no」の処理を実行します．また (c) の反復構造では，円状の矢印記号の右に条件を書き，これが成立している間，円状の矢印から下に伸びる縦線の処理が繰り返し実行されます．条件が不成立となった場合は反復を終了し，1 本左にある縦線へと復帰します．なお，この記述方法はプログラムでいえば while 文に相当する形式ですが，for 文をチャートで表現したい場合は，反復条件を書く代わりに「$i = 1〜5$」などと記載します．

SPD の図中の各処理の記載については，「入力処理」，「計算処理」，「出力処理」というように処理名で記載してもよいですし，より詳細に「$y = x + 3$」，「print(x)」などと命令文風に書いても

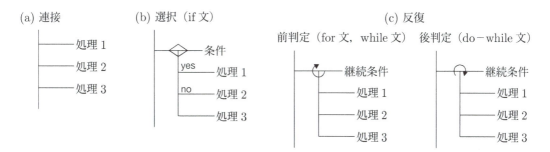

図 2.7：SPD の基本構造

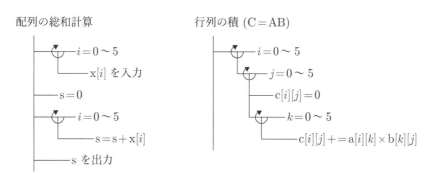

図 2.8：SPD の記述例

構いません．また処理内容を文章で表現し，「5!を計算する」，「行列の第 i 行の値を計算する」などとしても構いません．

記述例として，配列の総和計算と行列の積の SPD を図 2.8 に示します．

2.2 ベクトルノルムと行列ノルム

本節では，数学的な基礎知識としてベクトルおよび行列のノルムについて定義と性質を述べます．ノルムとはベクトルの大きさを表す概念です．スカラーの実数や複素数の場合は絶対値でその大きさを測ることができ，2 つの数の大小関係も比較可能です．これに対してベクトルや行列は複数の要素から成るため単純には比較できません．たとえば 2 つのベクトル $(0.3, 0.5)$ と $(0.1, 0.7)$ は成分によって大小関係が異なります．そこでベクトルや行列を 1 次元の尺度に変換するノルムが用いられます．数値解析においてノルムは，計算結果の誤差評価や，反復解法における収束性の議論などに利用されます．

2.2.1 ● ベクトルノルム

実数または複素数を成分とする n 次元ベクトル $\boldsymbol{x}$ に対して定義され，次の条件を満たす実数値関数 $\|\cdot\| : \boldsymbol{x} \to \|\boldsymbol{x}\|$ を**ベクトルノルム**といいます．

(1) $\|\boldsymbol{x}\| \geq 0, \|\boldsymbol{x}\| = 0 \Leftrightarrow x = 0$
(2) $\|\alpha \boldsymbol{x}\| = |\alpha| \|\boldsymbol{x}\|$ （α は複素数）
(3) $\|\boldsymbol{x} + \boldsymbol{y}\| \leq \|\boldsymbol{x}\| + \|\boldsymbol{y}\|$

上記 3 条件を満たせば具体的にどのような関数であってもノルムとして定義できるため，ノルムは無数に存在します．その中でも代表的なノルムを以下に示します．

$$1 \text{ノルム：} \|\boldsymbol{x}\|_1 = \sum_{i=1}^{n} |x_i| \tag{2.4}$$

$$2 \text{ノルム：} \|\boldsymbol{x}\|_2 = \sqrt{\sum_{i=1}^{n} |x_i|^2} \tag{2.5}$$

$$\text{最大値ノルム（} \infty \text{ノルム）：} \|\boldsymbol{x}\|_\infty = \max_{1 \leq i \leq n} |x_i| \tag{2.6}$$

一例として，2 ノルムがノルムの定義を満たしていることを証明しておきます．

証明

条件（1）：(2.5) 式が 2 乗和で構成されているので，条件（1）を満足することは明らかです．

条件（2）：$\|\alpha \boldsymbol{x}\|_2 = \sqrt{\sum_{i=1}^{n} |\alpha x_i|^2} = |\alpha| \sqrt{\sum_{i=1}^{n} |x_i|^2} = |\alpha| \|\boldsymbol{x}\|_2$

条件（3）：$\|\boldsymbol{x} + \boldsymbol{y}\|_2 = \sqrt{\sum_{i=1}^{n} |x_i + y_i|^2}$

$$\leq \sqrt{\sum_{i=1}^{n} |x_i|^2 + \sum_{i=1}^{n} |y_i|^2 + 2\sqrt{\sum_{i=1}^{n} |x_i|^2 \sum_{i=1}^{n} |y_i|^2}}$$

$$= \sqrt{\left(\sqrt{\sum_{i=1}^{n} |x_i|^2} + \sqrt{\sum_{i=1}^{n} |y_i|^2} \right)^2} = \|\boldsymbol{x}\|_2 + \|\boldsymbol{y}\|_2$$

証明終

1 ノルム，2 ノルムの一般化として，以下の p ノルムが定義できます．

$$p \text{ノルム：} \|\boldsymbol{x}\|_p = \sqrt[p]{\sum_{i=1}^{n} |x_i|^p}$$

この p ノルムにおいて，$p \to \infty$ としたものが，最大値ノルムです．なお，$p \to \infty$ としたときに，$\|\boldsymbol{x}\|_p = \|\boldsymbol{x}\|_\infty$ となることを以下に示します．

まず，ベクトル $\boldsymbol{x}$ において，絶対値が最大となる要素を $x_{i_{max}}$ とします．なお，ここでは最大値をとる要素は 1 つだけと仮定します．p ノルムの定義式から

$$\|\boldsymbol{x}\|_p = \sqrt[p]{\sum_{i=1}^{n} |x_i|^p} = \sqrt[p]{|x_{i_{max}}|^p \sum_{i=1}^{n} \frac{|x_i|^p}{|x_{i_{max}}|^p}} = |x_{i_{max}}| \sqrt[p]{\sum_{i=1}^{n} \left| \frac{|x_i|}{|x_{i_{max}}|} \right|^p} \tag{2.7}$$

ここで，$i \neq i_{max}$ なる要素 x_i において $|x_i|/|x_{i_{max}}| < 1$ より，

$$\lim_{p \to \infty} |x_{i_{max}}| \sqrt[p]{\sum_{i=1}^{n} \left| \frac{|x_i|}{|x_{i_{max}}|} \right|^p} = \lim_{p \to \infty} |x_{i_{max}}| \sqrt[p]{\sum_{i=1, i \neq i_{max}}^{n} \left| \frac{|x_i|}{|x_{i_{max}}|} \right|^p + \frac{|x_{i_{max}}|}{|x_{i_{max}}|}}$$

$$= \lim_{p \to \infty} |x_{i_{max}}| \sqrt[p]{0+1} = |x_{i_{max}}| = \|\boldsymbol{x}\|_\infty \quad (2.8)$$

また最大値をとる要素が複数（m 個）あった場合も，

$$\lim_{p \to \infty} |x_{i_{max}}| \sqrt[p]{\sum_{i=1}^{n} \left|\frac{|x_i|}{|x_{i_{max}}|}\right|^p} = \lim_{p \to \infty} |x_{i_{max}}| \sqrt[p]{0+m} = |x_{i_{max}}|$$

$$= \|\boldsymbol{x}\|_\infty \quad (\because \sqrt[p]{m} \to 1 \ (p \to \infty))$$

となります．

　最大値ノルムの計算は，配列中の最大値を求める処理そのものです．ちなみに最大値を計算するプログラムも総和計算と同様にもっとも基本的な処理なので，型として覚えてしまうことをお勧めします．配列の最大値を求めるアルゴリズムとプログラムは，次のとおりです．

（1）最大値を格納しておくための変数（変数名を max とする）を 1 つ用意し，配列の先頭の値で初期化する．

（2）配列の各値と max を比較し，max より大きい場合は max の値を書き換える．

ソースコード 2.8：最大値を求めるプログラム

```
1  double x[5] = {4.5, 3.1, 8.2 , 3.3, 1.7};
2  double max;
3  int i;
4
5  max = x[0];
6  for(i=2; i<5; i++){
7      if (x[i] > max){
8          max = x[i];
9      }
10 }
```

　以下に各種ベクトルノルムを求める SPD（図 2.9）とプログラム（ソースコード 2.9）を示します．なお，ベクトルの要素の添え字に関して，数式では $\boldsymbol{x} = (x_1, x_2, \cdots, x_5)$ というように添え字は 1 から始まるのに対し，プログラムでは配列を用いるため $x[0], x[1], \cdots, x[4]$ というように 0 から始まります．SPD においては，処理内容を数式で書く場合とプログラムの命令文で書く場合の両方があるため，添え字を 0 始まりにするか 1 始まりにするかはケースバイケースとなります．本書

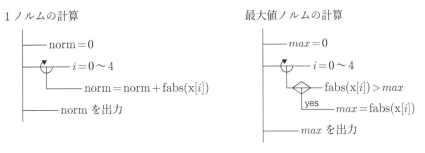

図 2.9：ベクトルノルムの計算

では基本的にプログラムの配列を用いて SPD を記述するため添え字は 0 始まりとします.

ソースコード 2.9：ベクトルノルムの計算

```c
#include <stdio.h>
#include <math.h>

#define N 5 // ベクトルの次元数

// ベクトルの 1 ノルム------------------------------------------------
double vector_norm1( double x[] ){

    double s;
    int i;

    s = 0.0;
    for (i = 0; i < N; i++) {
        s += fabs(x[i]);
    }

    return s;
}

// ベクトルの 2 ノルム------------------------------------------------
double vector_norm2(double x[]){

    double s;
    int i;

    s = 0.0;
    for (i = 0; i < N; i++) {
        s += x[i] * x[i];
    }

    return sqrt(s);
}

// ベクトルの最大値ノルム------------------------------------------------
double vector_norm_max(double x[]){

    double max;
    int i;

    max = fabs(x[0]);
    for (i = 1; i < N; i++) {
        if (fabs(x[i]) > max) {
            max = fabs(x[i]);
        }
    }

    return max;
}

// メイン関数------------------------------------------------
int main(void){

    double x[N] = { 4.5, -3.1, 8.2, 3.3, 1.7 };

    printf("1 ノルムの値 : %lf\n", vector_norm1(x));
    printf("2 ノルムの値 : %lf\n", vector_norm2(x));
    printf("最大値ノルムの値 : %lf\n", vector_norm_max(x));

    return 0;
}
```

2.2.2 ● 行列ノルム

実数または複素数を成分とする n 次正方行列 A に対して定義され，次の条件を満たす実数値関数 $\|\cdot\| : A \to \|A\|$ を**行列ノルム**といいます．

(1) $\|A\| \geq 0, \|A\| = 0 \Leftrightarrow A = \emptyset$

(2) $\|\alpha A\| = |\alpha| \|A\|$ （α は複素数）

(3) $\|A + B\| \leq \|A\| + \|B\|$

(4) $\|AB\| \leq \|A\| \|B\|$

ベクトルと同様に行列ノルムも無数に存在します．中でも代表的なノルムを以下に示します．

$$1 ノルム：\|A\|_1 = \max_{1 \leq j \leq n} \sum_{i=1}^{n} |a_{ij}| \tag{2.9}$$

$$2 ノルム（スペクトルノルム）：\|A\|_2 = \sqrt{\rho(A^* A)} \tag{2.10}$$

$$（ただし \rho(\cdot) は行列の最大固有値を返す関数．また A^* は A の共役転置行列）$$

$$最大値ノルム：\|A\|_\infty = \max_{1 \leq i \leq n} \sum_{j=1}^{n} |a_{ij}| \tag{2.11}$$

$$フロベニウスノルム：\|A\|_F = \sqrt{\sum_{i=1}^{n} \sum_{j=1}^{n} |a_{ij}|^2} \tag{2.12}$$

ここで，2 ノルムの定義が（2.12）式（フロベニウスノルム）でなく，固有値を使った（2.10）式（スペクトルノルム）であることに違和感を覚えるかもしれません．というのも見た目はフロベニウスノルムの方が 2 乗和のルートの形をしており，ベクトルの 2 ノルムの定義に近いからです．この点に関していうと，（2.9）〜（2.11）式が 1, 2, 最大値ノルムと呼ばれるのは，ベクトルの 1, 2, ∞ ノルムを用いて次式によって定義されるノルムだからです．

$$\|A\|_p = \max_{x \neq 0} \frac{\|Ax\|_p}{\|x\|_p} \tag{2.13}$$

このような行列ノルムをベクトルノルムに従属するノルムといいます．上式で定義された行列ノルムは条件（1）〜（4）を満たす他に，任意のベクトル x，任意の行列 A に対して次式も満足します．

$$\|Ax\| \leq \|A\| \|x\| \tag{2.14}$$

ちなみに上式は行列に関する各種の証明で頻繁に用いられる基本的かつ有用な不等式です．

以下，（2.13）式から 1, 2, 最大値ノルムの定義式が導けることを確認しておきます．

1 ノルム

$$\|Ax\|_1 = \sum_i \left| \sum_{j=1}^{n} a_{ij} x_j \right| \leq \left(\sum_{j=1}^{n} \sum_{i=1}^{n} |a_{ij}| \right) \sum_{j=1}^{n} |x_j|$$

$$\leq \left(\max_j \sum_{i=1}^{n} |a_{ij}| \right) \sum_{j=1}^{n} |x_j| \tag{2.15}$$

より

$$\max_{x \neq 0} \frac{\|A\boldsymbol{x}\|_1}{\|\boldsymbol{x}\|_1} \leq \max_j \sum_{i=1}^n |a_{ij}| \tag{2.16}$$

今, $\displaystyle\sum_{i=1}^n |a_{ij}|$ が第 k 列で最大値をとるとします. なお, 最大値をとる列が複数ある場合はそのいずれかを k とします. ここで次のベクトル $\boldsymbol{y}$

$$y_i = \begin{cases} |a_{ij}|/a_{ij} & (j = k) \\ 0 & (j \neq k) \end{cases} \tag{2.17}$$

を考えると $\|\boldsymbol{y}\| = 1$ より,

$$\lim_{x \neq 0} \frac{\|A\boldsymbol{x}\|_1}{\|\boldsymbol{x}\|_1} \geq \frac{\|A\boldsymbol{y}\|_1}{\|\boldsymbol{y}\|_1} = \|A\boldsymbol{y}\|_1 = \left| \sum_{i=1}^n \sum_{j=1}^n a_{ij} y_j \right| = \sum_{i=1}^n |a_{ik}| = \max_j \sum_{i=1}^n |a_{ij}| \tag{2.18}$$

が成り立ちます. よって (2.16) 式と (2.18) 式から次式が成り立ちます.

$$\lim_{x \neq 0} \frac{\|A\boldsymbol{x}\|_1}{\|\boldsymbol{x}\|_1} = \max_j \sum_{i=1}^n |a_{ij}| \tag{2.19}$$

2ノルム

ここでは, 簡単のため実行列を対象に説明します. この場合 A^*（共役転置行列）は単に転置行列 A^t となり, ノルムの定義は $\|A\|_2 = \sqrt{\rho(A^tA)}$ となります. $\|A\boldsymbol{x}\|_2^2 = (A\boldsymbol{x})^t(A\boldsymbol{x}) = \boldsymbol{x}^t A^t A \boldsymbol{x}$ において, 行列 A^tA は以下により正定値対称行列です.

ここで正定値行列とは $\boldsymbol{x} \neq 0$ である任意のベクトル $\boldsymbol{x} \in \mathbb{R}^n$ に対して

$$(\boldsymbol{x}, A\boldsymbol{x}) > 0 \tag{2.20}$$

が成り立つ行列のことをいいます. ただし $(\cdot, \cdot)$ は内積とします.

- 対称性：$(A^tA)^t = A^t(A^t)^t = A^tA$
- 正定値性：$(\boldsymbol{x}, A^tA\boldsymbol{x}) = \boldsymbol{x}^t A^t A \boldsymbol{x} = (A\boldsymbol{x}, A\boldsymbol{x}) > 0$

ここで, 正定値対称行列は直交行列 U によって以下のように対角化できます.

$$U^t A^t A U = \begin{bmatrix} \lambda_1 & & \\ & \ddots & \\ & & \lambda_n \end{bmatrix}, \quad \lambda_1 \geq \cdots \geq \lambda_n \geq 0 \tag{2.21}$$

ここで $\boldsymbol{x} = U\boldsymbol{y}$ とおくと,

$$\begin{aligned}
\|A\boldsymbol{x}\|_2^2 = \boldsymbol{x}^t A^t A \boldsymbol{x} &= \boldsymbol{y}^t U^t A^t A U \boldsymbol{y} = \sum_{i=1}^n \lambda_i |y_i|^2 \\
&\leq \lambda_1 \sum_{i=1}^n |y_i|^2 = \lambda_1 \|\boldsymbol{y}\|_2^2 \\
&= \lambda_1 \|U^t \boldsymbol{x}\|_2^2 = \lambda_1 (\boldsymbol{x} U U^t \boldsymbol{x}) = \lambda_1 \|\boldsymbol{x}\|_2
\end{aligned} \tag{2.22}$$

よって

$$\frac{\|A\boldsymbol{x}\|_2}{\|\boldsymbol{x}\|_2} \leq \lambda_1 = \sqrt{\rho(A^tA)} \qquad (x \neq 0) \tag{2.23}$$

と成り立ちます．また，A^tA の固有値 λ_1 に対応する固有ベクトルを $\boldsymbol{x}$ とすると等号が成り立つので，

$$\max_{\|x\|\neq 0}\frac{\|A\boldsymbol{x}\|_2}{\|\boldsymbol{x}\|_2} = \sqrt{\rho(A^tA)} \tag{2.24}$$

最大値ノルム

1 ノルムの場合と同様に証明できます．

行列ノルムを求める SPD（図 2.10）とプログラム（ソースコード 2.10）を以下に示します．なお，2 ノルムは行列の固有値を求める必要があり，他のノルムに比べて計算コストが高いためここでは省略します（固有値の計算法については第 9, 10 章で解説します）．

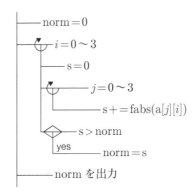

図 2.10：行列の 1 ノルムの計算

ソースコード 2.10：行列ノルムの計算

```
1  #include <stdio.h>
2  #include <math.h>
3  
4  #define N 4 // 行列の次数
5  
6  // 行列の 1 ノルム-------------------------------------------
7  double matrix_norm1(double a[][N]){
8  
9      double s, norm;
10     int i, j;
11 
12     norm = 0.0;
13     for (i = 0; i < N; i++) {
14 
15         s = 0.0;
16         for (j = 0; j < N; j++) {
17             s += fabs(a[j][i]);
18         }
19 
```

```
20          if (s > norm) {
21              norm = s;
22          }
23      }
24
25      return norm;
26  }
27
28  // 行列の最大値ノルム-------------------------------------------
29  double matrix_norm_max(double a[][N]){
30
31      double s, norm;
32      int i, j;
33
34      norm = 0.0;
35      for (i = 0; i < N; i++) {
36
37          s = 0.0;
38          for (j = 0; j < N; j++) {
39              s += fabs(a[i][j]);
40          }
41
42          if (s > norm) {
43              norm = s;
44          }
45      }
46
47      return norm;
48  }
49
50  // メイン関数--------------------------------------------------
51  int main(void){
52
53      double a[N][N] = {
54          { 1.0, -2.0, 3.0, -4.0},
55          { 0.0, 1.0, 2.0, -1.0},
56          { -1.0, -3.0, 4.0, 1.0},
57          { 2.0, 0.0, 3.0, 5.0}
58      };
59
60      printf("1 ノルム : %lf\n", matrix_norm1( a ));
61      printf("無限大ノルム : %lf\n", matrix_norm_max( a ));
62
63      return 0;
64  }
```

章末問題

問 2.1

ベクトルの 1 ノルムが 2.2.1 項のベクトルノルムの条件 (1)〜(3) を満足することを示せ.

問 2.2

int 型の配列 $a[4] = \{2, 4, 3, -1\}$, $b[4] = \{5, -2, 2, 1\}$ に対して次式の値を計算するプログラムを作成せよ.

$$\prod_{i=0}^{3} \left(\sum_{j=0}^{3} ((j+1)! \times a[i] \times b[j]) + (i+2)! \right) \tag{2.25}$$

問 2.3

4 次正方行列 A（2 次元配列 a[4][4]）を転置行列に書き換え，結果を画面表示するプログラムを作成せよ．具体的にはメイン関数において行列 A に適当な値を設定し，そこから自作した関数を呼び出すことで A の転置を行い，メイン関数に処理が戻った後で結果を出力するものとする．

問 2.4

4 次正方行列 A のフロベニウスノルムを計算する SPD 及びプログラムを作成せよ（A の値は適当でよい）．

第3章　連立一次方程式の直接解法(1)

INTRODUCTION

　　線形の問題に限らず非線形の代数方程式や微分方程式を解く際にも，その解法の一部として連立一次方程式の解法が含まれる場合が多くあります．その意味では，連立一次方程式の解法は，数値計算において基本となる手法です．

　　連立一次方程式の解法には，直接解法と反復解法の 2 種類があります．直接解法とは式変形によって直接的に解を求める手法であり，反復解法とは適当に定めた初期近似解に対し反復計算を行って解の精度を上げていく手法です．本章では直接解法のもっとも代表的な手法であるガウスの消去法について解説します．

　　また前章ではループに着目してプログラムを作成する方法を紹介しましたが，本章ではまた別の方法，具体的にはトップダウン的にプログラム設計を行う手法についても紹介します．

3.1　ガウスの消去法

3.1.1 ● ガウスの消去法の原理

$x_1, x_2, \ldots, x_n$ を変数とする以下の n 元連立一次方程式を考えます．

$$
\begin{aligned}
a_{11}^{(0)}x_1 + a_{12}^{(0)}x_2 + a_{13}^{(0)}x_3 + \cdots + a_{1n}^{(0)}x_n &= b_1^{(0)} &\cdots\cdots① \\
a_{21}^{(0)}x_1 + a_{22}^{(0)}x_2 + a_{23}^{(0)}x_3 + \cdots + a_{2n}^{(0)}x_n &= b_2^{(0)} &\cdots\cdots② \\
a_{31}^{(0)}x_1 + a_{32}^{(0)}x_2 + a_{33}^{(0)}x_3 + \cdots + a_{3n}^{(0)}x_n &= b_3^{(0)} &\cdots\cdots③ \\
\vdots \qquad\qquad \vdots \qquad\qquad \vdots & \\
a_{n1}^{(0)}x_1 + a_{n2}^{(0)}x_2 + a_{n3}^{(0)}x_3 + \cdots + a_{nn}^{(0)}x_n &= b_n^{(0)} &\cdots\cdots ⓝ
\end{aligned}
\tag{3.1}
$$

ただし，係数 a と右辺 b の右上のカッコ付きの添え字は更新の過程を示すために付けたもので，係数の値が更新されるたびに添え字が 1 加算されます．

　ガウスの消去法は，与えられた方程式に対して変数消去を行うことで，上三角型の方程式へと変形し解を求める手法です．その処理は前進消去と後退代入の 2 つで構成されます．以下にそれぞれの手順を示します．

前進消去

　（1）初めに，式 ① を用いて式 ②〜ⓝ 中にある変数 x_1 を消去します．式 ① 以外から x_1 を消去

第3章　連立一次方程式の直接解法（1）　035

するには，$a_{11}^{(0)} \neq 0$ ならば，

$$\text{式②} - \frac{a_{21}^{(0)}}{a_{11}^{(0)}} \times \text{式①}$$

を計算し，新たな式 ②′ とします．同様に式 ③〜ⓝ に対しても x_1 を消去するために

$$\text{式①′} = \text{式①} - \frac{a_{i1}^{(0)}}{a_{11}^{(0)}} \times \text{式①} \qquad (i = 3, 4, \ldots, n)$$

とし，各行を更新します．これにより方程式は以下のようになります．

$$\begin{aligned}
a_{11}^{(0)}x_1 + a_{12}^{(0)}x_2 + a_{13}^{(0)}x_3 + \cdots + a_{1n}^{(0)}x_n &= b_1^{(0)} \qquad \cdots\cdots ① \\
a_{22}^{(1)}x_2 + a_{23}^{(1)}x_3 + \cdots + a_{2n}^{(1)}x_n &= b_2^{(1)} \qquad \cdots\cdots ②′ \\
a_{32}^{(1)}x_2 + a_{33}^{(1)}x_3 + \cdots + a_{3n}^{(1)}x_n &= b_3^{(1)} \qquad \cdots\cdots ③′ \\
\vdots \qquad\qquad \vdots \qquad \vdots & \\
a_{n2}^{(1)}x_2 + a_{n3}^{(1)}x_3 + \cdots + a_{nn}^{(1)}x_n &= b_n^{(1)} \qquad \cdots\cdots ⓝ′
\end{aligned} \tag{3.2}$$

ここで 2 行目以降の a, b の値は以下となります．

$$a_{ij}^{(1)} = a_{ij}^{(0)} - \frac{a_{i1}^{(0)}}{a_{11}^{(0)}}a_{1j}^{(0)} \quad (i, j = 2, 3, \ldots, n) \tag{3.3}$$

$$b_i^{(1)} = b_i^{(0)} - \frac{a_{i1}^{(0)}}{a_{11}^{(0)}}b_1^{(0)} \quad (i = 2, 3, \ldots, n) \tag{3.4}$$

(2) 次に ②′ 式を用いて，③′〜ⓝ′ 式の x_2 を消去します．その処理は上記とまったく同様に行えます．計算の結果，

$$\begin{aligned}
a_{11}^{(0)}x_1 + a_{12}^{(0)}x_2 + a_{13}^{(0)}x_3 + \cdots + a_{1n}^{(0)}x_n &= b_1^{(0)} \\
a_{22}^{(1)}x_2 + a_{23}^{(1)}x_3 + \cdots + a_{2n}^{(1)}x_n &= b_2^{(1)} \\
a_{33}^{(2)}x_3 + \cdots + a_{3n}^{(2)}x_n &= b_3^{(2)} \\
\vdots \qquad\qquad \vdots \qquad \vdots & \\
a_{n3}^{(2)}x_3 + \cdots + a_{nn}^{(2)}x_n &= b_n^{(2)}
\end{aligned} \tag{3.5}$$

を得ます．

(3) さらに (1)，(2) と同様の処理を繰り返し，x_3 から x_{n-1} を消去します．最終的に式 (3.1) は以下のような上三角型の方程式となります．

$$\begin{aligned}
a_{11}^{(0)}x_1 + a_{12}^{(0)}x_2 + a_{13}^{(0)}x_3 + \cdots + a_{1n}^{(0)}x_n &= b_1^{(0)} \\
a_{22}^{(1)}x_2 + a_{23}^{(1)}x_3 + \cdots + a_{2n}^{(1)}x_n &= b_2^{(1)} \\
a_{33}^{(2)}x_3 + \cdots + a_{3n}^{(2)}x_n &= b_3^{(2)} \\
\ddots \qquad \vdots \qquad \vdots & \\
a_{nn}^{(n-1)}x_n &= b_n^{(n-1)}
\end{aligned} \tag{3.6}$$

以上，k 回目（$k = 1, 2, \ldots, n-1$）の更新における各 a, b の値は以下となります．

$$a_{ij}^{(k)} = a_{ij}^{(k-1)} - \frac{a_{ik}^{(k-1)}}{a_{kk}^{(k-1)}} a_{kj}^{(k-1)}, \quad b_i^{(k)} = b_i^{(k-1)} - \frac{a_{ik}^{(k-1)}}{a_{kk}^{(k-1)}} b_k^{(k-1)}$$

$$(i = k+1, k+2, \ldots, n \quad j = k+1, k+2, \ldots, n) \tag{3.7}$$

後退代入

前進消去ができたら次は後退代入を使って解を求めます。後退代入では前進消去とは逆に，一番下の行から上に向かって計算を進め，順次 x_i を求めていきます。

(1) 一番下の n 行目の式から $x_n = \dfrac{b_n^{(n-1)}}{a_{nn}^{(n-1)}}$ と求まります。

(2) 続いて 1 行上の $n-1$ 行目の式を用いて x_{n-1} を求めます。変数は x_{n-1} と x_n の 2 つだけなので，先に求まった x_n を代入し

$$x_{n-1} = \frac{(b_{n-1}^{(n-2)} - a_{n-1,n}^{(n-2)} x_n)}{a_{n-1,n-1}^{(n-2)}} \tag{3.8}$$

となります。

(3) 同様の計算を 1 行ずつ上に向かって行えば，すべての要素が求められます。

以上，後退代入をまとめると，$i = n, n-1, \ldots, 1$ に対して解 x_i は

$$x_i = \frac{b_i^{(i-1)} - \displaystyle\sum_{j=i+1}^{n} a_{ij}^{(i-1)} x_j}{a_{ii}^{(i-1)}} \tag{3.9}$$

で求められます。

例題 3.1

ガウスの消去法により次の連立一次方程式を解け。

$$\begin{aligned} 2x_1 + 4x_2 - 2x_3 &= 8 \\ 3x_1 - 2x_2 + x_3 &= 8 \\ -2x_1 - 2x_2 + 3x_3 &= -1 \end{aligned} \tag{3.10}$$

煩雑さを避けるため，以下の行列表記を用いて説明します。

$$Ax = b, \quad A = \begin{bmatrix} 2 & 4 & -2 \\ 3 & -2 & 1 \\ -2 & -2 & 3 \end{bmatrix}, \quad x = \begin{bmatrix} x_1 \\ x_2 \\ x_3 \end{bmatrix}, \quad b = \begin{bmatrix} 8 \\ 8 \\ -1 \end{bmatrix} \tag{3.11}$$

まず，係数行列 A の第 1 列に対して変数消去を行い，2 行目以降を 0 にします。

$$\begin{array}{ll} (\text{第 2 行} - (3/2) \times \text{第 1 行}) & \Rightarrow \\ (\text{第 3 行} - (-2/2) \times \text{第 1 行}) & \Rightarrow \end{array} \begin{bmatrix} 2 & 4 & -2 \\ 0 & -8 & 4 \\ 0 & 2 & 1 \end{bmatrix} \begin{bmatrix} x_1 \\ x_2 \\ x_3 \end{bmatrix} = \begin{bmatrix} 8 \\ -4 \\ 7 \end{bmatrix} \tag{3.12}$$

次に係数行列第2列の3行目を0にして、上三角行列を得ます．

$$(第3行 - (2/-8) \times 第2行) \Rightarrow \begin{bmatrix} 2 & 4 & -2 \\ 0 & -8 & 4 \\ 0 & 0 & 2 \end{bmatrix} \begin{bmatrix} x_1 \\ x_2 \\ x_3 \end{bmatrix} = \begin{bmatrix} 8 \\ -4 \\ 6 \end{bmatrix} \quad (3.13)$$

この上三角行列に対して後退代入を行い、以下の解を得ます．

$$x_3 = 6/2 = 3 \quad (3.14)$$
$$x_2 = (-4 - (4 \times 3))/-8 = 2 \quad (3.15)$$
$$x_1 = (8 - (4 \times 2 + (-2) \times 3))/2 = 3 \quad (3.16)$$

3.1.2 ● SPDを用いたプログラム設計

前章では、処理に含まれるループをすべて抽出してプログラムを作成する方法を紹介しました．これは、処理の細部まですべてを理解した上で、プログラムを組み立てていくという言わばボトムアップ的な作成方法です．本節では別の作成方法としてトップダウン的にプログラムを作成する方法を紹介します．

この方法では1つのSPDにすべての処理を記載するのではなく、初めに全体構成を表す概要的なSPDを書き、その後、各処理をブレイクダウンしてより詳細に記載した別のSPDを作成していきます．このようにすることでボトムアップ式に比べてプログラムを見通しよく、効率的に作成することができます．

以下、ガウスの消去法を例としてこの作成方法を説明します．図的なイメージを使ってガウスの消去法の処理内容を再度確認しながら、トップダウン式設計手順の解説を行います．

前進消去

(1) まずは処理の全体像を表す最上位レベルのSPDを書きます（図3.1）．図3.2からわかるように、1列目から$n-1$列目までの各列に対して、対角線から下の部分を0にすれば、前進消去の処理は終了となります．これは各列に対して同じ処理が繰り返されているので、for文ループで書けます．このループの制御変数はiとします．

図3.1：前進消去の概要（SPD）

(2) 最上位のSPDが書けたら次に、図3.1のループ内の処理1をブレイクダウンし、新たに別のSPDを書きます．というのも図3.1では処理の概要は把握できますが、このSPDをもとにプログラムのソースコードを書き始めることはできません．なぜなら処理1の「行列Aの第i列の対角成分より下を0にする」という表現が具体性に欠けるため、どうやって0にするのかがわかりません．そこで、処理1の内容をさらに具体化します．図3.3に示すように、処理1では第i行を固定したうえで、第j行を1行ずつずらしながら、「第j行 $- m \times$ 第i行」の計算を繰り返し行っています．したがってこの処理は新たに制御変数をjとおいたfor文

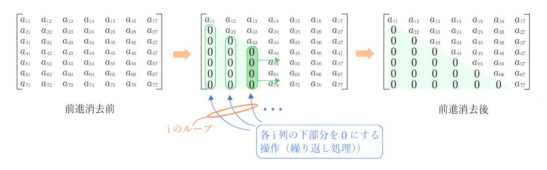

図 3.2：前進消去の概要

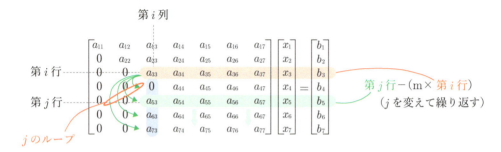

図 3.3：i 列の下部分を 0 にする処理

で記述できます．このループ処理を処理 1 に関する詳細な SPD として新たに記述します（図 3.4）．

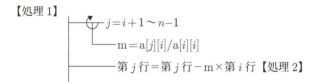

図 3.4：i 列の下部分を 0 にする処理（SPD）

(3) 図 3.4 の SPD により「対角成分より下を 0 にする」処理が少し具体化されましたが，まだ処理 2 の「第 j 行 ＝ 第 j 行 － m × 第 i 行」という表現も抽象的であり，コーディングできる程度まで具体化されてはいません．そこでさらにブレイクダウンして新たな SPD を書きます．行どうしの減算は図 3.5 に示すように，第 j 行と第 i 行の各々の要素に対して，列の添え字 k をずらしながら

$$a[j][k] = a[j][k] - m \times a[i][k]$$

の計算を繰り返すことで実行されます．したがって新たに制御変数を k とおいた for 文ループで実現できます．これを SPD として図 3.6 に示します．なお，図では i 列の係数から n 列の係数まで値の更新を行っていますが，i 列の係数に関してはもともと 0 となるように定数 m を設定しているので実際に計算する必要はありません．また行列の対角線から下の要素はその後の処理において値を参照されることもありません．そのため，i 列の対角線より下の要素は値の更新を省略し $i+1$ 列目から係数を更新することにします．

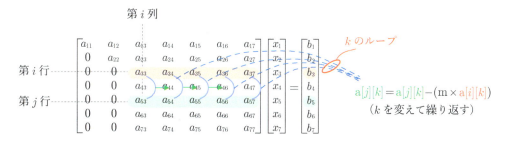

図3.5：第 j 行 $-$ m $\times$ 第 i 行の計算

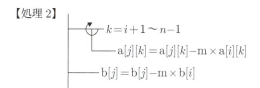

図3.6：第 j 行 $-$ m $\times$ 第 i 行の計算（SPD）

　以上ですべての処理内容が詳細化され，前進消去のSPDは完成となります．

　ここで，トップダウン式にSPDを作る際のポイントについて述べておきます．まず重要な点は，処理の大まかな構成が見えてきた段階で最初のSPD（先の例では図3.2のSPD）を書いてしまうことです．この時点では「対角成分より下を0にする」処理について，詳細な手順までわかっていなくても構いません．ブレイクダウンしていく過程で，新たなSPDを書きながら考えていけば問題はありません．

　また，1つのSPDを書く際に，どの程度まで処理内容を具体的に（逆にいうとどの程度要約的に）書けばよいかという点に関しては特段の決まりはありません．プログラミングに慣れている人にとっては，上述のようにSPDを細かく分割して作成することに面倒さを感じるかもしれません．しかし，SPDはプログラムの仕様書としての役割も担うため，他の人が見たときに理解しやすいかどうかという点も重要です．分割せず1つのSPDに詳細な内容まですべて盛り込んでしまうと，直接プログラムを見ているのと変わらないということになってしまいます．また設計のしやすさの観点からも，プログラミングに慣れていない人の場合はとくに，上述のように細かく分割することをお勧めします．

　なお，本書ではSPDを分割する際の1つの指針として，対象とする処理中でもっとも大きなループが見つかった時点で1つのSPDとして切り出すようにしています．言い換えると2重以上のループを1つのSPDに書かないようにしています．たとえば上述のSPD（図3.2, 図3.4, 図3.6）は，いずれも1重ループのみです．このようにすれば，各々のループが何の処理をしているかを明確に意識しながら設計を進めることができます．

　ただし補足として，2重ループではなく1重ループが直列に複数個並ぶのは良しとします．この場合はSPDを理解する上で特段の支障にはならないからです．また，行列の積など2重ループが明らかに組になっているような処理は，例外として2重ループを記載しても問題ありません．

　また，SPDをどこまでブレイクダウンして詳細に書くべきかという点に関してもとくに決まりはありませんが，1つの指針としては処理に含まれるすべてのループをSPDに明記するまではブレイクダウンを続けます．というのも前述のようにSPDはプログラムの設計図なので，これを見れば考

えることなく機械的にコーディングできる，という程度にまで詳細に書かれていることが望ましいからです．

後退代入

続いて後退代入について SPD の作成過程を示します．

(1) まず最上位レベルの SPD を書きます．後退代入の処理の概要は x_n から x_1 まで逆向きに各要素を求めることです．ただし，x_n だけは他の要素と処理が異なり，$x_n = b_n/a_{nn}$ の除算のみで解が求まります．この点に注意して SPD を書くと図 3.7 となります．なお，行列やベクトルの添え字について数式では 1〜n が用いられますが，プログラムでは配列を用いるため 0〜n−1 となります．SPD では基本的にプログラムの添え字（0〜n−1）を用いることにします．

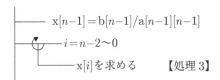

図 3.7：後退代入の概要

(2) 次に x_i を求める処理を考えます．図 3.8 からわかるように x_i の計算には，オレンジ色で表したベクトル $[a_{i,i+1}, \ldots, a_{i,n}]$ と緑色のベクトル $[x_{i+1}, \ldots, x_n]$ の内積計算が含まれます．内積計算は前章で示したように総和を求めるループ処理となるので，SPD は図 3.9 のようになります．

これで後退代入は完了です．以上の解説では説明の都合上，分割されたチャートを 1 つずつ独立に表記しましたが，実際に SPD を書くときは，それぞれの繋がりが一目でわかるように，上位と下

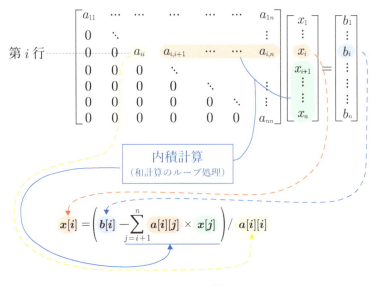

図 3.8：x_i の計算

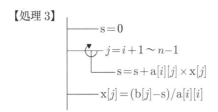

図 3.9：x_i の計算（SPD）

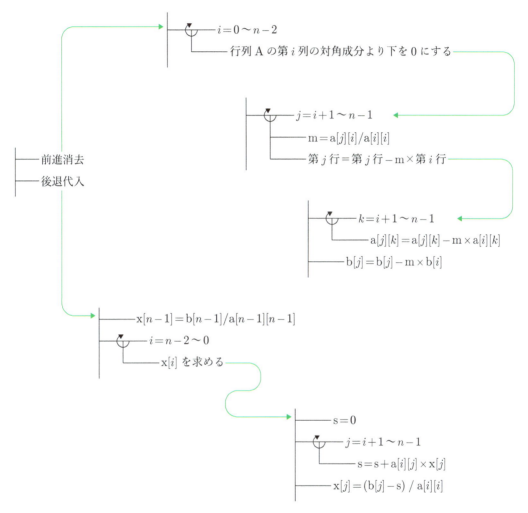

図 3.10：ガウスの消去法（全体図）

位の SPD を線でつないでおきます．そのようにして SPD を 1 つにまとめたものを図 3.10 に示します．

以下，前述の例題 3.1 をガウスの消去法で解くプログラムをソースコード 3.1 に示します．

ソースコード 3.1：ガウスの消去法

```c
#include <stdio.h>

#define N 3 // 次元数

// ガウスの消去法-----------------------------------------------
void gauss(double a[][N], double b[], double x[])
{
    double m, s;
    int i, j, k;

    // 前進消去----------------------------------------------
    for (i = 0; i < N - 1; i++){

        for (j = i + 1; j < N; j++){

            m = a[j][i] / a[i][i];

            for (k = i + 1; k < N; k++){
                a[j][k] = a[j][k] - m * a[i][k];
            }
            b[j] = b[j] - m * b[i];
        }
    }

    // 後退代入----------------------------------------------
    x[N - 1] = b[N - 1] / a[N - 1][N - 1];
    for (i = N - 2; i >= 0; i--){

        s = 0;
        for (j = i + 1; j < N; j++){
            s += a[i][j] * x[j];
        }

        x[i] = (b[i] - s) / a[i][i];
    }
}

// メイン関数-----------------------------------------------
int main(void)
{
    double a[N][N] = {
        { 2, 4, -2},
        { 3, -2, 1},
        { -2, -2, 3}
    };
    double b[N] = { 8, 8, -1}, x[N];
    int i;

    gauss(a, b, x);

    printf("解は次の通りです. \n");
    for (i = 0; i < N; i++){
        printf("x[%d] = %10.6lf\n", i, x[i]);
    }

    return 0;
}
```

実行結果は以下のようになります.

```
解は次の通りです.
x[0] = 3.000000
x[1] = 2.000000
x[2] = 3.000000
```

3.2 部分ピボット選択付きガウスの消去法

3.2.1 ● 部分ピボット選択付きガウスの消去法の計算方法

ガウスの消去法の前進消去では,式 (3.7) にあるように対角成分 $a_{kk}^{(k-1)}$ での除算が行われるため,計算の過程で $a_{kk}^{(k-1)} = 0$ となると,それ以降の処理が進められなくなります.このような場合の対処として,連立方程式は式の順番を入れ替えても解は変わらないので,第 i 列の成分が 0 でない行と入れ替えを行います.ただし第 i 行より上の行はすでに三角化の処理が完了しているので,第 i 行より下の行の中から入れ替える行を選択します.つまり $a_{ii}^{(i)}$ の入れ替えの候補となるのは $a_{ji}^{(i)}(j = i+1, \ldots, n)$ です.この入れ替え行の選択のことを**ピボット選択**といいます.

なお,行を入れ替える前の対角成分 $a_{ii}^{(i)}$ が非ゼロであっても,他の要素に比べて極端に値が小さい場合は丸め誤差の影響を受けやすくなります.そのため対角成分が 0 か否かに関わらず,毎回ピボット選択を行うようにします.また,入れ替え対象を選択するときは上述の丸め誤差の影響を考慮し,絶対値が最大の要素を選びます.

以上の手順で行の入れ替えを行いながら前進消去を進める方法を**部分ピボット選択付きガウスの消去法**といいます.なお行の交換だけでなく,列の交換によってもピボットの入れ替えは可能です.この操作は連立方程式における変数の並び順を入れ替えることに相当します.行交換のみを行うことを部分ピボット選択とよび,行と列両方の交換を行うことを完全ピボット選択といいます.完全ピボット選択では,第 i 行,第 i 列以降のすべての要素から交換対象を選ぶため精度が良くなる場合が多いですが,その分処理は複雑になります.また,方程式が唯一解を持つ(不能や不定とならない)場合,行の入れ替えのみの操作で必ず近似解を得ることができます.そのため一般には部分ピボット選択が用いられます.

例題 3.2

部分ピボット選択付きガウスの消去法により次の連立一次方程式を解け.

$$\begin{bmatrix} 0 & -1 & 2 \\ -4 & 4 & -2 \\ 2 & -4 & -3 \end{bmatrix} \begin{bmatrix} x_1 \\ x_2 \\ x_3 \end{bmatrix} = \begin{bmatrix} -5 \\ 6 \\ -5 \end{bmatrix} \tag{3.17}$$

係数行列 A の第 1 列に対してピボット選択を行います.第 1 列の要素で絶対値が最大であるのは $a_{21} = -4$ です.したがって 1 行目と 2 行目を入れ替えます.

$$(\text{第 1 行と第 2 行の入れ替え}) \quad \Rightarrow \quad \begin{bmatrix} -4 & 4 & -2 \\ 0 & -1 & 2 \\ 2 & -4 & -3 \end{bmatrix} \begin{bmatrix} x_1 \\ x_2 \\ x_3 \end{bmatrix} = \begin{bmatrix} 6 \\ -5 \\ -5 \end{bmatrix} \tag{3.18}$$

次に前進消去を行い x_1 の係数を 0 にします．

$$\begin{matrix}(\text{第 2 行} - (0/-4) \times \text{第 1 行}) & \Rightarrow \\ (\text{第 3 行} - (2/-4) \times \text{第 1 行}) & \Rightarrow\end{matrix} \begin{bmatrix} -4 & 4 & -2 \\ 0 & -1 & 2 \\ 0 & -2 & -4 \end{bmatrix} \begin{bmatrix} x_1 \\ x_2 \\ x_3 \end{bmatrix} = \begin{bmatrix} 6 \\ -5 \\ -2 \end{bmatrix} \quad (3.19)$$

係数行列 A の第 2 列に対してピボット選択を行います．第 2 列の 2 行目以下の要素で絶対値が最大であるのは $a_{32} = -2$ です．したがって 2 行目と 3 行目を入れ替えます．

$$(\text{第 2 行と第 3 行の入れ替え}) \Rightarrow \begin{bmatrix} -4 & 4 & -2 \\ 0 & -2 & -4 \\ 0 & -1 & 2 \end{bmatrix} \begin{bmatrix} x_1 \\ x_2 \\ x_3 \end{bmatrix} = \begin{bmatrix} 6 \\ -2 \\ -5 \end{bmatrix} \quad (3.20)$$

さらに前進消去を行い 3 行目の x_2 の係数を 0 にします．

$$(\text{第 3 行} - (-1/-2) \times \text{第 2 行}) \Rightarrow \begin{bmatrix} -4 & 4 & -2 \\ 0 & -2 & -4 \\ 0 & 0 & 4 \end{bmatrix} \begin{bmatrix} x_1 \\ x_2 \\ x_3 \end{bmatrix} = \begin{bmatrix} 6 \\ -2 \\ -4 \end{bmatrix} \quad (3.21)$$

この上三角行列に対して後退代入を行い，以下の解を得ます．

$$x_3 = -4/4 = -1 \quad (3.22)$$
$$x_2 = (-2 - (-4) \times (-1))/-2 = 3 \quad (3.23)$$
$$x_1 = (6 - (4 \times 3 + (-2) \times (-1)))/-4 = 2 \quad (3.24)$$

3.2.2 ● 部分ピボット選択のプログラム作成

ここでは前述のガウスの消去法の SPD に部分ピボット選択を追加します．この処理では毎回の変数消去の前処理としてピボット選択が行われるので，前進消去の最上位の SPD（図 3.1）にピボット選択を追加します（図 3.11）．

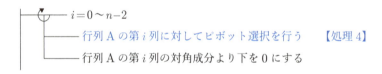

図 3.11：部分ピボット選択付き前進消去の概要

続いて図 3.11 中，処理 4 の「A の第 i 列に対してピボット選択を行う」をブレイクダウンし，新たな SPD を書きます．ピボット選択の処理は以下の 2 ステップで行われます．

（1）係数が絶対値最大である行を探す
（2）見つかった行との入れ替えを行う

まずは（1）の絶対値最大行を検索する処理のイメージを図 3.12 に示します．最大値を求めるアルゴリズムは前章の最大値ノルムのところでも示しましたが，今回は最大値そのものではなく，最大値がある行が何行目なのかを知りたいので，最大値を格納する変数「max」の他に，その行の添

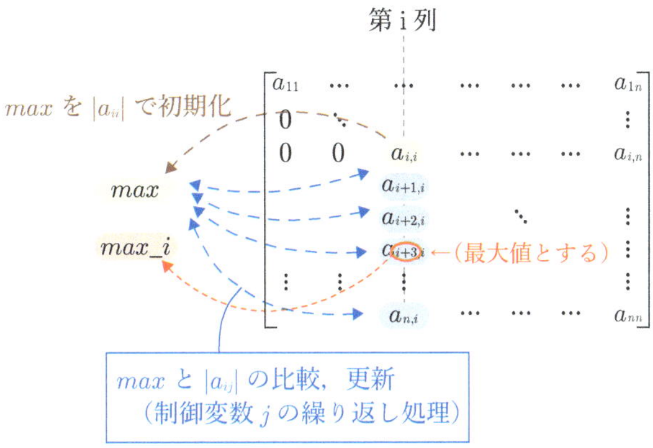

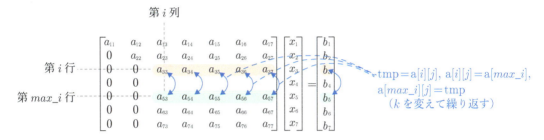

図 3.12：(1) 最大係数の探索

図 3.13：(2) 第 i 行と第 max_i 行の入れ替え

え字を格納する変数「max_i」を用意し，最大値が更新されるたびに，「max_i」も更新するようにします．

次に，上記（2）の行の入れ替えは，第 i 列とそれより右側にあるすべての要素をループ処理を用いて入れ替えます（図 3.13）．

上記の 2 つの処理をまとめた SPD を図 3.14 に示します．なお，絶対値最大行を検索した後，$max <$ eps（微小な値）だった場合は係数行列が正則でないと判断しプログラムを終了します．

また，部分ピボット選択付きガウスの消去法の全体を示した SPD を図 3.15 に示します．

さらに以下の例題を部分ピボット選択付きガウスの消去法で解くプログラムをソースコード 3.2 に示します．

$$\begin{bmatrix} 0 & -3 & -2 & -4 \\ 3 & -2 & 2 & -1 \\ -2 & 0 & 3 & 2 \\ 5 & 3 & -3 & 3 \end{bmatrix} \begin{bmatrix} x_1 \\ x_2 \\ x_3 \\ x_4 \end{bmatrix} = \begin{bmatrix} 2 \\ -3 \\ -2 \\ 1 \end{bmatrix} \tag{3.25}$$

【処理4】

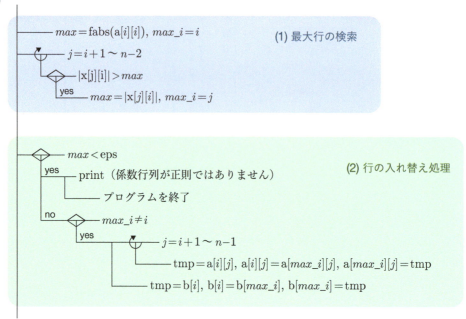

図 3.14：部分ピボット選択処理

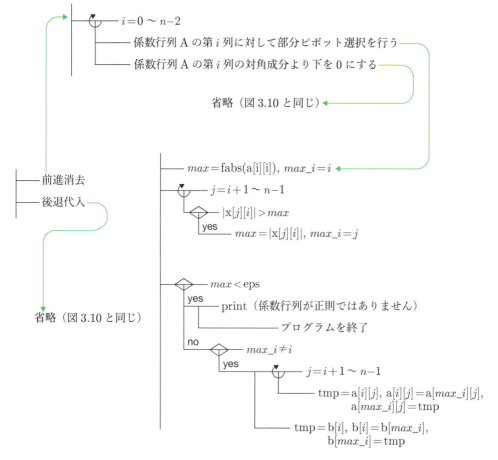

図 3.15：部分ピボット選択付きガウスの消去法（全体図）

第3章 連立一次方程式の直接解法(1) 047

ソースコード 3.2：部分ピボット選択付きガウスの消去法

```c
#include <stdio.h>
#include <stdlib.h>
#include <math.h>

#define N 4 // 次元数
#define EPS 1e-10 // 正則性判定用閾値

// 部分ピボット選択付きガウスの消去法-----------------------------------------
void pivoted_gauss(double a[][4], double b[], double x[])
{
    double m, s, max, tmp;
    int i, j, k, max_i;

    // 前進消去-----------------------------------------------------------
    for (i = 0; i < N - 1; i++)
    {
        // 部分ピボット選択-------------------------------------------
        max = fabs(a[i][i]);
        max_i = i;
        for (j = i + 1; j < N; j++){

            if (fabs(a[j][i]) > max) {
                max = fabs(a[j][i]);
                max_i = j;
            }
        }

        if (max < EPS) {

            printf("係数行列が正則ではありません");
            exit(1);

        } else if (max_i != i) {

            for (j = i; j < N; j++) {
                tmp = a[i][j]; a[i][j] = a[max_i][j]; a[max_i][j] = tmp;
            }
            tmp = b[i]; b[i] = b[max_i]; b[max_i] = tmp;
        }

        // 前進消去-------------------------------------------------
        for (j = i + 1; j < N; j++){

            m = a[j][i] / a[i][i];

            for (k = i + 1; k < N; k++){
                a[j][k] = a[j][k] - m * a[i][k];
            }
            b[j] = b[j] - m * b[i];
        }
    }

    // 後退代入-----------------------------------------------------------
    x[N - 1] = b[N - 1] / a[N - 1][N - 1];
    for (i = N - 2; i >= 0; i--){

        s = 0.0;
        for (j = i + 1; j < N; j++){
            s += a[i][j] * x[j];
        }
        x[i] = (b[i] - s) / a[i][i];
    }
```

```c
63  }
64
65  // メイン関数------------------------------------------------------------------
66  int main(void)
67  {
68      double a[N][N] = {
69          { 0, -3, -2, -4},
70          { 3, -2, 2, -1},
71          { -2, 0, 3, 2},
72          { 5, 2, -3, 3}
73      };
74      double b[N] = { 2, -3, -2, 1 }, x[N];
75      int i;
76
77      pivoted_gauss(a, b, x);
78
79      printf("解は次の通り. \n");
80      for (i = 0; i < N; i++){
81          printf("x[%d] = %10.6lf\n", i, x[i]);
82      }
83
84      return 0;
85  }
```

実行結果は以下のようになります.

```
解は次の通り.
x[0] = -0.395062
x[1] = -0.123457
x[2] = -0.987654
x[3] = 0.086420
```

3.3 ガウスの消去法の計算量

連立一次方程式の直接解法では,変数の数が増えるにしたがって計算時間は急激に増大します.本節ではガウスの消去法に含まれる四則演算の回数を評価することで計算量を確認します(なお,ピボット選択付きの場合も四則演算の回数は同じです).大まかな評価としては,前進消去が3重ループで構成されていること,および各ループの繰り返し回数は次元数 n に比例して増加することから,計算量のオーダーは $O(n^3)$ となります.

ここで記号 O はランダウの O 記号と呼ばれるものです.これについて簡単に説明すると,2つの実関数 $f(x), g(x)$ に対し,x がある値に近づいた際に $|f(x)/g(x)|$ が有界であるとき $f(x) = O(g(x))$ と表されます.たとえば,$x \to \infty$ としたときの関数の挙動に注目しているとします.このとき $f(x) = 5x^3 + 3x^2 + 1, g(x) = x^3$ とすると,

$$\frac{f(x)}{g(x)} = \frac{5x^3 + 3x^2 + 1}{x^3} \to 5 \quad (x \to \infty) \tag{3.26}$$

となるので,$5x^3 + 3x^2 + 1 = O(x^3)$ と表されます.

逆に,$x \to 0$ を考える場合,たとえば $f(x) = x^3 + x^4 + x^5 + \cdots, g(x) = x^3$ とすると,

$$\frac{f(x)}{g(x)} = \frac{x^3 + x^4 + x^5 + \cdots}{x^3} \to 1 \quad (x \to 0) \tag{3.27}$$

となるので, $x^3 + x^4 + x^5 + \cdots = O(x^3)$ と表されます.

また, ランダウの記号には小文字の o もあります. $f(x) = o(g(x))$ とは

$$\lim_{x \to \alpha} \frac{f(x)}{g(x)} = 0 \tag{3.28}$$

となることをいいます. たとえば $x \to 0$ のとき, $f(x) = x^5 + x^4 + x^3$, $g(x) = x^2$ とすると,

$$\frac{f(x)}{g(x)} = \frac{x^5 + x^4 + x^3}{x^2} \to 0 \quad (x \to 0) \tag{3.29}$$

となるので, $x^5 + x^4 + x^3 = o(x^2)$ となります.

ガウスの消去法の詳細な計算量は次のように見積もれます. まず前進消去の過程をみると, 3 重ループのもっとも内側にあるループ

```
for (k = i + 1; k < N; k++){
    a[j][k] = a[j][k] - m * a[i][k]
}
```

においては, 減算と乗算が 1 回ずつ, 計 2 回の四則演算が行われています. また繰り返しの回数は for 文の継続条件から「$(N-1)-i$」回 です. したがってこの for 文では「$((N-1)-i) \times 2$」回の四則演算が行われます. プログラムとの対応関係を意識して形式的に数式で表現するならば, ループの計算量は以下の総和によって求められます.

$$\sum_{j=i+1}^{N-1} 2 = ((N-1)-i) \times 2 = 2N - 2i - 2 \tag{3.30}$$

次にその外側のループ (3 重ループの中間のループ) を見ると, 上記の for 文以外に

```
m = a[j][i] / a[i][i]
b[j] = b[j] - m * b[i]
```

の計算が行われており, 合計 3 回の四則演算が行われています. また, さらにその外側のループ (3 重ループの一番外側) では上記 2 つのループ以外の処理は行われていません.

以上より, 各 for 文の初期値, 継続条件に注意して全体の計算量を求めると

$$\begin{aligned}
\sum_{i=0}^{N-2} \sum_{j=i+1}^{N-1} \left(\left(\sum_{k=i+1}^{N-1} 2 \right) + 3 \right) &= \sum_{i=0}^{N-2} \sum_{j=i+1}^{N-1} (-2i + 2N + 1) \\
&= \sum_{i=0}^{N-2} ((N-1) - i)(-2i + 2N + 1) \\
&= 2 \sum_{i=0}^{N-2} i^2 + (1 - 4N) \sum_{i=0}^{N-2} i + \sum_{i=0}^{N-2} (2N^2 - N - 1) \\
&= \frac{1}{3}(2N^3 - 9N^2 + 13N - 6) + \frac{1}{2}(-4N^3 + 13N^2 - 11N + 2) \\
&\quad + (2N^3 - 3N^2 + 1) \\
&= \frac{2}{3}N^3 + \frac{1}{2}N^2 - \frac{7}{6}N \tag{3.31}
\end{aligned}$$

となります．なお，上の式変形において次に示す数列の和の公式を用いました．

$$\sum_{i=1}^{N} i = \frac{1}{2}N(N+1) \tag{3.32}$$

$$\sum_{i=1}^{N} i^2 = \frac{1}{6}N(N+1)(2N+1) \tag{3.33}$$

次に後退代入の2重ループに対しても同様の計算を行うと以下のようになります．

$$\sum_{i=0}^{N-2}\left(\left(\sum_{j=i+1}^{N-1} 2\right) + 2\right) = \sum_{i=0}^{N-2}(-2i+2N)$$
$$= -2\sum_{i=0}^{N-2} i + \sum_{i=0}^{N-2} 2N$$
$$= -(N-2)(N-1) + 2N(N-1)$$
$$= N^2 + N - 2 \tag{3.34}$$

以上より，本書で示したプログラムにおけるガウスの消去法全体の演算回数は前進消去と後退代入を足して $\frac{2}{3}N^3 + \frac{3}{2}N^2 - \frac{1}{6}N - 2$ となります．

なお，プログラムを実行した場合における実際の処理時間については，コンパイラによる最適化や，CPU のアーキテクチャなどさまざまな要因によって変わります．また同じ環境を用いていて，かつ加減乗除それぞれの演算回数が等しい場合でも，式の形や処理内容が変わると実行時間も変わります．高次元の問題を解く際，事前にどの程度時間がかかるのか知りたい場合は，一度低次元の問題を実際に解いてみて，その計算時間をもとに推定するのがよいでしょう．

章末問題

問 3.1

次の方程式を部分ピボット選択付きガウスの消去法で解くプログラムを作成せよ．またピボット選択をしないガウスの消去法のプログラムも作成し，得られた解の精度を比較せよ．ただし，解は $x = [1, -1, -2, 2]^t$ である．

$$\begin{bmatrix} 1.13 & 40.5 & 1.52 & 20.1 \\ -2.02 & -72.4 & -3.10 & -36.3 \\ -1.36 & -48.7 & 7.55 & -20.7 \\ 80.5 & 2.32 & 1.23 & -38.9 \end{bmatrix}\begin{bmatrix} x_1 \\ x_2 \\ x_3 \\ x_4 \end{bmatrix} = \begin{bmatrix} -2.21 \\ 3.98 \\ -9.16 \\ -2.08 \end{bmatrix}$$

問 3.2

与えられた連立一次方程式が唯一の解を持つ場合，つまり係数行列が正則である場合は，部分ピボット選択付きガウスの消去法を用いれば，必ず解が求まることを示せ．

問 3.3

ガウスの消去法では前進消去において，係数行列の対角成分より下を消去した．これに対する別の解法として図 3.16 に示すように，対角成分より上の成分も下と同様に変数消去し，値を

0 にする方法もある．この場合，前進消去が終わった段階で対角成分のみが残ることになり，$x_i = b_i/a_{ii}$ ($i = 1, 2, \ldots, n$) を計算すれば，後退代入なしに解を求めることができる．この方法を掃き出し法という．

ソースコード 3.2 を修正し，上の方法で解を求めるプログラムを作成せよ．また，この方法の四則演算の回数を求めることにより，本文中で紹介したガウスの消去法と比べてどちらが計算時間が短いかを調べよ．

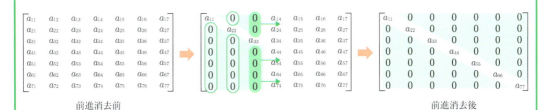

図 3.16：掃き出し法による係数消去

問 3.4

問 3.3 の手法において右辺のベクトル b を（形式的に）単位行列 E に置き換え，E の各列に対してベクトル b に行ったのと同じ計算をすれば，E の更新後の行列は A の逆行列となる．この方法により A の逆行列を求めるプログラムを作成せよ．

問 3.5

上記の手法における四則演算の回数を求めよ．

第4章 連立一次方程式の直接解法(2)

INTRODUCTION

前章に続き連立一次方程式の直接解法について考えます．本章では，行列の分解を用いた手法である LU 分解法とコレスキー分解法を紹介します．両手法とも，係数行列を下三角行列と上三角行列の積に分解して方程式を解きます．ガウスの消去法の後退代入でみたように，係数行列が三角行列であれば代入操作だけで解を求めることができます．

LU 分解は実質的にはガウスの消去法と同じものですが，利点としては連立方程式の右辺だけが異なるような複数の連立方程式を解く際に，ガウスの消去法に比べて計算コストを削減できる点が挙げられます．

またコレスキー分解は対称行列に対して LU 分解を行う手法です．分解された行列は互いに転置行列となるという特徴があります．

4.1 LU分解

4.1.1 ● 行の入れ替えを含まないLU分解

n 次正方行列 A を**下三角行列** L と**上三角行列** U の積に分解し，$A = LU$ とすることを **LU 分解**といいます．この L と U は，ガウスの消去法の前進消去を行うことにより求めることができます．本項ではこのことを確認していきます．

なおここでは，部分ピボット選択を行わずに解ける連立一次方程式を対象とし，その係数行列の LU 分解について考えます．部分ピボット選択を行うケースについては，次節で解説します．まず，ガウスの消去法の前進消去の過程を行列の積として表現するために，以下に示す**フロベニウス行列**を用います．

$$M_k = \begin{bmatrix} 1 & & & & & 0 \\ & \ddots & & & & \\ & & 1 & & & \\ & & -m_{k+1,k} & \ddots & & \\ & & \vdots & & \ddots & \\ 0 & & -m_{n,k} & & & 1 \end{bmatrix}, \quad m_{i,k} = \frac{a_{i,k}^{(k)}}{a_{k,k}^{(k)}} \quad (4.1)$$

ここで，フロベニウス行列とは上式のように，対角成分はすべて 1 であり，いずれかの 1 列だけが対角成分より下に値を持ち，それ以外の非対角成分はすべて 0 であるような行列です．

ここで，ガウスの消去法の前進消去において k 回目の消去処理（k 列目の対角線より下の成分をすべて 0 にする操作）を行った後の係数行列を $A^{(k)}$ とします．このとき $A^{(k-1)}$ に対して k 回目の

消去を行う操作は $A^{(k-1)}$ に対して左から M_k を掛けることと同等になります．これは次式により確認できます．

$$M_k A^{(k-1)}$$

$$= \begin{bmatrix} 1 & & & & & 0 \\ & \ddots & & & & \\ & & 1 & & & \\ & & -m_{k+1,k} & \ddots & & \\ & & \vdots & & \ddots & \\ 0 & & -m_{n,k} & & & 1 \end{bmatrix} A^{(k-1)}$$

$$= \begin{bmatrix} 1 & & & & & 0 \\ & \ddots & & & & \\ & & 1 & & & \\ & & & \ddots & & \\ & & & & \ddots & \\ 0 & & & & & 1 \end{bmatrix} A^{(k-1)} + \begin{bmatrix} 0 & & 0 & & 0 \\ & & \vdots & & \\ & & 0 & & \\ & & -m_{k+1,k} & & \\ & & \vdots & & \\ 0 & & -m_{n,k} & & 0 \end{bmatrix} A^{(k-1)}$$

$$= \begin{bmatrix} a_{1,1}^{(1)} & \cdots & & \cdots & a_{1,n}^{(1)} \\ & \ddots & & & \vdots \\ & & a_{k,k}^{(k)} & \cdots & \cdots & a_{k,n}^{(k)} \\ & & a_{k+1,k}^{(k)} & \cdots & \cdots & a_{k+1,n}^{(k)} \\ & & \vdots & & & \vdots \\ 0 & & a_{n,k}^{(k)} & \cdots & \cdots & a_{n,n}^{(k)} \end{bmatrix} + \begin{bmatrix} 0 & & \cdots & & \cdots & 0 \\ & \ddots & & & & \vdots \\ & & 0 & & \cdots & 0 \\ & & -m_{k+1,k}\,a_{k,k}^{(k)} & \cdots & -m_{k+1,k}\,a_{k,n}^{(k)} \\ & & \vdots & & & \vdots \\ 0 & & -m_{n,k}\,a_{k,k}^{(k)} & \cdots & -m_{n,k}\,a_{k,n}^{(k)} \end{bmatrix}$$

$$= \begin{bmatrix} a_{1,1}^{(1)} & \cdots & & \cdots & a_{1,n}^{(1)} \\ & \ddots & & & \vdots \\ & & a_{k,k}^{(k)} & \cdots & \cdots & a_{k,n}^{(k)} \\ & & 0 & a_{k+1,k+1}^{(k+1)} & \cdots & a_{k+1,n}^{(k+1)} \\ & & \vdots & \vdots & & \vdots \\ 0 & & 0 & a_{n,k}^{(k+1)} & \cdots & a_{n,n}^{(k+1)} \end{bmatrix} = A^{(k)} \tag{4.2}$$

これを用いると $A\boldsymbol{x} = \boldsymbol{b}$ に対する前進消去全体の処理は

$$M_{n-1} \cdots M_1 A = M_{n-1} \cdots M_1 \boldsymbol{b} \tag{4.3}$$

と書けます．ガウスの消去法において前進消去の処理が終わった後の係数行列は上三角行列になりました．したがってこの三角行列を U とおくと，$M_{n-1} \cdots M_1 A = U$ より，

$$A = (M_{n-1} \cdots M_1)^{-1} U \tag{4.4}$$

と書けます．ここで $L = (M_{n-1} \cdots M_1)^{-1}$ とおくと，

$$
L = \begin{bmatrix} 1 & & & & \\ m_{2,1} & 1 & & & \\ m_{3,1} & m_{3,2} & 1 & & \\ \vdots & \vdots & \ddots & \ddots & \\ m_{n,1} & m_{n,2} & \cdots & m_{n,n-1} & 1 \end{bmatrix} \tag{4.5}
$$

となり，A は下三角行列 L と上三角行列 U の積に分解されたことになります．

以下では式 (4.5) の導出について説明します．まず，M_k の逆行列は

$$
M_k^{-1} = \begin{bmatrix} 1 & & & & & 0 \\ & \ddots & & & & \\ & & 1 & & & \\ & & m_{k+1,k} & \ddots & & \\ & & \vdots & & \ddots & \\ 0 & & m_{n,k} & & & 1 \end{bmatrix} \tag{4.6}
$$

です．つまり M_k において，非対角成分 m の符号を逆にすれば逆行列が得られます．これは

$$
M_k = \left[\begin{array}{c|c} I_k & O \\ \hline N & I_{n-k} \end{array} \right], \qquad N = \begin{bmatrix} 0 & \cdots & 0 & -m_{k+1,k} \\ \vdots & \ddots & \vdots & \vdots \\ 0 & \cdots & 0 & -m_{n,k} \end{bmatrix} \tag{4.7}
$$

と M_k をブロック分割し，分割行列の積の公式を使うことにより，$M_k M_k^{-1} = I$ を確認できます．

$$
\begin{aligned}
M_k M_k^{-1} &= \left[\begin{array}{c|c} I_k & O \\ \hline N & I_{n-k} \end{array} \right] \left[\begin{array}{c|c} I_k & O \\ \hline -N & I_{n-k} \end{array} \right] \\
&= \left[\begin{array}{c|c} I_k I_k - ON & I_k O + O I_{n-k} \\ \hline N I_k - I_{n-k} N & NO + I_{n-k} I_{n-k} \end{array} \right] = I
\end{aligned} \tag{4.8}
$$

また，フロベニウス行列に関して一般的に次の性質が成り立ちます．

n 次のフロベニウス行列 F_k と n 次正方行列 B_k を

$$F_k = \begin{bmatrix} 1 & & & & & 0 \\ & \ddots & & & & \\ & & 1 & & & \\ \hline & & f_{k+1,k} & \ddots & & \\ & & \vdots & & \ddots & \\ 0 & & f_{n,k} & & & 1 \end{bmatrix}, \quad B_k = \begin{bmatrix} 1 & & & & & O \\ & \ddots & & & & \\ & & 1 & & & \\ \hline & & & b_{k+1,k+1} & \cdots & b_{k+1,n} \\ & & & \vdots & \ddots & \vdots \\ O & & & b_{n,k} & \cdots & b_{n,n} \end{bmatrix}$$

$$(4.9)$$

とすると，その積は以下で表されます．

$$F_k B_k = \begin{bmatrix} 1 & & & & & O \\ & \ddots & & & & \\ & & 1 & & & \\ \hline & & f_{k+1,k} & b_{k+1,k+1} & \cdots & b_{k+1,n} \\ & & \vdots & \vdots & \ddots & \vdots \\ O & & f_{n,k} & b_{n,k} & \cdots & b_{n,n} \end{bmatrix} \quad (4.10)$$

これも先ほどの M_k^{-1} の際と同様に，ブロック分割を用いて確かめることができます．

$$F_k = \left[\begin{array}{c|c} I_k & O \\ \hline H & I_{n-k} \end{array} \right], \qquad H = \begin{bmatrix} 0 & \cdots & 0 & f_{k+1,k} \\ \vdots & \ddots & \vdots & \vdots \\ 0 & \cdots & 0 & f_{n,k} \end{bmatrix} \quad (4.11)$$

$$B_k = \left[\begin{array}{c|c} I_k & O \\ \hline O & C \end{array} \right], \qquad C = \begin{bmatrix} b_{k+1,k+1} & \cdots & b_{k+1,k} \\ \vdots & \ddots & \vdots \\ b_{n,k+1} & \cdots & b_{n,k} \end{bmatrix} \quad (4.12)$$

とおくと

$$F_k B_k = \left[\begin{array}{c|c} I_k & O \\ \hline H & I_{n-k} \end{array} \right] \left[\begin{array}{c|c} I_k & O \\ \hline O & C \end{array} \right]$$

$$= \left[\begin{array}{c|c} I_k I_k + OO & I_k O + OC \\ \hline HI_k + I_{n-k}O & HO + I_{n-k}C \end{array} \right] = \left[\begin{array}{c|c} I_k & O \\ \hline H & C \end{array} \right] \tag{4.13}$$

となり，式 (4.10) が導出されます．この式 (4.10) を繰り返し適用することで

$$
M_{n-2}^{-1}M_{n-1}^{-1} = \begin{bmatrix} 1 & & & & & O \\ & 1 & & & & \\ & & \ddots & & & \\ & & & 1 & & \\ & & & m_{n-1,n-2} & 1 & \\ O & & & m_{n,n-2} & 0 & 1 \end{bmatrix} \begin{bmatrix} 1 & & & & & O \\ & 1 & & & & \\ & & \ddots & & & \\ & & & \ddots & & \\ & & & & 1 & \\ O & & & & m_{n,n-1} & 1 \end{bmatrix}
$$

$$
= \begin{bmatrix} 1 & & & & & O \\ & 1 & & & & \\ & & \ddots & & & \\ & & & 1 & & \\ & & & m_{n-1,n-2} & 1 & \\ O & & & m_{n,n-2} & m_{n,n-1} & 1 \end{bmatrix} \tag{4.14}
$$

$$
M_{n-3}^{-1}M_{n-2}^{-1}M_{n-1}^{-1} = \begin{bmatrix} 1 & & & & & O \\ & 1 & & & & \\ & & 1 & & & \\ & & m_{n-2,n-3} & 1 & & \\ & & m_{n-1,n-3} & 0 & 1 & \\ O & & m_{n,n-3} & 0 & 0 & 1 \end{bmatrix} \begin{bmatrix} 1 & & & & & O \\ & 1 & & & & \\ & & \ddots & & & \\ & & & 1 & & \\ & & & m_{n-1,n-2} & 1 & \\ O & & & m_{n,n-2} & m_{n,n-1} & 1 \end{bmatrix}
$$

$$
= \begin{bmatrix} 1 & & & & & O \\ & \ddots & & & & \\ & & 1 & & & \\ & & m_{n-2,n-3} & 1 & & \\ & & m_{n-1,n-3} & m_{n-1,n-2} & 1 & \\ O & & m_{n,n-3} & m_{n,n-2} & m_{n,n-1} & 1 \end{bmatrix} \tag{4.15}
$$

$$\vdots$$

$$M_1^{-1} \cdots M_{n-1}^{-1} = \begin{bmatrix} 1 & & & & & \\ m_{2,1} & 1 & & & & \\ m_{3,1} & m_{3,2} & 1 & & & \\ \vdots & \vdots & \ddots & \ddots & & \\ m_{n,1} & m_{n,2} & \cdots & m_{n,n-1} & 1 \end{bmatrix} \tag{4.16}$$

となり，L は式 (4.5) となることが確認できました．

次に LU 分解を使って，連立一次方程式 $Ax = b$ を解くことを考えます．$A = LU$ より，方程式 $LUx = b$ を解くことになります．x を求める手順は以下のようになります．

(1) Ux を未知変数 y とおき，方程式 $Ly = b$ を解く．

(2) $Ux = y$ を解いて x を求める．

なお，$Ly = b$ を解く際，L は下三角行列なので，ガウスの消去法の後退代入と同様の手順で解くことができます．ただし解く順序は y_1 から y_n の順で後退代入とは逆になります．そのためこの過程は前進代入と呼ばれます．

4.1.2 ● 行の入れ替えを含む LU 分解

LU 分解を求める過程はガウスの消去法と同じであるため，途中で対角成分が 0 になるとそれ以上計算を進めることはできません．ガウスの消去法ではこれを回避するために部分ピボット選択を行いました．LU 分解でも同様に部分ピボット選択を行い，行を入れ替えることによって分解が可能となります．

以下では，部分ピボット選択付きガウスの消去法をもとにした LU 分解の過程を見ていきます．部分ピボット選択における行の入れ替え操作を行列演算で表現すると，たとえば第 k 行と第 p_k 行の入れ替えは，係数行列に対して次の置換行列 P_k を左から掛ける操作となります．

第 k 列　　第 p_k 列

$$P_k = \begin{pmatrix} 1 & & & & & & & & \\ & \ddots & & & & & & & \\ & & 1 & & & & & & \\ & & & 0 & \cdots & 1 & & & \\ & & & \vdots & & \vdots & & & \\ & & & 1 & \cdots & 0 & & & \\ & & & & & & 1 & & \\ & & & & & & & \ddots & \\ & & & & & & & & 1 \end{pmatrix} \tag{4.17}$$

なお，P_k は 2 つの行の入れ替えであり，同じ操作を 2 回行うと元に戻ることから $P_k P_k = I$，つまり $P_k^{-1} = P_k$ です．前進消去の過程では，行の入れ替えと変数消去を交互に繰り返すので，前進消去全体の処理は式 (4.18) のように表せます．

$$M_{n-1} P_{n-1} \cdots M_1 P_1 A x = M_{n-1} P_{n-1} \cdots M_1 P_1 b \tag{4.18}$$

前節同様，前進消去終了後の係数行列 $A^{(n-1)}$ は上三角行列なので，これを U とおくと，

$$M_{n-1}P_{n-1}\cdots M_1 P_1 A = U \tag{4.19}$$

となります．ここで，$P = P_{n-1}P_{n-2}\cdots P_1$ とおき，前進消去で行った行置換のみを A に適用した行列 PA を考えます．行列 PA は行置換なしで前進消去が行え，前節の議論から PA は LU 分解が可能となります．そこで，以下では式 (4.19) を変形することで，PA を LU 分解したときの下三角行列 L の導出を行います．

まず，$G_k = P_{n-1}\cdots P_{k+1}M_k P_{k+1}\cdots P_{n-1}$（ただし，$k = n-1$ のとき $G_{n-1} = M_{n-1}$）とおくと，

$$M_{n-1} = G_{n-1}$$
$$P_{n-1}M_{n-2} = G_{n-2}P_{n-1}$$
$$P_{n-2}M_{n-3} = P_{n-1}G_{n-3}P_{n-1}P_{n-2}$$
$$\vdots$$
$$P_{k+1}M_k = P_{k+2}\cdots P_{n-1}G_k P_{n-1}\cdots P_{k+1}$$
$$\vdots$$

を得ます．これらを式 (4.19) に代入すると

$$M_{n-1}(P_{n-1}M_{n-2})(P_{n-2}M_{n-3})\cdots(M_1 P_1)$$
$$= G_{n-1}(G_{n-2}P_{n-1})(P_{n-1}G_{n-3}P_{n-2}P_{n-1})\cdots(P_2 P_3\cdots P_{n-1}G_1 P_{n-1}P_{n-2}\cdots P_1)$$
$$= (G_{n-1}G_{n-2}\cdots G_1)P_{n-1}P_{n-2}\cdots P_1 A = U \tag{4.20}$$

となります．ここで $G = G_{n-1}\cdots G_1$ とおくと，$PA = G^{-1}U$ と表せます．そこで以下では，G^{-1} がどのような行列かを確認します．まず，フロベニウス行列 M_k と第 i 行と第 j 行を入れ替える置換行列 P（ただし，$i,j > k$）に関して

$$M_k = I + \boldsymbol{f}_k \boldsymbol{e}_k^t = \begin{bmatrix} 1 & & & & & & & O \\ & \ddots & & & & & & \\ & & 1 & & & & & \\ & & \vdots & \ddots & & & & \\ & & f_{i,k} & & 1 & & & \\ & & \vdots & & & \ddots & & \\ & & f_{j,k} & & & & 1 & \\ & & \vdots & & & & & \ddots \\ O & & f_{n,k} & & & & & 1 \end{bmatrix} \tag{4.21}$$

ただし $\boldsymbol{f}_k = [0,0,\cdots,0,f_{k+1,k},f_{k+2,k},\cdots,f_{n,k}]^t,$
$\boldsymbol{e}_k = [0,0,\cdots,0,1,0,0,\cdots,0]^t$

$$
PM_kP = \begin{bmatrix} 1 & & & & & & & O \\ & \ddots & & & & & & \\ & & 1 & & & & & \\ & & \vdots & \ddots & & & & \\ & & f_{j,k} & & 1 & & & \\ & & \vdots & & & \ddots & & \\ & & f_{i,k} & & & & 1 & \\ & & \vdots & & & & & \ddots \\ O & & f_{n,k} & & & & & 1 \end{bmatrix} = I + (P\boldsymbol{f}_k)e_k^t \tag{4.22}
$$

となります．つまり，M_k に対して置換行列を左右から掛けると，M_k の要素 $f_{i,j}$ と $f_{j,k}$ のみが入れ替わります．これより，

$$
\begin{aligned}
G_k &= P_{n-1}\cdots P_{k+2}P_{k+1}M_kP_{k+1}P_{k+2}\cdots P_{n-1} \\
&= P_{n-1}\cdots P_{k+2}\left(I + (P_{k+1}\boldsymbol{m}_k)e_k^t\right)P_{k+2}\cdots P_{n-1} \\
&= P_{n-1}\cdots\left(I - (P_{k+2}P_{k+1}\boldsymbol{m}_k)e_k^t\right)\cdots P_{n-1} \\
&= I - (P_{n-1}\cdots P_{k+2}P_{k+1}\boldsymbol{m}_k)e_k^t
\end{aligned} \tag{4.23}
$$

が得られます．つまり G_k は，フロベニウス行列 M_k（k 段目の前進消去の行列表現）の k 列目の要素に対して，$k+1$ 段目から $n-1$ 段目までの前進消去で行われるすべての行の入れ替えを適用したものになります．以上より，PA を LU 分解したときの下三角行列 L を

$$
L = \begin{bmatrix} 1 & & & & \\ l_{2,1} & 1 & & & \\ l_{3,1} & l_{3,2} & 1 & & \\ \vdots & \vdots & \ddots & \ddots & \\ l_{n,1} & l_{n,2} & \cdots & l_{n,n-1} & 1 \end{bmatrix} = [\boldsymbol{l}_1, \boldsymbol{l}_2, \ldots, \boldsymbol{l}_n] \tag{4.24}
$$

とおくと，$L = G^{-1} = G_1^{-1}G_2^{-1}\cdots G_{n-1}^{-1}$ より

$$
\boldsymbol{l}_k = \boldsymbol{e}_k + P_{n-1}\cdots P_{k+2}P_{k+1}\boldsymbol{m}_k \tag{4.25}
$$

となり，L が求まります．

4.1.3 ● LU分解のプログラム作成

図 4.1 に LU 分解の SPD チャートを示します．今見てきたように，LU 分解のプロセスはガウスの消去法とほとんど同じです．前章からの変更点は図中，赤字で示した 2 か所です．まずピボット選択で行われた行の入れ替えを記憶しておくために配列 P が用いられています．また，前進消去で用いた各 m の値は，LU 分解における L の各成分なので行列 A の下三角の領域に格納します．

次の方程式を LU 分解法で解くプログラムをソースコード 4.1 に示します．

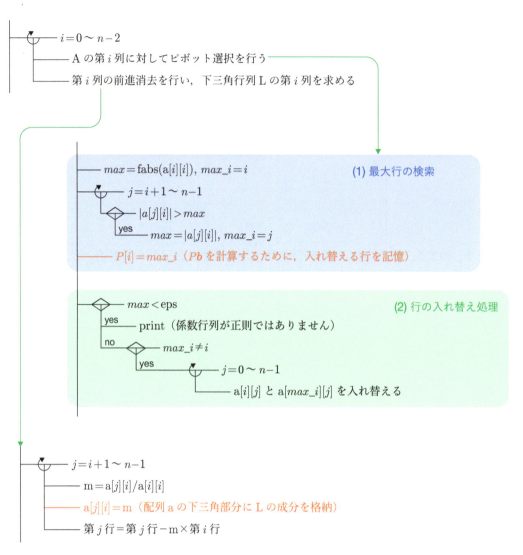

図 4.1：LU 分解を求める処理

$$\begin{bmatrix} 2 & 2 & 1 & 2 \\ 2 & 3 & -1 & 3 \\ -3 & 4 & 0 & 3 \\ 1 & 3 & -2 & 1 \end{bmatrix} \begin{bmatrix} x_1 \\ x_2 \\ x_3 \\ x_4 \end{bmatrix} = \begin{bmatrix} 7 \\ 6 \\ -5 \\ -3 \end{bmatrix} \tag{4.26}$$

ソースコード 4.1： LU 分解法

```
1  #include <stdio.h>
2  #include <stdlib.h>
3  #include <math.h>
4
5  #define N 4   // 次元数
6  #define EPS 1e-10 // 正則性判定用閾値
7
8  // LU 分解--------------------------------------------------------------
9  void lu_decomposition(double a[][N], int p[]) {
```

第4章　連立一次方程式の直接解法(2)　061

```c
10
11      double m, s, max, tmp;
12      int i, j, k, max_i;
13
14      for (i = 0; i < N - 1; i++)
15      {
16          // 部分ピボット選択------------------------------------
17          // 最大行の検索
18          max = fabs(a[i][i]);
19          max_i = i;
20          for (j = i + 1; j < N; j++) {
21
22              if (fabs(a[j][i]) > max) {
23                  max = fabs(a[j][i]);
24                  max_i = j;
25              }
26          }
27
28          // 入れ換えた行を配列に記憶
29          p[i] = max_i;
30
31          // 正則性の判定
32          if (max < EPS) {
33              printf("係数行列が正則ではありません");
34              exit(1);
35          }
36
37          // 行の入れ換え
38          if (max_i != i) {
39
40              for (j = 0; j < N; j++) {
41                  tmp = a[i][j]; a[i][j] = a[max_i][j]; a[max_i][j] = tmp;
42              }
43          }
44
45          // 前進消去--------------------------------------------
46          for (j = i + 1; j < N; j++) {
47
48              m = a[j][i] / a[i][i];
49
50              // 行列 U の要素を計算
51              for (k = i + 1; k < N; k++) {
52                  a[j][k] = a[j][k] - m * a[i][k];
53              }
54
55              // 行列 L の要素を格納
56              a[j][i] = m;
57          }
58      }
59  }
60
61  // 前進代入と後退代入------------------------------------------------------
62  void lu_substitution(double a[][N], double b[], int p[]) {
63
64      double tmp, s;
65      int i, j, k;
66
67      // 方程式の右辺 Pb を求める---------------------------------
68      for (i = 0; i < N-1; i++) {
69          tmp = b[i]; b[i] = b[p[i]]; b[p[i]] = tmp;
70      }
71
72      // 前進代入--------------------------------------------
73      for (i = 0; i < N; i++) {
```

```
74
75          for (j = 0; j < i; j++) {
76              b[i] -= a[i][j] * b[j];
77          }
78      }
79
80      // 後退代入-------------------------------------------------------
81      b[N - 1] = b[N - 1] / a[N - 1][N - 1];
82      for (i = N - 2; i >= 0; i--) {
83
84          s = 0;
85          for (j = i + 1; j < N; j++) {
86              s += a[i][j] * b[j];
87          }
88          b[i] = (b[i] - s) / a[i][i];
89      }
90  }
91
92  // メイン関数-------------------------------------------------------
93  int main(void){
94
95      double a[N][N] = {
96          { 2, 2, 1, 2},
97          { 2, 3, -1, 3},
98          { -3, 4, 0, 3},
99          { 1, 3, -2, 1}
100     };
101     double b[N] = { 7, 6, -5, -3 };
102     int i, p[N];
103
104     lu_decomposition(a, p);
105
106     lu_substitution(a, b, p);
107
108     // 結果出力-------------------------------------------------------
109     printf("解は次の通り. \n");
110     for (i = 0; i < N; i++) {
111         printf("x[%d] = %10.6lf\n", i, b[i]);
112     }
113
114     return 0;
115 }
```

実行結果は以下になります.

```
解は次の通り.
x[0] =    2.000000
x[1] =   -2.000000
x[2] =    1.000000
x[3] =    3.000000
```

4.2 コレスキー分解

4.2.1 ● コレスキー分解の計算方法

LU 分解において，係数行列 A が正定値対称行列の場合，$U = L^t$ となり，$A = LL^t$ と分解できます．この分解を**コレスキー分解**と呼びます．

第4章　連立一次方程式の直接解法(**2**)　063

行列 L の各要素は次のようにして求めます．まず $A = LL^t$ を

$$
\begin{bmatrix}
a_{11} & a_{12} & \cdots & a_{1n} \\
a_{21} & a_{22} & \cdots & a_{2n} \\
\vdots & \vdots & \ddots & \vdots \\
a_{n1} & a_{n2} & \cdots & a_{nn}
\end{bmatrix}
=
\begin{bmatrix}
l_{11} & & & \\
l_{21} & l_{22} & & \\
\vdots & \vdots & \ddots & \\
l_{n1} & l_{n2} & \cdots & l_{nn}
\end{bmatrix}
\begin{bmatrix}
l_{11} & l_{21} & \cdots & l_{n1} \\
& l_{22} & \cdots & \vdots \\
& & \ddots & \vdots \\
& & & l_{nn}
\end{bmatrix}
\tag{4.27}
$$

とすると，A の 1 列目に関して

$$
a_{11} = l_{11}^2, \quad a_{i1} = l_{11}l_{i1} \quad (i = 2, 3, \cdots, n)
\tag{4.28}
$$

より，l_{11} と l_{i1} は次式で得られます．

$$
l_{11} = \sqrt{a_{11}}, \quad l_{i1} = a_{i1}/l_{11} \quad (i = 2, 3, \cdots, n)
\tag{4.29}
$$

2 列目以降（$j = 2, 3, \cdots, n$）については，

$$
a_{ij} = \sum_{k=1}^{j} l_{ik}l_{jk}, \quad 1 \le j \le i \le n
\tag{4.30}
$$

より，以下のように求まります．

$$
l_{jj} = \sqrt{a_{jj} - \sum_{k=1}^{j-1} l_{ik}^2}
\tag{4.31}
$$

$$
l_{ij} = \frac{1}{l_{jj}}\left(a_{ij} - \sum_{k=1}^{j-1} l_{ik}l_{jk}\right), \quad j < i \le n
\tag{4.32}
$$

コレスキー分解を用いて連立一次方程式を解く方法は，LU 分解のときと同様です．$A\boldsymbol{x} = \boldsymbol{b}$ は $LL^t\boldsymbol{x} = \boldsymbol{b}$ と変形できるため，次の 2 ステップにより解が求められます．

(1) $\boldsymbol{y} = L^t\boldsymbol{x}$ とおき，$L\boldsymbol{y} = \boldsymbol{b}$ を前進代入で解き，$\boldsymbol{y}$ を求める．

(2) $L^t\boldsymbol{x} = \boldsymbol{y}$ を後退代入で解き，$\boldsymbol{x}$ を求める．

4.2.2 ● コレスキー分解のプログラム作成

ここでは行列 L の導出過程を振り返りながら，SPD チャートを作成します．

(1) まずコレスキー分解の概要を表す最上位の SPD チャートを書きます．処理中でもっとも大きなループ処理は図 4.2 に示すように L の各列を求めるループです．したがって SPD チャートは図 4.3 のようになります．先に見たように 1 列目と，2 列目以降では計算が異なるので 1 列目を求められる処理はループの外に出しています．

なお図 4.3 では行列 L の第 1 列を「第 0 列」としました．前述のようにプログラムでは配列の添え字は 0 始まりのため，SPD の記述も 0 始まりとしています．

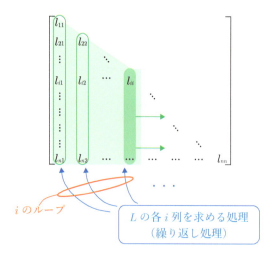

図 4.2：コレスキー分解の処理概要

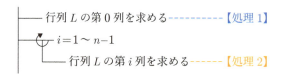

図 4.3：コレスキー分解の処理概要（SPD）

(2) 次に，【処理 1】の「L の第 0 列を求める処理」をブレイクダウンします．まず対角成分 l_{11} を計算し，その後，対角成分より下の成分を繰り返し計算します．SPD チャートは図 4.4 のように書けます．

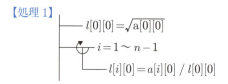

図 4.4：L の第 0 列を求める処理

(3) 次に，【処理 2】の「L の第 i 列を求める処理」をブレイクダウンします．まず対角成分 l_{ii} を計算し（処理 3），その後，対角成分より下の成分を繰り返し計算します（処理 4）．SPD チャートは図 4.5 のように書けます．なお，このチャートは処理手順をわかりやすくする目的で書いたチャートなので，実際には省略しても問題ありません．その場合は図 4.7 と図 4.8 の SPD を縦に繋げて全体を処理 2 とします．

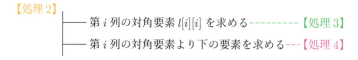

図 4.5：L の第 i 列を求める処理

(4)【処理3】の「L の i 列目の対角成分を求める処理」について，図 4.6 を使って考えます．

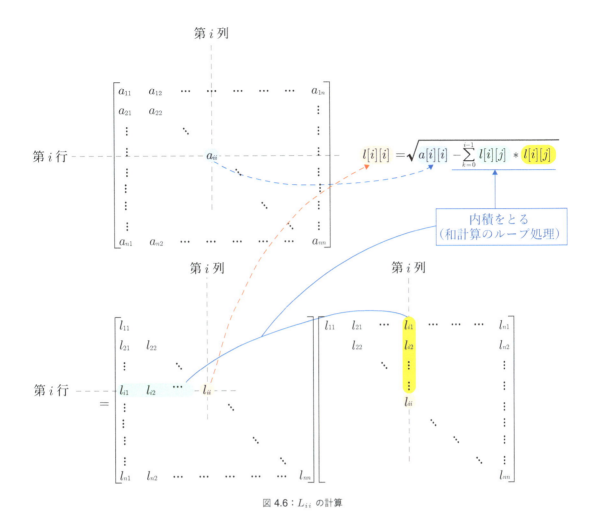

図 4.6：L_{ii} の計算

この図は $A = LL^t$ を行列の成分表示で表したものと式 (4.29) の対応関係を表しています．この図からわかる計算手順は，以下のとおりです．
1. 緑色のベクトルと黄色のベクトルの内積をとり s とおく．
2. $l_{ii} = \sqrt{a_{ii} - s}$ を計算する．

これを SPD にしたものが図 4.7 になります．

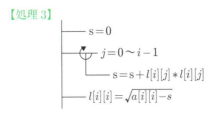

図 4.7：L_{ii} の計算

(5)【処理4】の「対角成分より下の成分を求める処理」の SPD チャートは図 4.8 です．

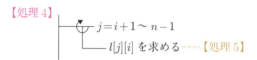

図 4.8：対角成分より下の成分を求める処理

(6)【処理5】の要素 l_{ji} を求める処理を図 4.9 で確認しながら，式の導出と SPD チャート（図 4.10）の作成を行います．

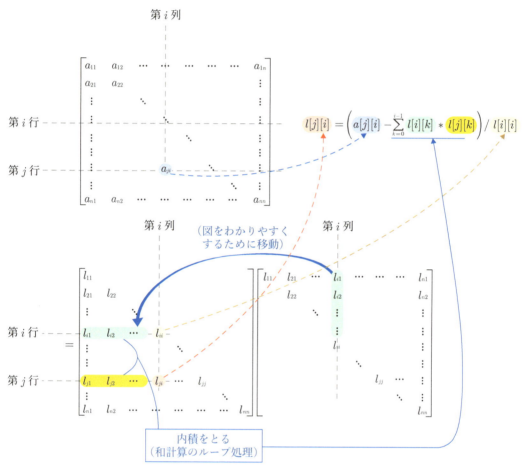

図 4.9：L_{ji} の計算

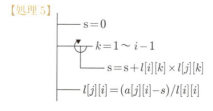

図 4.10：L_{ji} の計算

以上で SPD チャートが完成します．なお，コレスキー分解のプログラム作成については章末問題とします．

4.3 修正コレスキー分解

前節のコレスキー分解では，L の対角成分を求める際に平方根の計算が必要でした．平方根の計算コストを無くすための方法として，本節では修正コレスキー分解を紹介します．この方法では，$A = LL^t$ の代わりに以下のように A を分解します．

$$A = LDL^t \tag{4.33}$$

ここで，D は対角行列，L は対角成分が 1 の下三角行列とします．

$$D = \begin{bmatrix} d_{11} & & & & O \\ & d_{22} & & & \\ & & \ddots & & \\ & & & \ddots & \\ O & & & & d_{nn} \end{bmatrix}, \quad L = \begin{bmatrix} 1 & & & & \\ l_{21} & 1 & & & \\ l_{31} & l_{32} & 1 & & \\ \vdots & \vdots & \ddots & \ddots & \\ l_{n1} & l_{n2} & \cdots & l_{n,n-1} & 1 \end{bmatrix} \tag{4.34}$$

コレスキー分解のときと同じように，式 (4.33) の両辺を比較することで，行列 D と L の各要素を求めることができます．結果は以下のようになります．

$$d_{11} = a_{11} \tag{4.35}$$

$$l_{i1} = a_{i1}/d_{11}, \quad i = 2, 3, \ldots, n \tag{4.36}$$

$$d_{ii} = a_{ii} - \sum_{k=1}^{i-1} l_{ik}^2 d_{kk}, \quad i = 2, 3, \ldots, n \tag{4.37}$$

$$l_{ij} = \frac{1}{d_{jj}} \left(a_{ij} - \sum_{k=1}^{j-1} l_{ik} d_{kk} l_{jk} \right), \quad 1 < j < i \le n \tag{4.38}$$

連立一次方程式を解く方法もコレスキー分解のときと同様です．$A\boldsymbol{x} = \boldsymbol{b}$ は $LDL^t\boldsymbol{x} = \boldsymbol{b}$ と変形できるため，次の 2 ステップにより解が求められます．

(1) $\boldsymbol{y} = L^t\boldsymbol{x}$ とおき，$LD\boldsymbol{y} = \boldsymbol{b}$ を前進代入で解き，$\boldsymbol{y}$ を求める．
(2) $L^t\boldsymbol{x} = \boldsymbol{y}$ を後退代入で解き，$\boldsymbol{x}$ を求める．

コレスキー分解に比べ修正コレスキー分解のメリットは，計算コスト以外にも，適用範囲が拡がるという点があります．前節のコレスキー分解では，対象とする行列の条件として正定値性がありました．これは式 (4.31) などの平方根の中が負にならないために必要な条件です．正定値でない場合は対角成分が複素数となるため，前節のプログラムは使えません．これに対して修正コレスキー分解では正定値でない対称行列にも適用可能です．たとえば正定値でない次の行列に対しても

$$A = \begin{bmatrix} -1 & 2 \\ 2 & -1 \end{bmatrix}, \quad A = LDL^t = \begin{bmatrix} 1 & 0 \\ -2 & 1 \end{bmatrix} \begin{bmatrix} -1 & 0 \\ 0 & 3 \end{bmatrix} \begin{bmatrix} 1 & -2 \\ 0 & 1 \end{bmatrix} \tag{4.39}$$

となり，修正コレスキー分解ができます．

次の方程式を修正コレスキー分解で解くプログラムをソースコード 4.2 に示します．SPD については章末問題とします．

$$
\begin{bmatrix}
3 & -2 & 1 & 2 \\
-2 & 6 & 0 & -2 \\
1 & 0 & 5 & 4 \\
2 & -2 & 4 & 6
\end{bmatrix}
\begin{bmatrix}
x_1 \\
x_2 \\
x_3 \\
x_4
\end{bmatrix}
=
\begin{bmatrix}
7 \\
-6 \\
9 \\
6
\end{bmatrix}
\tag{4.40}
$$

ソースコード 4.2：修正コレスキー分解

```c
1  #include <stdio.h>
2
3  #define N 4 // 次元数
4
5  // 修正コレスキー分解-----------------------------------------------------------
6  void cholesky_decomp(double a[][N]) {
7
8      double s;
9      int i, j, k;
10
11     for (i = 0; i < N; i++) {
12
13         // 対角行列 D を求める（行列 A の対角成分に格納）----------------------
14         s = 0.0;
15         for (k = 0; k < i; k++) {
16             s += a[i][k] * a[k][k] * a[i][k];
17         }
18         a[i][i] -= s;
19
20         // 下三角行列 L を求める（行列 A の下三角部分に格納）------------------
21         for (j = i + 1; j < N; j++){
22
23             s = 0.0;
24             for (k = 0; k < i; k++){
25
26                 s += a[i][k] * a[k][k] * a[j][k];
27             }
28             a[j][i] = (a[j][i] - s) / a[i][i];
29         }
30     }
31 }
32
33 // 前進代入と後退代入-----------------------------------------------------------
34 void cholesky_substitution(double a[][N], double b[N]) {
35
36     double s;
37     int i, j;
38
39     // LD y = b の解 y を求める（y の値は b に格納）------------------------
40     for (i = 0; i < N; i++){
41
42         s = 0.0;
43         for (j = 0; j < i; j++){
44
45             s += a[j][j] * a[i][j] * b[j];
46         }
47         b[i] = (b[i] - s) / a[i][i];
48     }
49
```

第4章　連立一次方程式の直接解法(2)　069

```c
50    // L^t x = y の解 x を求める（x の値は b に格納） ----------------------
51    for (i = N - 2; i >= 0; i--) {
52
53        s = 0.0;
54        for (j = i + 1; j < N; j++){
55
56            s += a[j][i] * b[j];
57        }
58        b[i] -= s;
59    }
60  }
61
62  // メイン関数--------------------------------------------------------------
63  int main(void) {
64
65      double a[N][N] = {
66          { 3.0, -2.0, 1.0, 2.0},
67          { -2.0, 6.0, 0.0, -2.0},
68          { 1.0, 0.0, 5.0, 4.0},
69          { 2.0, -2.0, 4.0, 6.0}
70      };
71      double b[N] = { 7.0, -6.0, 9.0, 6.0 };
72      int i;
73
74      cholesky_decomp(a);
75
76      cholesky_substitution(a, b);
77
78      printf("解は次の通り. \n");
79      for (i = 0; i < N; i++) {
80          printf("x[%d] = %lf\n", i, b[i]);
81      }
82
83      return 0;
84  }
```

実行結果は以下になります.

```
解は次の通り.
x[0] = 2.000000
x[1] = -1.000000
x[2] = 3.000000
x[3] = -2.000000
```

章末問題

問 4.1

LU 分解を利用して n 次正方行列 A の逆行列を求めるプログラムを作成せよ.

問 4.2

問 4.1 の手法における四則演算の回数を求め，前章の章末問題，問 3.3 に紹介した掃き出し法による逆行列の計算と比較して，どちらが演算回数が少ないか調べよ.

問 4.3

コレスキー分解を用いて，次の方程式を解くプログラムを作成せよ.

$$
\begin{bmatrix}
5 & 7 & -6 & 8 \\
7 & 6 & -7 & 3 \\
-6 & -7 & 4 & 1 \\
8 & 3 & 1 & 3
\end{bmatrix}
\begin{bmatrix}
x_1 \\
x_2 \\
x_3 \\
x_4
\end{bmatrix}
=
\begin{bmatrix}
-2 \\
6 \\
-3 \\
1
\end{bmatrix}
\tag{4.41}
$$

問 4.4

修正コレスキー分解の SPD を作成せよ.

第5章　連立一次方程式の反復解法

INTRODUCTION

　　本章では，連立一次方程式に対する反復解法を紹介します．反復解法では，適当に与えた初期近似解に対し，精度を改善するための計算を繰り返し行います．反復によって得られた近似解が収束すれば，その収束先は解きたい方程式の解となります．第3章と第4章で紹介した直接解法では，1回の計算で解が求まるのに対して，反復解法では同じ計算を何度も行います．そのため，一見直接解法の方が早く解けるように思われますが，第3章で紹介したように変数の数が多くなると直接解法の計算時間は急激に増加します．これに対して反復解法では，1回の反復操作にかかる計算量が少ないため高次元の問題に対して直接解法よりも早く解を求めることが可能です．

　　本章では，反復解法の代表的な手法としてヤコビ法，ガウス・ザイデル法，SOR法を紹介します．また，より有効な方法として近年広く用いられている共役勾配法についても触れます．

5.1　ヤコビ法

5.1.1 ● ヤコビ法の計算方法

　第3章と同じく n 元連立一次方程式

$$
\begin{aligned}
a_{11}x_1 + a_{12}x_2 + \cdots + a_{1n}x_n &= b_1 \\
a_{21}x_1 + a_{22}x_2 + \cdots + a_{2n}x_n &= b_2 \\
&\ \vdots \qquad\qquad\ \vdots \quad\ \vdots \\
a_{n1}x_1 + a_{n2}x_2 + \cdots + a_{nn}x_n &= b_n
\end{aligned}
\tag{5.1}
$$

を考えます．初期近似解を $\boldsymbol{x}^{(0)} = [x_1^{(0)}, \cdots, x_n^{(0)}]^t$，反復によって得られる近似解のベクトル列を $\{\boldsymbol{x}^{(k)}\}, k = 0, 1, \cdots$ とします．**ヤコビ法**では，近似解 $\boldsymbol{x}^{(k)}$ に対して次の手順により $\boldsymbol{x}^{(k+1)}$ を求めます．

　まず，式 (5.1) の第1式

$$
a_{11}x_1 + a_{12}x_2 + \cdots + a_{1n}x_n = b_1
\tag{5.2}
$$

に着目します．ここで x_1 を未知とおき $x_2, \cdots, x_n$ に，すでにわかっている近似解 $\boldsymbol{x}^{(0)}$ の要素 $x_2^{(0)}, \cdots, x_n^{(0)}$ を代入すれば，

$$x_1 = \frac{1}{a_{11}}(b_1 - (a_{12}x_2^{(0)} + \cdots + a_{1n}x_n^{(0)})) \tag{5.3}$$

が得られます．これを x の第 1 成分における新たな近似解 $x_1^{(1)}$ とします．次に式 (5.1) の第 2 式に対し，x_2 を未知とおいて，$x_1^{(0)}, x_3^{(0)}, \cdots, x_n^{(0)}$ を代入すれば，x_2 の新たな近似解が求まります．x の第 3 成分以降も同様に計算すれば，$x^{(1)}$ のすべての要素が求まります．

以上の操作を繰り返し，反復式

$$\begin{aligned}
x_1^{(k+1)} &= \frac{1}{a_{11}}(b_1 - (a_{12}x_2^{(k)} + \cdots + a_{1n}x_n^{(k)})) \\
x_2^{(k+1)} &= \frac{1}{a_{22}}(b_2 - (a_{21}x_1^{(k)} + a_{23}x_3^{(k)} + \cdots + a_{2n}x_n^{(k)})) \\
&\vdots \\
x_n^{(k+1)} &= \frac{1}{a_{nn}}(b_n - (a_{n1}x_1^{(k)} + \cdots + a_{1,n-1}x_{n-1}^{(k)}))
\end{aligned} \tag{5.4}$$

によって，近似解を更新していく手法をヤコビ法といいます．

なお，反復解法により解を求める場合，近似解のベクトル列が厳密解に収束するためには通常無限回の反復計算が必要です．ただし実際の計算では無限回の反復は行えないため，更新による移動幅が小さくなった時点で収束したと見なし，計算を打ち切ります．具体的には，次式などを反復の終了条件とします．

$$\left|x_i^{(k+1)} - x_i^{(k)}\right| < \varepsilon, \quad \text{または} \quad \frac{\left|x_i^{(k+1)} - x_i^{(k)}\right|}{\left|x_i^{(k)}\right|} < \varepsilon \quad (1 \leq i \leq n)$$

ただし，ε は十分小さい正数とします．

5.1.2 ● ヤコビ法のプログラム作成

ヤコビ法の SPD チャートは以下のようになります．

(1) ヤコビ法の概要を表す最上位の SPD チャートを図 5.1 に示します．最上位の処理内容は「終了条件が満たされるまで近似解の更新を繰り返す」というものです．なお，図 5.1 中の変数 x_old と x_new は近似解のベクトル x を格納するための配列変数で，それぞれ，反復式にお

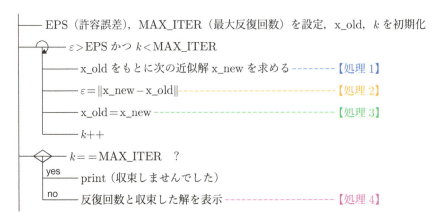

図 5.1：ヤコビ法の処理概要

ける $\bm{x}^{(k)}$ と $\bm{x}^{(k+1)}$ に対応します．

　このSPDチャートは反復解法における基本的なスタイルであり，ヤコビ法に限らずガウス・ザイデル法やSOR法，また第7章で述べる非線形方程式に対する反復法など多くの反復解法でこれと同様の処理が行われます．

(2) 図5.1中の処理1「x_old をもとに次の近似解 x_new を求める」をブレイクダウンします．x_new は配列なので for 文を用いて各成分の値を計算します（図5.2）．各成分に対する具体的な処理内容は【処理5】においてさらにブレイクダウンすることにします．

```
【処理1】
    ┌─ i = 0 ～ n−1
    │     └─ 近似解の第 i 成分 x_new[i] を求める --------- 【処理5】
```

図5.2：近似解の更新

(3) 図5.2中の処理5「近似解の第 i 成分 x_new[i] を求める」をブレイクダウンします．具体的には式(5.4)

$$x_i^{(k+1)} = \frac{1}{a_{ii}} \left(b_i - \sum_{j=1}^{i-1} a_{ij} x_i^{(k)} - \sum_{j=i+1}^{n} a_{ij} x_i^{(k)} \right)$$

の計算を行います（図5.3）．

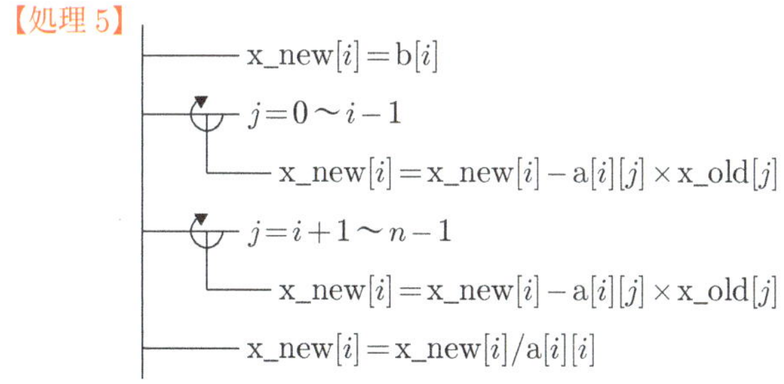

```
【処理5】
    ├─ x_new[i] = b[i]
    ├─ j = 0 ～ i−1
    │     └─ x_new[i] = x_new[i] − a[i][j] × x_old[j]
    ├─ j = i+1 ～ n−1
    │     └─ x_new[i] = x_new[i] − a[i][j] × x_old[j]
    └─ x_new[i] = x_new[i] / a[i][i]
```

図5.3：近似解 x_new の第 i 成分の計算

(4) 図5.1中の処理2「$\varepsilon = \|\text{x\_new} - \text{x\_old}\|$」をブレイクダウンします．ここでは収束判定のために，近似解の修正量 $\varepsilon = \|\text{x\_new} - \text{x\_old}\|$ の計算を行います．このプログラムではベクトル（配列）どうしの加減算を行う関数は用意していないので，x_new − x_old の計算は for 文を用いて成分ごとに減算します．減算結果は一旦作業用の変数 tmp に格納し，次いで最大値ノルムを計算する関数（vector_norm_max）に代入します．SPDは図5.4と書けます．

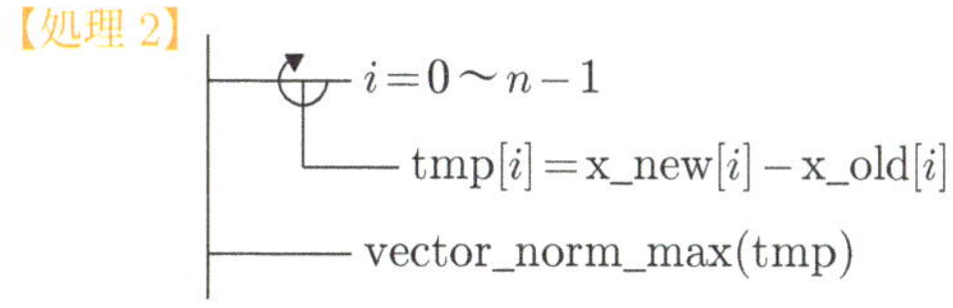

```
【処理2】
    ├─ i = 0 ～ n−1
    │     └─ tmp[i] = x_new[i] − x_old[i]
    └─ vector_norm_max(tmp)
```

図5.4：近似解の修正量の計算

(5) 処理3は図5.1のメインループにおいてx_newを計算した後，次の反復計算を行う準備として，最新の近似解x_newの各要素をx_oldに戻す処理です．処理2と同じくfor文を使って配列の1要素ずつ代入していきます（図5.5）．

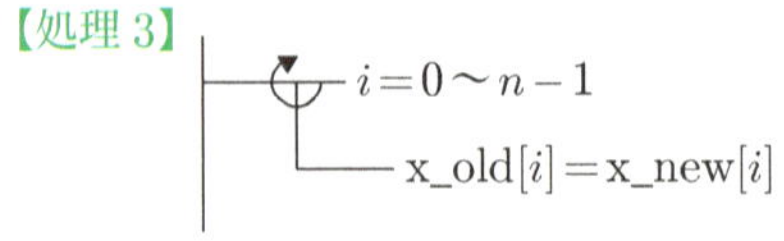

【処理3】
$i = 0 \sim n-1$
x_old[i] = x_new[i]

図5.5：次の反復のためにx_newの値をx_oldに戻す処理

(6) 最後に処理4で，近似解が収束した場合はその各要素を表示します．SPDは図5.6です．

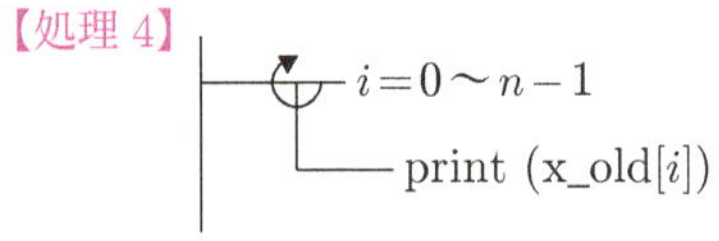

【処理4】
$i = 0 \sim n-1$
print (x_old[i])

図5.6：近似解の出力処理

次の方程式をヤコビ法で解くプログラムをソースコード5.1に示します．

$$\begin{bmatrix} 8 & 2 & 0 & 1 & 3 & 0 & 1 \\ 2 & 6 & 2 & 0 & 1 & 0 & 0 \\ 0 & 2 & 8 & 2 & 0 & 3 & 0 \\ 1 & 0 & 2 & 10 & 2 & 0 & 3 \\ 0 & 1 & 0 & 1 & 5 & 2 & 0 \\ 0 & 0 & 1 & 1 & 1 & 4 & 0 \\ 4 & 3 & 0 & 1 & 0 & 2 & 11 \end{bmatrix} \begin{bmatrix} x_1 \\ x_2 \\ x_3 \\ x_4 \\ x_5 \\ x_6 \\ x_7 \end{bmatrix} = \begin{bmatrix} 3 \\ 1 \\ 4 \\ 0 \\ 5 \\ 1 \\ 6 \end{bmatrix} \tag{5.5}$$

ソースコード5.1：ヤコビ法

```
1  #include <stdio.h>
2  #include <stdlib.h>
3  #include <math.h>
4
5  #define N 7 // 次元数
6  #define EPS 1e-10 // 収束判定用
7  #define MAX_ITER 300 // 最大反復回数
8
9  // ヤコビ法------------------------------------------------------------
10 void jacobi_solve(double a[][N], double b[], double x[]) {
11
12     double x_new[N], s, eps;
13     int i, j, iter = 0;
14
15     do{
16
17         // 近似解の更新------------------------------------------
```

```
18        for (i = 0; i < N; i++){
19
20            s = 0.0;
21            for (j = 0; j < i; j++){
22
23                s += a[i][j] * x[j];
24            }
25
26            for (j = i + 1; j < N; j++){
27
28                s += a[i][j] * x[j];
29            }
30            x_new[i] = ( b[i] - s ) / a[i][i];
31        }
32
33        // 近似解の修正量を求める----------------------------------------
34        for (i = 0; i < N; i++) x[i] = x_new[i] - x[i];
35        eps = vector_norm_max(x, N);
36
37        // 反復回数の上限確認----------------------------------------
38        if ( iter >= MAX_ITER ){
39            printf("収束しませんでした. \n");
40            exit(1);
41        }
42
43        // 次の反復計算のために x_new の値を x に戻す----------------------
44        for (i = 0; i < N; i++) x[i] = x_new[i];
45
46        iter++;
47
48    } while ( eps > EPS );
49
50    // 結果の表示----------------------------------------------------
51    printf("解は以下の通り. \n 反復回数：%d 回\n", iter);
52    for (i = 0; i < N; i++) {
53        printf("x[%d] = %lf\n", i, x[i]);
54    }
55 }
56
57 // メイン関数-----------------------------------------------------------
58 int main(void){
59
60    double a[N][N] = {
61        { 8.0, 2.0, 0.0, 1.0, 3.0, 0.0, 1.0 },
62        { 2.0, 6.0, 2.0, 0.0, 1.0, 0.0, 0.0 },
63        { 0.0, 2.0, 8.0, 2.0, 0.0, 3.0, 0.0 },
64        { 1.0, 0.0, 2.0, 10.0, 2.0, 0.0, 3.0 },
65        { 0.0, 1.0, 0.0, 1.0, 5.0, 2.0, 0.0 },
66        { 0.0, 0.0, 1.0, 1.0, 1.0, 4.0, 0.0 },
67        { 4.0, 3.0, 0.0, 1.0, 0.0, 2.0, 11.0 }
68    };
69    double x[N] = { 1.0, 1.0, 1.0, 1.0, 1.0, 1.0, 1.0 };
70    double b[N] = { 3.0, 1.0, 4.0, 0.0, 5.0, 1.0, 6.0 };
71
72    jacobi_solve(a, b, x);
73
74    return 0;
75 }
```

実行結果は以下のとおりです．この例題では，123 回の反復で解に収束しました．

```
解は以下の通り．
反復回数：123 回
x[0] = -0.022362
x[1] = -0.279538
x[2] = 0.754573
x[3] = -0.601581
x[4] = 1.212803
x[5] = -0.091449
x[6] = 0.701140
```

5.2 ガウス・ザイデル法

5.2.1 ● ガウス・ザイデル法の計算方法

ヤコビ法では，近似解 $x^{(k+1)}$ の各要素を求める際，代入する値はすべて1つ前の近似解 $x^{(k)}$ の値を使っていました．しかし，$x_i^{(k+1)}$ を求める時点ですでに，x の第1成分〜第 $(i-1)$ 成分については新たな近似解が求まっています．これら最新の近似解を代入して $x_i^{(k+1)}$ を求めれば，より良い値を得ることが期待できます．そこで次式によって近似解を更新します．

$$\begin{align}
x_1^{(k+1)} &= \frac{1}{a_{11}}(b_1 - (a_{12}x_2^{(k)} + \cdots + a_{1n}x_n^{(k)})) \\
x_2^{(k+1)} &= \frac{1}{a_{22}}(b_2 - (a_{21}x_1^{(k+1)} + a_{23}x_3^{(k)} + \cdots + a_{2n}x_n^{(k)})) \\
&\vdots \\
x_i^{(k+1)} &= \frac{1}{a_{ii}}(b_2 - (a_{i1}x_1^{(k+1)} + \cdots + a_{i,i-1}x_{i-1}^{(k+1)} + a_{i,i+1}x_{i+1}^{(k)} + \cdots + a_{in}x_n^{(k)})) \\
&\vdots \\
x_n^{(k+1)} &= \frac{1}{a_{nn}}(b_n - (a_{n1}x_1^{(k+1)} + \cdots + a_{1,n-1}x_{n-1}^{(k+1)}))
\end{align} \tag{5.6}$$

この手法をガウス・ザイデル法**ガウス・ザイデル法**といいます．

5.2.2 ● ガウス・ザイデル法のプログラム設計

ガウス・ザイデル法の SPD チャートはヤコビ法のものとほとんど同じです．変更箇所は一か所のみで，図 5.3 の【処理5】における 1 つ目の for 文中の x_old[j] を x_new[j] に変更するだけです．図 5.7 に当該箇所を変更したものを示します．

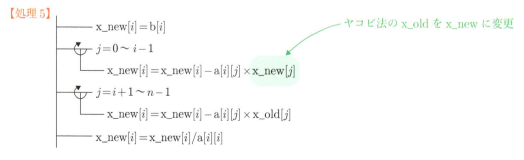

図 5.7：近似解 x_new の第 i 成分の計算（ガウス・ザイデル法）

SPDと同様にプログラムについても，ガウス・ザイデル法はヤコビ法とほとんど同じですのでソースコードの記載は省略します．実行した結果は26回で解に収束しました．

5.3 SOR法

5.3.1 ●SOR法の計算方法

　さらにガウス・ザイデル法を改良した手法として，**SOR法**（Successive over-relaxation method, 逐次過緩和法）があります．SOR法はガウス・ザイデル法で計算される近似解の列の収束を速めることで，より早く厳密解に収束させる方法です．具体的には，図5.8に示すようにガウス・ザイデル法で$x^{(i+1)}$の各成分を求めるごとに逐一ω倍し，それを次の成分の計算に利用します．なおωを**緩和係数**といいます．

　ガウス・ザイデル法の計算式によって得られる近似解をzとした場合，次式で計算されます．

$$
\begin{aligned}
x_1^{(k+1)} &= x_1^{(k)} + \omega(z_1^{(k+1)} - x_1^{(k)}), \quad z_1^{(k+1)} = \frac{1}{a_{11}}(b_1 - (a_{12}x_2^{(k)} + \cdots + a_{1n}x_n^{(k)})) \\
x_2^{(k+1)} &= x_2^{(k)} + \omega(z_2^{(k+1)} - x_2^{(k)}), \quad z_2^{(k+1)} = \frac{1}{a_{22}}(b_2 - (a_{21}x_1^{(k+1)} + a_{23}x_3^{(k+1)} + \cdots + a_{2n}x_n^{(k)})) \\
&\vdots \\
x_i^{(k+1)} &= x_i^{(k)} + \omega(z_i^{(k+1)} - x_i^{(k)}), \; z_i^{(k+1)} = \frac{1}{a_{ii}}\left(b_i - \sum_{j=1}^{i-1} a_{ij}x_i^{(k+1)} - \sum_{j=i+1}^{n} a_{ij}x_i^{(k)}\right) \\
&\vdots \\
x_n^{(k+1)} &= x_n^{(k)} + \omega(z_n^{(k+1)} - x_n^{(k)}), \quad z_n^{(k+1)} = \frac{1}{a_{nn}}(b_n - (a_{n1}x_1^{(k+1)} + \cdots + a_{1,n-1}x_{n-1}^{(k+1)}))
\end{aligned}
\tag{5.7}
$$

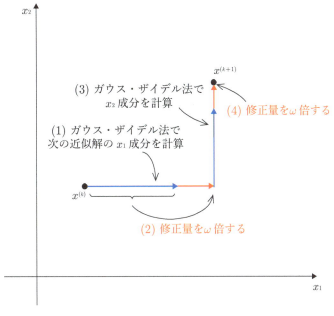

図5.8：SOR法

5.3.2 ● SOR法のプログラム作成

SOR法のSPDチャートもガウス・ザイデル法とほとんど同じです．異なる点は $x^{(k+1)}$ の各要素を求める際に，ガウス・ザイデル法の修正量を ω 倍する部分（図中，緑背景の箇所）だけです．図 5.9 に SOR 法の SPD チャートの全体図を示します．

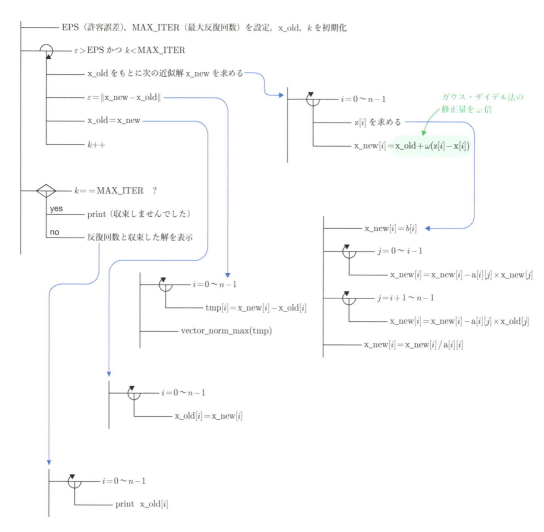

図 5.9：SOR 法の SPD チャート（全体図）

ヤコビ法と同じ例題（式 (5.5)）を SOR 法で解くプログラムをソースコード 5.2 に示します．

ソースコード 5.2：SOR 法

```
1  #include <stdio.h>
2  #include <stdlib.h>
3  #include <math.h>
4
5  #define N 7          /* 次元数 */
6  #define EPS 1e-10    /* 収束判定用 */
7  #define MAX_ITER 300 /* 最大反復回数 */
8
```

第5章 連立一次方程式の反復解法 079

```c
 9  // SOR 法-------------------------------------------------------------
10  void sor(double a[][N], double b[], double x[]) {
11
12      double x_new[N], omega = 1.1, s, eps;
13      int i, j, iter = 0;
14
15      do {
16
17          // 近似解の更新----------------------------------------------
18          for (i = 0; i < N; i++) {
19
20              s = 0.0;
21              for (j = 0; j < i; j++) {
22
23                  s += a[i][j] * x_new[j];
24              }
25
26              for (j = i + 1; j < N; j++) {
27
28                  s += a[i][j] * x[j];
29              }
30              x_new[i] = (b[i] - s) / a[i][i];
31
32              // ガウス・ザイデル法の修正量をω倍する
33              x_new[i] = x[i] + omega * (x_new[i] - x[i]);
34          }
35
36          // 近似解の修正量を求める-------------------------------------
37          for (i = 0; i < N; i++) x[i] = x_new[i] - x[i];
38          eps = vector_norm_max(x, N);
39
40          // 反復回数の上限確認----------------------------------------
41          if (iter >= MAX_ITER) {
42              printf("収束しませんでした．\n");
43              exit(1);
44          }
45
46          // 次の反復計算のために x_new の値を x に戻す----------------
47          for (i = 0; i < N; i++) x[i] = x_new[i];
48
49          iter++;
50
51      } while (eps > EPS);
52
53      // 結果の表示------------------------------------------------
54      printf("解は以下の通り．\n反復回数：%d 回\n", iter);
55      for (i = 0; i < N; i++) {
56          printf("x[%d] = %lf\n", i, x[i]);
57      }
58  }
59
60  // メイン関数--------------------------------------------------------
61  int main(void) {
62
63      double a[N][N] = {
64          { 8.0, 2.0, 0.0, 1.0, 3.0, 0.0, 1.0 },
65          { 2.0, 6.0, 2.0, 0.0, 1.0, 0.0, 0.0 },
66          { 0.0, 2.0, 8.0, 2.0, 0.0, 3.0, 0.0 },
67          { 1.0, 0.0, 2.0, 10.0, 2.0, 0.0, 3.0 },
68          { 0.0, 1.0, 0.0, 1.0, 5.0, 2.0, 0.0 },
69          { 0.0, 0.0, 1.0, 1.0, 1.0, 4.0, 0.0 },
70          { 4.0, 3.0, 0.0, 1.0, 0.0, 2.0, 11.0 }
71      };
72      double x[N] = { 1.0, 1.0, 1.0, 1.0, 1.0, 1.0, 1.0 };
```

```
73     double b[N] = { 3.0, 1.0, 4.0, 0.0, 5.0, 1.0, 6.0 };
74
75     sor(a, b, x);
76
77     return 0;
78 }
```

　上記を実行した結果，反復回数はガウス・ザイデル法より少ない 20 回で収束しました．

5.4　各手法の行列による表現と収束性

　以上紹介した 3 つの手法は，現在得られている近似解を再度方程式に代入して新たな近似解を得る，という極めてシンプルな手法です．第 3 章で紹介した部分ピボット選択付きガウスの消去法は，係数行列が正則であれば必ず解が求まりますが，上記 3 手法では，正則であっても解が求まらない場合があります．たとえば，以下の連立一次方程式を反復解法で解いてみます．

$$\begin{bmatrix} 2 & 8 \\ 7 & 3 \end{bmatrix} \begin{bmatrix} x_1 \\ x_2 \end{bmatrix} = \begin{bmatrix} 3 \\ 5 \end{bmatrix} \tag{5.8}$$

手計算でも簡単に解ける問題（解は $x = [0.62, 0.22]^t$）ですが，初期近似解を $\boldsymbol{x}^{(0)} = [1.00, 1.00]^t$ としてガウス・ザイデル法を適用した場合，反復列は表 5.1 に示すように発散します．

表 5.1：ガウス・ザイデル法による近似解

i	$x_1^{(i)}$	$x_2^{(i)}$
1	-2.50	7.50
2	-28.50	68.17
3	-271.17	634.39
4	-2536.06	5919.13
5	-23675.02	55243.38
$\vdots$	$\vdots$	$\vdots$

　そこで，以下では反復解法の収束性について考察しておきます．まず，各反復解法の公式 (5.4)，(5.6)，(5.7) を行列を使って表します．連立一次方程式 $Ax = b$ において，係数行列 A を

$$A = D + L + U \tag{5.9}$$

と 3 つの行列に分解します．ただし以下のように D は行列 A の対角成分のみを取り出した行列，L は下三角部分，U は上三角部分を取り出した行列とします．

$$D = \begin{bmatrix} a_{11} & & \\ & \ddots & \\ & & a_{nn} \end{bmatrix}, \quad L = \begin{bmatrix} 0 & & & \\ a_{21} & \ddots & & \\ \vdots & \ddots & \ddots & \\ a_{n1} & \cdots & a_{n,n-1} & 0 \end{bmatrix}, \quad U = \begin{bmatrix} 0 & a_{12} & \cdots & a_{1n} \\ & \ddots & \ddots & \vdots \\ & & \ddots & a_{n-1,n} \\ & & & 0 \end{bmatrix}$$

$$\tag{5.10}$$

第5章 連立一次方程式の反復解法 081

このとき，ヤコビ法の更新式 (5.4) は次のように書けます．

$$\boldsymbol{x}^{(k+1)} = D^{-1} \left\{ \boldsymbol{b} - (L+U) \right\} \boldsymbol{x}^{(k)}$$
$$= -D^{-1}(L+U)\,\boldsymbol{x}^{(k)} + D^{-1}\boldsymbol{b} \tag{5.11}$$

この更新式で得られる近似解のベクトル列があるベクトル $\tilde{\boldsymbol{x}}$ に収束したとすると，式 (5.11) の $\boldsymbol{x}_k$ と $\boldsymbol{x}_{k+1}$ に $\tilde{\boldsymbol{x}}$ を代入し，

$$\tilde{\boldsymbol{x}} = -D^{-1}(L+U)\,\tilde{\boldsymbol{x}} + D^{-1}\boldsymbol{b}$$
$$D\tilde{\boldsymbol{x}} = -(L+U)\,\tilde{\boldsymbol{x}} + \boldsymbol{b} \tag{5.12}$$
$$A\tilde{\boldsymbol{x}} = \boldsymbol{b}$$

となります．したがって $\tilde{\boldsymbol{x}}$ は連立一次方程式の解であることがわかります．

次にガウス・ザイデル法は，式 (5.6) より

$$\boldsymbol{x}^{(k+1)} = D^{-1} \left\{ \boldsymbol{b} - \left(L\boldsymbol{x}^{(k+1)} + U\boldsymbol{x}^{(k)} \right) \right\}$$
$$(D+L)\,\boldsymbol{x}^{(k+1)} = \left(\boldsymbol{b} - U\boldsymbol{x}^{(k)} \right)$$
$$\boldsymbol{x}^{(k+1)} = (D+L)^{-1} \left(\boldsymbol{b} - U \right) \boldsymbol{x}^{(k)}$$
$$= -(D+L)^{-1}U\,\boldsymbol{x}^{(k)} + (D+L)^{-1}\boldsymbol{b} \tag{5.13}$$

と書けます．また SOR 法は

$$\boldsymbol{x}^{(k+1)} = \boldsymbol{x}^{(k)} + \omega \left(\boldsymbol{z}^{(k+1)} - \boldsymbol{x}^{(k)} \right), \quad \boldsymbol{z}^{(k+1)} = D^{-1} \left\{ \boldsymbol{b} - \left(L\boldsymbol{x}^{(k+1)} + U\boldsymbol{x}^{(k)} \right) \right\}$$
$$(D+\omega L)\,\boldsymbol{x}^{(k+1)} = \left\{ (1-\omega)D - \omega U \right\} \boldsymbol{x}^{(k)} + \omega\boldsymbol{b}$$
$$\boldsymbol{x}^{(k+1)} = (D+\omega L)^{-1} \left\{ (1-\omega)D - \omega U \right\} \boldsymbol{x}^{(k)} + \omega(D+\omega L)^{-1}\boldsymbol{b} \tag{5.14}$$

となります．式 (5.12) の式変形と同様の式変形を，式 (5.13) や式 (5.14) に対して行えば，ヤコビ法の場合と同様にガウス・ザイデル法，SOR 法の収束先も連立一次方程式の解となることが示せます．

さて，上記 3 手法はいずれも n 次正方行列 M と n 次元ベクトル c によって $\boldsymbol{x}^{(k+1)} = M\boldsymbol{x}^{(k)} + \boldsymbol{c}$ の形で表現されています．たとえばヤコビ法の場合は $M = -D^{-1}(L+U)$, $\boldsymbol{c} = D^{-1}\boldsymbol{b}$ となります．

そこで，一般にこのような形をした反復式の収束性について見ていきます．まず行列 M と反復列の収束について次の定理が成り立ちます．

定理 5.1

$\displaystyle\lim_{k\to\infty} M^k = O$ が成り立つとき，反復

$$\boldsymbol{x}^{(k+1)} = M\boldsymbol{x}^{(k)} + \boldsymbol{c} \tag{5.15}$$

は任意の初期値に対し，方程式

$$\boldsymbol{x} = M\boldsymbol{x} + \boldsymbol{c} \tag{5.16}$$

の唯一解に収束する．

この定理を証明するために，一般の行列 A に関する以下の性質を紹介しておきます．
$\lim_{k \to \infty} A^k = O$ のとき，$I - A$ は正則で

$$(I - A)^{-1} = I + A + A^2 + \cdots \tag{5.17}$$

となります．これは，

$$
\begin{aligned}
\lim_{k \to \infty} (I - A)(I + A + \cdots + A^k) &= \lim_{k \to \infty} (I + A - A + A^2 - A^2 + \cdots - A^{k+1}) \\
&= \lim_{k \to \infty} (I - A^{k+1}) = I
\end{aligned} \tag{5.18}
$$

となることからわかります．以下，$I - A$ の正則性を使って定理 5.1 を証明します．

定理 5.1 の証明

式 (5.16) より $(I - M)x = c$ と書けますが，$(I - M)$ は上の性質より正則となるので式 (5.16) は唯一解を持ちます．これを $\tilde{\boldsymbol{x}}$ とすると

$$
\begin{aligned}
\boldsymbol{x}^{(k)} - \tilde{\boldsymbol{x}} &= (M\boldsymbol{x}^{(k-1)} + c) - (M\tilde{\boldsymbol{x}} + c) \\
&= M(\boldsymbol{x}^{(k-1)} - \tilde{\boldsymbol{x}}) = M^2(\boldsymbol{x}^{(k-2)} - \tilde{\boldsymbol{x}}) = \cdots = M^k(\boldsymbol{x}^{(0)} - \tilde{\boldsymbol{x}}) \\
&\to \boldsymbol{0} \quad (k \to \infty)
\end{aligned} \tag{5.19}
$$

を得ます．よって $\boldsymbol{x}^{(k)}$ は式 (5.16) の唯一解に収束します．　証明終

次に，行列 A に関して，$\lim_{k \to \infty} A^k = O$ になるかどうかの判定に関しては，以下の定理に示すように A の固有値を確認することで判定できます．

定理 5.2

n 次正方行列 A について次式が成り立つ．

$$\lim_{k \to \infty} A^k = O \quad \Leftrightarrow \quad \rho(A) < 1 \tag{5.20}$$

ただし，$\rho(A) = \max_i |\lambda_i|$（$\lambda_i$：固有値）で，これをスペクトル半径という．

ここでは簡単のために，A が対角化可能な場合に限り証明を示します．

証明

A の固有値を $\lambda_1, \cdots, \lambda_n$ とし

$$A = PDP^{-1}, \qquad D = \begin{bmatrix} \lambda_1 & & \\ & \ddots & \\ & & \lambda_n \end{bmatrix} \tag{5.21}$$

と対角化されたとすると，

$$A^k = PD^kP^{-1} = P \begin{bmatrix} \lambda_1^k & & \\ & \ddots & \\ & & \lambda_n^k \end{bmatrix} P^{-1} \tag{5.22}$$

となる．したがって

$$
\begin{aligned}
\lim_{k \to \infty} A^k = 0 &\Leftrightarrow \lim_{k \to \infty} \lambda_i^k = 0 \quad (1 \le i \le n) \\
&\Leftrightarrow |\lambda_i| < 1 \quad (1 \le i \le n) \\
&\Leftrightarrow \rho(A) < 1
\end{aligned}
\tag{5.23}
$$

証明終

なお，対角化できない場合も含めた一般の場合の証明においては，D はジョルダン標準形となります．その場合も上記と同種の証明が行えます[*1]．

以上，定理 5.1 と定理 5.2 より，固有値と収束性の関係について以下の定理が得られます．

> **定理 5.3**
> $\rho(M) < 1$ ならば，反復 $\boldsymbol{x}^{(k+1)} = M\boldsymbol{x}^{(k)} + \boldsymbol{c}$ は任意の初期点に対し，唯一解に収束する．

ここで，行列の固有値とベクトル列の収束について理解を深めるために，図による説明を示しておきます．行列 A の固有値と固有ベクトルがわかれば，ベクトル x に対して $\boldsymbol{y} = A\boldsymbol{x}$ は作図を用いて次の手順で求めることができます．

▼ **Step 1** $\boldsymbol{x}$ を，固有ベクトル v_1, v_2 の線形和となるように，各固有ベクトルの方向に射影する．

▼ **Step 2** 射影によって得られたベクトル αv_1, βv_2 に対し，各固有ベクトルに対応する固有値 λ_i $(i = 1, 2)$ を用いて各々 λ_i 倍する．

▼ **Step 3** 上記 Step 2 で得られた 2 つのベクトルの和を $\boldsymbol{y}$ とする．このとき $\boldsymbol{y} = A\boldsymbol{x}$ となる．

例として A の固有値を $\lambda_1 = 3$, $\lambda_2 = 0.5$ とした際の Step1〜3 を図 5.10 に示します．

次に，ベクトル x に対して A を繰り返し掛けた例を図 5.11 に示します．図 5.11(a) は $\rho(A) > 1$（一例として $\lambda_1 = 0.8$, $\lambda_2 = 2.0$）のケースで，A を掛けるごとに $\boldsymbol{v}_1$ 方向には縮小されますが，$\boldsymbol{v}_2$ 方向には拡大され，結果として $A^n\boldsymbol{x}$ は発散します．また，図 5.11(b) の $\rho(A) < 1$（一例として $\lambda_1 = 0.5$, $\lambda_2 = 0.8$）のケースでは，$\boldsymbol{v}_1, \boldsymbol{v}_2$ の両方向ともに縮小されるので $A^n\boldsymbol{x}$ は $\boldsymbol{0}$ に収束します．このように絶対値最大の固有値が 1 未満か否かによって，反復列の収束，発散が決まります．

収束性を判断する別の手段としては行列ノルムがあります．以下に，固有値と行列ノルムの関係を示す定理を紹介します．

[*1] 詳しい証明は，文献 [1] などに記載されています．

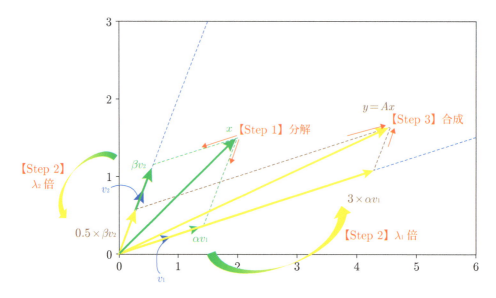

図 5.10：作図による写像先の計算

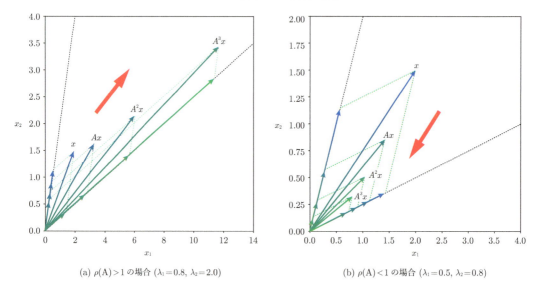

(a) $\rho(A)>1$ の場合 ($\lambda_1=0.8, \lambda_2=2.0$)

(b) $\rho(A)<1$ の場合 ($\lambda_1=0.5, \lambda_2=0.8$)

図 5.11：$A^n \boldsymbol{x}$ の収束と発散

定理 5.4

$\|Ax\| < \|A\|\|x\|$ を満たす任意の行列ノルムに対し，

$$\rho(A) \leq \|A\| \tag{5.24}$$

が成立する．

証明

A の固有値 λ とその固有ベクトル $\boldsymbol{x}$ に対し

$$|\lambda|\|\boldsymbol{x}\| = \|\lambda\boldsymbol{x}\| = \|A\boldsymbol{x}\| \leq \|A\|\|\boldsymbol{x}\| \tag{5.25}$$

が成立する．したがって A の任意の固有値に対し

$$|\lambda| \leq \|A\| \tag{5.26}$$

であり，$\rho(A) \leq \|A\|$ となる．**証明終**

この定理を用いると，定理5.3のノルム版が導けます．

> **定理 5.5**
> $\|Ax\| < \|A\|\|x\|$ を満たす行列ノルムにおいて $\|M\| < 1$ が成立するならば，反復 $\boldsymbol{x}^{(k+1)} = M\boldsymbol{x}^{(k)} + c$ は任意の初期点に対し，唯一解に収束する．

収束するかどうかの判断に固有値を用いる場合は，1以上か1未満かによって収束・発散は厳密に決まりますが，第2章でも述べたように固有値の計算にはコストがかかるため，通常固有値を事前に求めることはしません．逆に，行列ノルム（固有値計算を必要としない1ノルムや最大値ノルムなど）を用いる場合は，比較的簡単に値を求めることが可能です．ただし，定理5.4の式 (5.24) が不等式であるため，固有値の上界を求めることになります．したがって，ノルムが1以上であっても収束する可能性があることには注意が必要です．

以上の準備のもとでヤコビ法やガウス・ザイデル法，SOR法の収束に関する定理を紹介します．まず，行列の**対角優位性**に関する定義を述べます．

n 次行列 $A = [a_{ij}]$ において

$$|a_{ii}| \geq \sum_{j=1, i \neq j}^{n} |a_{ij}| \quad i = 1, 2, \cdots, n \tag{5.27}$$

が成立するとき A は**優対角行列**といいます．また，

$$|a_{ii}| > \sum_{j=1, i \neq j}^{n} |a_{ij}| \quad i = 1, 2, \cdots, n \tag{5.28}$$

の場合は**狭義優対角行列**といいます．

以下にヤコビ法，ガウス・ザイデル法に関する対角優位性を用いた収束定理を示します．

> **定理 5.6**
> n 次行列 A が狭義優対角行列のとき，ヤコビ法，およびガウス・ザイデル法は任意の初期点に対し，$Ax = b$ の解に収束する．

証明

(i) ヤコビ法では $M = -D^{-1}(L + U)$ より

$$\|M\|_1 = \max_i \left(\frac{1}{|a_{ii}|} \sum_{i \neq j} |a_{ij}| \right) \tag{5.29}$$

です．一方，A は狭義優対角行列なので $i = 1, 2, \cdots, n$ に対して

$$\frac{1}{|a_{ii}|} \sum_{j=1, i \neq j}^{n} |a_{ij}| < 1 \tag{5.30}$$

が成立します．したがって $\|M\|_1 < 1$ となり，定理 5.5 よりヤコビ法は唯一解に収束します．

(ii) ガウス・ザイデル法では，$M = -(D+L)^{-1}U$ であり，M の固有値を λ，固有ベクトルを $\boldsymbol{v}$ とすると，

$$M\boldsymbol{v} = -(D+L)^{-1}Ux = \lambda\boldsymbol{v} \tag{5.31}$$

$$U\boldsymbol{v} = -\lambda(D+L)\boldsymbol{v} \tag{5.32}$$

と書けます．ここで，$\boldsymbol{v}$ の要素で絶対値最大のもの（複数ある場合はその内の 1 つ）を v_k とおきます．式 (5.32) の第 k 行を書き出すと

$$\sum_{j=k+1}^{n} a_{kj} v_j = -\lambda a_{kk} v_k - \lambda \sum_{j=1}^{k-1} a_{kj} v_j \tag{5.33}$$

です．また，$|v_k| \geq |v_j| (j \neq k)$ より

$$|\lambda||a_{kk}||v_k| \leq \sum_{j=k+1}^{n} |a_{kj}||v_j| + |\lambda| \sum_{j=1}^{k-1} |a_{kj}||v_j|$$

$$\leq \sum_{j=k+1}^{n} |a_{kj}||v_k| + |\lambda| \sum_{j=1}^{k-1} |a_{kj}||v_k| \tag{5.34}$$

$$|\lambda||a_{kk}| \leq \sum_{j=k+1}^{n} |a_{kj}| + |\lambda| \sum_{j=1}^{k-1} |a_{kj}|$$

$$|\lambda| \leq \frac{\sum_{j=k+1}^{n} |a_{kj}|}{|a_{kk}| - \sum_{j=1}^{k-1} |a_{kj}|} \tag{5.35}$$

となります．一方，A は狭義優対角行列なので

$$|a_{kk}| > \sum_{j=1}^{k-1} |a_{kj}| + \sum_{j=k+1}^{n} |a_{kj}| \tag{5.36}$$

より

$$1 > \frac{\sum_{j=k+1}^{n} |a_{kj}|}{|a_{kk}| - \sum_{j=1}^{k-1} |a_{kj}|} \tag{5.37}$$

が成立します．したがって式 (5.35) と式 (5.37) より，$|\lambda| < 1$ となります．以上は A のすべての固有値に対して成り立つので $\rho(M) < 1$ となり，定理 5.3 よりガウス・ザイデル法は収束します． 証明終

SOR 法の場合は，緩和係数 ω の値によって収束・発散の状況が変わります．まず H_ω のスペクトル半径と ω について次の関係が成り立ちます．

第5章　連立一次方程式の反復解法　087

定理 5.7

SOR 法において，任意の実数 $\omega \neq 0$ に対して，以下が成り立つ．

$$\rho(H_\omega) \geq |\omega - 1| \tag{5.38}$$

証明

H_ω の固有値を $\lambda_1 \lambda_2 \cdots \lambda_n$ とします．n 次正方行列の行列式と固有値の関係性から

$$\det(H_\omega) = \lambda_1 \lambda_2 \cdots \lambda_n \tag{5.39}$$

が成り立ちます．また，行列 A, B の積に対する行列式の公式

$$\det(AB) = \det(A) \cdot \det(B) \tag{5.40}$$

と，三角行列における行列式の性質

$$\det \left(\begin{bmatrix} a_{11} & a_{12} & a_{13} & \cdots & a_{1n} \\ & a_{22} & a_{23} & \cdots & a_{2n} \\ & & \ddots & & \vdots \\ & & & \ddots & \vdots \\ & & & & a_{nn} \end{bmatrix} \right) = a_{11} a_{22} \cdots a_{nn} \tag{5.41}$$

を用いると次式が得られます．

$$\begin{aligned}
\lambda_1 \lambda_2 \cdots \lambda_n &= \det H_\omega \\
&= \det \left((D + \omega L)^{-1} \right) \cdot \det \{ (1 - \omega)D - \omega U \} \\
&= \det \left(D^{-1} \right) \cdot \det \{ (1 - \omega)D - \omega U \} \\
&= \det \left(\{ (1 - \omega)I - \omega D^{-1}U \} \right) \\
&= \det \left((1 - \omega)I \right) \\
&= (1 - \omega)^n
\end{aligned} \tag{5.42}$$

したがって，

$$\rho(H_\omega) \geq |\lambda_1 \lambda_2 \cdots \lambda_n|^{\frac{1}{n}} = |1 - \omega| \tag{5.43}$$

が得られます．**証明終**

この定理は SOR 法が収束するための必要条件を与えています．すなわち，$\omega \leq 0$ または $\omega \geq 2$ のときは $\rho(H_\omega) \geq 1$ となるため SOR 法は収束しません．したがって SOR 法の緩和係数は $0 < \omega < 2$ の範囲で選ぶ必要があります．なお $0 < \omega < 1$ の場合は，ガウス・ザイデル法の収束への速さを逆に遅くすることになるので，通常は $1 < \omega < 2$ の値が用いられます．

5.5 共役勾配法

本節では，最適化問題で広く用いられる勾配法を使って連立一次方程式を解く手法を紹介します．この手法では，与えられた連立一次方程式を直接解くのではなく，それと解を同じくする関数の最小値問題を考え，この問題を解くことにより間接的に連立一次方程式の解を求めます．具体的には $A\bm{x} = \bm{b}$ に対し，次の関数の最小値問題を考えます．ただし，A は n 次正定値対称行列とします．

$$f(\bm{x}) = \frac{1}{2}(\bm{x}, A\bm{x}) - (\bm{x}, \bm{b}) \tag{5.44}$$

たとえば，$\bm{x}$ が 2 次元の場合，$f(\bm{x})$ は図 5.12 に示したような楕円放物面となります．また $f(\bm{x}) = \mathrm{const}$ とおいた等高線を示すと同図の $x_1 x_2$ 平面に示した同心楕円となります．

式 (5.44) の関数を用いる理由については，たとえば x がベクトルではなくスカラーの場合，方程式 $ax = b$ を解くことと，以下の方程式

$$g(x) = \frac{1}{2}ax^2 - bx \tag{5.45}$$

の最小値を求めることは等価です．というのも，2 次関数 $g(x)$ の最小値では接線の傾きが 0 であるため

$$\frac{dg}{dx} = ax - b = 0 \tag{5.46}$$

となり，$g(x)$ の最小値は方程式 $ax = b$ の解となります．

これと同様に式 (5.44) をベクトル $\bm{x}$ で微分すると

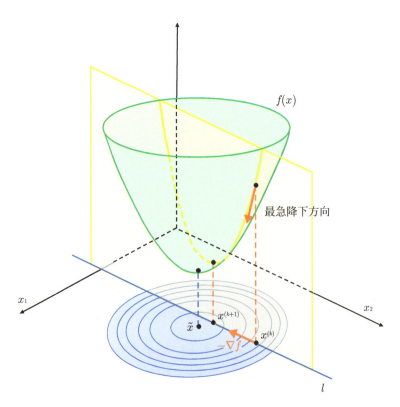

図 5.12：最適勾配法

$$\frac{\partial f}{\partial \boldsymbol{x}} = \frac{1}{2}(A + A^t)\boldsymbol{x} - \boldsymbol{b} = A\boldsymbol{x} - \boldsymbol{b} \tag{5.47}$$

となります．$f(\boldsymbol{x})$ の最小点では，接平面は水平となり勾配はゼロ，すなわち f を各 $\boldsymbol{x}_i$ で偏微分した値はゼロです．したがって $\partial f/\partial \boldsymbol{x} = \boldsymbol{0}$ より $A\boldsymbol{x} - \boldsymbol{b} = \boldsymbol{0}$ となります．

次に f の最小値を求める方法について説明します．一般に関数の最小値を求めるには，関数の勾配を利用した方法（勾配法）がよく用いられます．以下では勾配法の基本的な手法である最急降下法と最適勾配法について説明します．なお記号の簡略化のため，以下では $\dfrac{\partial f}{\partial \boldsymbol{x}}$ を ∇f で，また $\dfrac{\partial f}{\partial \boldsymbol{x}}(x^{(k)})$ を ∇f_k で表記します．

5.5.1 ● 最急降下法と最適勾配法

これらの手法は図 5.12 のように，近似解 $\boldsymbol{x}_k$ に対して関数 f がもっとも減少する方向に向かって近似解を更新していく方法です．この減少方向を求めるには，f の勾配 ∇f を用います．勾配ベクトル ∇f は関数がもっとも増加する方向を指すため，逆に f の減少方向は $-\nabla f$ となります．このとき f の最小点 $\tilde{x}$ は関数が減少する方向の先にあると考えられるので，新たな近似解 $x^{(k+1)}$ を

$$\boldsymbol{x}^{(k+1)} = \boldsymbol{x}^{(k)} - \alpha \nabla f_k \tag{5.48}$$

によって求めます．ここで α は収束速度に関連するパラメータです．これを漸化式として反復改良を行う手法を**最急降下法**と呼びます．

また，α を変化させたときに $f(x)$ が最小となる α の値が事前に求められるのであれば，その値を使って $\boldsymbol{x}^{(k+1)}$ を計算します．これは図 5.12 でいうと，直線 $l : \boldsymbol{x}^{(k)} - t\nabla f_k$ 上での $f(x)$（図中，黄色の平面内に描かれた緑色の曲線）の最小点を求め，それを $\boldsymbol{x}^{(k+1)}$ とすることに相当します．このような手法は**最適勾配法**と呼ばれます．本節の問題（式 (5.44)）の場合，次に示すように最適な α の値を解析的に求めることができます．

まず，直線 l 上の関数 f を $F(t) = f(\boldsymbol{x}^{(k)} - t\nabla f_k)$ とおくと，

$$\begin{aligned}
F(t) &= \frac{1}{2}\left(\boldsymbol{x}^{(k)} - t\nabla f_k, A(x^{(k)} - t\nabla f_k)\right) - (\boldsymbol{x}^{(k)} - t\nabla f_k, \boldsymbol{b}) \\
&= f(\boldsymbol{x}^{(k)}) + \frac{1}{2}t^2\left(\nabla f_k, A\nabla f_k\right) + t(\nabla f_k, \boldsymbol{b} - A\boldsymbol{x}^{(k)}) \\
&= f(\boldsymbol{x}^{(k)}) + \frac{1}{2}t^2\left(\nabla f_k, A\nabla f_k\right) + t(\nabla f_k, \boldsymbol{r}^{(k)})
\end{aligned} \tag{5.49}$$

となります．ただし，$\boldsymbol{r}^{(k)} = \boldsymbol{b} - A\boldsymbol{x}^{(k)}$ とおきました．式 (5.49) は t に関し下に凸な 2 次関数なので，最小点における $F(t)$ の接線の傾きは 0 です．この最小点を α_k とすると，

$$\begin{aligned}
\frac{dF}{dt}(\alpha_k) &= \alpha_k\left(\nabla f_k, A\nabla f_k\right) + (\nabla f_k, \boldsymbol{r}^{(k)}) = 0 \\
\alpha_k &= -\frac{(\nabla f_k, \boldsymbol{r}^{(k)})}{(\nabla f_k, A\nabla f_k)}
\end{aligned} \tag{5.50}$$

となります．

以上をまとめると，本問題における最適勾配法のアルゴリズムは次のようになります．

▼ **Step 1** 初期近似解 $\boldsymbol{x}^{(0)}$ に適当な値を代入し，$k = 0$ とする．

▼ **Step 2** 次式により近似解を更新する．

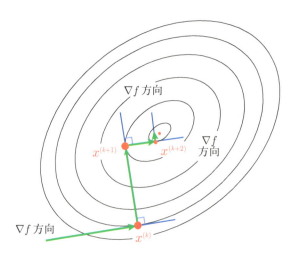

図 5.13：最適勾配法の収束過程

$$x^{(k+1)} = x^{(k)} + \alpha_k \nabla f_k, \quad \alpha_k = \frac{(r^{(k)}, \nabla f_k)}{(A\nabla f_k, \nabla f_k)} \tag{5.51}$$

▼ **Step 3**　$x^{(k+1)}$ の精度が十分であれば終了．そうでない場合は $k = k+1$ として Step 2 に戻る．

　この手法では最急降下方向に沿って f の最小値を求めていることから，f の最小点 $\tilde{x}$ への高速な収束がイメージされますが，一般に f の最急降下方向と $\tilde{x}$ がある方向は一致しません．そのため図 5.13 に示すように最小点に到達するまでに多くの反復が必要となります．

　この点を改善する手法として次に示す共役勾配法があります．

5.5.2 ● 共役勾配法

　共役勾配法では，最急降下方向の代わりに共役勾配方向を用いて近似解を更新します．以下に共役性に関する定義を示します．

> **定義 5.1**
> n 次対称行列 A に対して，非零のベクトル x, y が，$(x, Ay) = 0$ を満たすとき，x と y は A に関して互いに共役であるという．

　図 5.14 に示すように，近似解 $x^{(k)}$ を始点とし等高線の接線に対して共役なベクトル（これを $p^{(k)}$ とします）は f の最小点の方向を向きます．したがってこの方向に沿って最小点を求めれば，平面内の f の最小点が求まります．

　なお，等高線の接線に対して共役な方向が，最小点 $\tilde{x}$ の方向と一致することは次式で確認できます．

$$\begin{aligned}(p^{(k-1)}, A(\tilde{x} - x^{(k)})) &= (p^{(k-1)}, A(A^{-1}b - x^{(k)})) = (p^{(k-1)}, b - Ax^{(k)}) \\ &= \left(p^{(k)}, \frac{\partial f}{\partial x}(x^{(k)})\right) = 0\end{aligned} \tag{5.52}$$

　また，接線に共役なベクトル $p^{(k)}$ は次のように求められます．まず $p^{(k)} = r^{(k)} + \beta_{k-1} p^{(k-1)}$ と

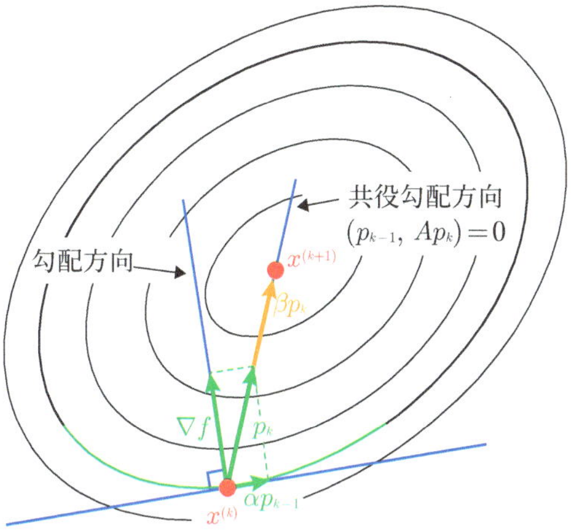

第5章　連立一次方程式の反復解法　091

図 5.14：共役勾配法の探索方向

おき，$\boldsymbol{p}^{(k)}$ と接線方向 $\boldsymbol{p}^{(k-1)}$ が共役になるように β_{k-1} を求めます．

$$(\boldsymbol{p}^{(k)}, A\boldsymbol{p}^{(k-1)}) = 0$$
$$(\boldsymbol{r}^{(k)} + \beta_{k-1}\boldsymbol{p}^{(k-1)}, A\boldsymbol{p}^{(k-1)}) = 0$$
$$\beta_{k-1} = -\frac{(\boldsymbol{r}^{(k)}, A\boldsymbol{p}^{(k-1)})}{(\boldsymbol{p}^{(k-1)}, A\boldsymbol{p}^{(k-1)})} \tag{5.53}$$

　これにより，最小点 $\tilde{\boldsymbol{x}}$ の方向が求まったので，次に $\boldsymbol{x}^{(k)}$ から見た $\boldsymbol{p}^{(k)}$ 方向の直線上で $f(\boldsymbol{x})$ が最小となる点を求めます．これは最適勾配法において α_k を求めた手順（式 (5.49)，式 (5.50)）と同様に

$$\alpha_k = \frac{(\boldsymbol{p}^{(k)}, \boldsymbol{r}^{(k)})}{(\boldsymbol{p}^{(k)}, A\boldsymbol{p}^{(k)})} \tag{5.54}$$

と求まり，次の近似解は $\boldsymbol{x}^{(k+1)} = \boldsymbol{x}^{(k)} + \alpha_k \boldsymbol{p}^{(k)}$ となります．共役勾配法ではこの更新式を用いて，以下の反復計算を行います．

▼ **Step 1**　初期近似解 $\boldsymbol{x}^{(0)}$ に適当な値を代入し，$k=0$ とする．

▼ **Step 2**　勾配ベクトル（＝残差 $\boldsymbol{r}^{(k)}$）と接線方向ベクトル（＝ $\boldsymbol{p}^{(k-1)}$）を用いて，共役勾配方向のベクトル $\boldsymbol{p}^{(k)}$ を求める．

$$\boldsymbol{p}^{(k)} = \boldsymbol{r}^{(k)} + \beta_{k-1}\boldsymbol{p}^{(k-1)}, \quad \beta_{k-1} = -\frac{(\boldsymbol{r}^{(k)}, A\boldsymbol{p}^{(k-1)})}{(\boldsymbol{p}^{(k-1)}, A\boldsymbol{p}^{(k-1)})} \tag{5.55}$$

ただし，$k=0$ の場合は $\boldsymbol{p}^{(0)} = \boldsymbol{r}^{(0)}$ とする．

▼ **Step 3**　$\boldsymbol{p}^{(k)}$ を用いて，次式により近似解を更新する．

$$\boldsymbol{x}^{(k+1)} = \boldsymbol{x}^{(k)} + \alpha_k \boldsymbol{p}^{(k)}, \quad \alpha_k = \frac{(\boldsymbol{r}^{(k)}, \boldsymbol{p}^{(k)})}{(\boldsymbol{p}^{(k)}, A\boldsymbol{p}^{(k)})} \tag{5.56}$$

▼ **Step 4**　残差 $\boldsymbol{r}^{(k+1)}$ を計算し，精度が十分であれば終了．そうでない場合は $k=k+1$ として Step 2 に戻る．

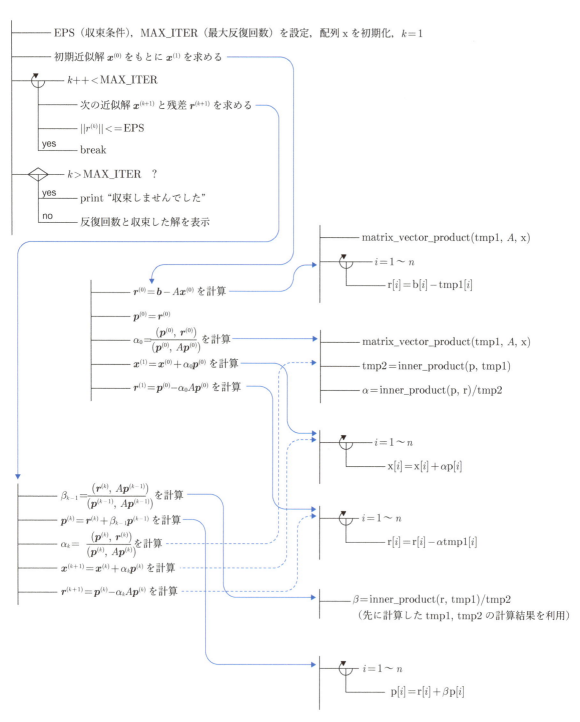

図 5.15：共役勾配法（SPD）

なお，反復の初回（初期近似解 $\boldsymbol{x}^{(0)}$ に対する計算）では，接線方向が求められていないため $\boldsymbol{p}^{(0)}$ を共役勾配方向にとるのではなく，単に最急降下方向（$-\nabla f$）にとり，$\boldsymbol{p}^{(0)} = \boldsymbol{r}^{(0)}$ としています．また，$\boldsymbol{x}^{(k+1)}$ に対する残差は

$$\boldsymbol{r}^{(k+1)} = \boldsymbol{b} - A\boldsymbol{x}^{(k+1)} = \boldsymbol{b} - A(\boldsymbol{x}^{(k)} + \alpha_k \boldsymbol{p}^{(k)}) = \boldsymbol{r}^{(k)} - \alpha A\boldsymbol{p}^{(k)} \tag{5.57}$$

で計算できます．これにより $\boldsymbol{r}^{(k+1)}$ を求める際，$A\boldsymbol{x}^{(k+1)}$ を計算するコストを削減できます．その代わりに上式の最右辺の $A\boldsymbol{p}^{(k)}$ を計算する必要がありますが，$A\boldsymbol{p}^{(k)}$ はもともと α_k や β_k の計算に必要なので，追加の計算コストはかかりません．

5.5.3 ● 共役勾配法のプログラム作成

図 5.15 に共役勾配法のアルゴリズムを SPD チャートで示します．なお，図 5.15 中のベクトル $\boldsymbol{x}^{(0)}$ と $\boldsymbol{x}^{(k)}$ は，プログラムにおいては別々の変数ではなく同じ変数 x を用います．また後に示すように収束判定に関し，問題の次元数を n とすると共役勾配法は n 回以内の反復で収束することが理論的に保証されます．ただし，実際には計算誤差の影響により n 回の反復では収束条件を満たさない場合もあります．そのため，ここでは一般の反復法と同様に最大反復回数を設けています．

次の方程式を共役勾配法で解くプログラムをソースコード 5.3 に示します．

$$\begin{bmatrix} 6 & 2 & 1 & 1 \\ 2 & 7 & 3 & 3 \\ 1 & 3 & 8 & 2 \\ 1 & 3 & 2 & 7 \end{bmatrix} \begin{bmatrix} x_1 \\ x_2 \\ x_3 \\ x_4 \end{bmatrix} = \begin{bmatrix} 7 \\ 6 \\ -5 \\ -3 \end{bmatrix} \tag{5.58}$$

ソースコード 5.3：共役勾配法

```c
#include <stdio.h>
#include <stdlib.h>
#include <math.h>

#define N 4 // 次元数
#define EPS 1e-8 // 収束判定用閾値
#define MAX_ITER 10 // 最大反復回数

// 行列とベクトルの積-------------------------------------------------------
void matrix_vector_product(double c[], double a[][N], double b[]) {
    double s;
    int i, j;

    for (i = 0; i < N; i++){
        s = 0.0;
        for (j = 0; j < N; j++){
            s += a[i][j] * b[j];
        }
        c[i] = s;
    }
}

// 共役勾配法------------------------------------------------------------
void cg(double a[][N], double b[], double x[]) {

    double r[N], p[N], alpha, beta, tmp1[N], tmp2;
```

```c
27      int i, iter = 1;
28
29      // x^(1) の計算-----------------------------------------------------
30      matrix_vector_product(tmp1, a, x);
31      for (i = 0; i < N; i++) {
32          r[i] = b[i] - tmp1[i];
33          p[i] = r[i];
34      }
35
36      // A * p_k の計算
37      matrix_vector_product(tmp1, a, p);
38      // (p_k, A*p_k) の計算
39      tmp2 = inner_product(p, tmp1);
40
41      alpha = inner_product(p, p) / tmp2;
42
43      for (i = 0; i < N; i++) x[i] = x[i] + alpha * p[i];
44      for (i = 0; i < N; i++) r[i] = r[i] - alpha * tmp1[i];
45
46      // x^(2) 以降の反復計算-------------------------------------------
47      while (iter++ < MAX_ITER){
48
49          beta = -inner_product(r, tmp1) / tmp2;
50          for (i = 0; i < N; i++) p[i] = r[i] + beta * p[i];
51
52          // A * p_k の計算
53          matrix_vector_product(tmp1, a, p);
54          // (p_k, A*p_k) の計算
55          tmp2 = inner_product(p, tmp1);
56
57          alpha = inner_product(p, r) / tmp2;
58
59          for (i = 0; i < N; i++) x[i] = x[i] + alpha * p[i];
60          for (i = 0; i < N; i++) r[i] = r[i] - alpha * tmp1[i];
61
62          // 収束判定---------------------------------------------------
63          if (vector_norm_max(r) <= EPS) {
64              break;
65          }
66      }
67
68      // 結果表示-----------------------------------------------------------
69      if (iter > MAX_ITER) {
70          printf("収束しませんでした. \n");
71      }
72      else {
73          printf("解は以下の通り. \n");
74          printf("反復回数：%d 回\n", iter);
75          for (i = 0; i < N; i++) {
76              printf("x_k[%d] = %lf\n", i, x[i]);
77          }
78      }
79  }
80
81  // メイン関数----------------------------------------------------------
82  int main(void){
83
84      double a[N][N] = {
85          { 6.0, 2.0, 1.0, 1.0 },
86          { 2.0, 7.0, 3.0, 3.0 },
87          { 1.0, 3.0, 8.0, 2.0 },
88          { 1.0, 3.0, 2.0, 7.0 },
89      };
90      double b[N] = { 7.0, 6.0, -5.0, -3.0 };
```

第5章　連立一次方程式の反復解法　095

```
 91     double x[N] = { 1.0, 1.0, 1.0, 1.0 };
 92
 93     cg( a, b, x );
 94
 95     return 0;
 96  }
 97
 98
 99  /* 最大値ノルムの計算 a[m...n] */
100  double vector_norm_max(double a[])
101  {
102      int i;
103
104      double s = 0.0;
105      for (i = 0; i < N; i++) {
106          s += fabs(a[i]);
107      }
108
109      return s;
110  }
```

実行結果は以下になります.

```
解は以下の通り.
反復回数：4 回
x_k[0] = 1.024356
x_k[1] = 1.389701
x_k[2] = -1.057063
x_k[3] = -0.868476
```

5.5.4 ● 共役勾配法の収束

　共役勾配法では計算誤差がなければ n 次元の問題に対して n 回（もしくはそれ以下）の反復で解に収束します. 以下では，その理由について説明します.

　まず，近似解 $\boldsymbol{x}^{(k)}$ に対してベクトル列 $\{\boldsymbol{p}^{(0)}, \cdots, \boldsymbol{p}^{(k)}\}$ の張る部分空間 D_k を考えます. また一般性を失うことなく初期近似解を $\boldsymbol{x}^{(0)} = \boldsymbol{0}$ とします. このとき近似解 $\boldsymbol{x}^{(k)}$ は

$$
\boldsymbol{x}^{(k)} = \boldsymbol{x}^{(k-1)} + \alpha_{k-1}\boldsymbol{p}^{(k-1)} = \boldsymbol{x}^{(k-2)} + \alpha_{k-2}\boldsymbol{p}^{(k-2)} + \alpha_{k-1}\boldsymbol{p}^{(k-1)} = \cdots
$$
$$
= \sum_{i=0}^{k-1} \alpha_i \boldsymbol{p}^{(i)} \tag{5.59}
$$

と書け，$\boldsymbol{x}^{(k)} \in D_k$ となります.

　前述の共役勾配法の説明では，直線 $l_k : \boldsymbol{x}^{(k-1)} + t\,\boldsymbol{p}^{(k-1)}$ 上における $f(\boldsymbol{x})$ の最小点として $\boldsymbol{x}^{(k)}$ を求めましたが，この $\boldsymbol{x}^{(k)}$ は単に l_k 上の最小点というだけでなく，部分空間 D_k における最小点にもなっています. すなわち

$$
f(\boldsymbol{x}^{(k)}) = \min_{\boldsymbol{x} \in D_k} f(\boldsymbol{x}) \tag{5.60}
$$

が成立します. この場合，近似解を更新するたびに $\boldsymbol{x}^{(k)}$ を構成するベクトル $\boldsymbol{p}^{(k)}$ が1つずつ追加され，それらが一次独立であれば部分空間 D_k の次元は1ずつ増えていきます. したがって n 回目の更新で $\boldsymbol{x}_n$ は $D_n = R^n$ における最小点，すなわち求めるべき連立一次方程式の解となります.

以下，$\boldsymbol{x}^{(k)}$ が D_k における最小点となることを確認しておきます．そのためにまず，次の定理を示します．

命題 5.8

$\boldsymbol{x}^{(k)} \in D_k$, $D_k = \mathrm{span}\{\boldsymbol{p}^{(0)}, \cdots, \boldsymbol{p}^{(k-1)}\}$ とする．このとき次の (i)〜(iii) は同値である．

  (i)　　$f(\boldsymbol{x}^{(k)}) = \min\limits_{\boldsymbol{x} \in D_k} f(\boldsymbol{x})$

 (ii)　　$(A\boldsymbol{x}^{(k)} - \boldsymbol{b}, \boldsymbol{y}) = 0$ 　　$(\boldsymbol{y} \in D_k)$

(iii)　　$(A\boldsymbol{x}^{(k)} - \boldsymbol{b}, \boldsymbol{p}^{(l)}) = 0$ 　　$(0 \leq l \leq k-1)$

証明

(i) $\Rightarrow$ (ii)　　任意のベクトル $\boldsymbol{y} \in D_k$ に関して $f(t) = F(\boldsymbol{x}^{(k)} + t\boldsymbol{y})$, $t \in \mathbb{R}$ なる関数を考えます．

$$
\begin{aligned}
F(t) &= f(\boldsymbol{x}^{(k)} + t\boldsymbol{y}) \\
&= \frac{1}{2}(\boldsymbol{x}^{(k)}, A\boldsymbol{x}^{(k)}) + \frac{1}{2}(\boldsymbol{x}^{(k)}, At\boldsymbol{y}) + \frac{1}{2}(t\boldsymbol{y}, A\boldsymbol{x}^{(k)}) + \frac{1}{2}(t\boldsymbol{y}, At\boldsymbol{y}) - (\boldsymbol{b}, \boldsymbol{x}^{(k)}) - (\boldsymbol{b}, t\boldsymbol{y}) \\
&= f(\boldsymbol{x}^{(k)}) + \frac{t^2}{2}(\boldsymbol{y}, A\boldsymbol{y}) + t(\boldsymbol{y}, A\boldsymbol{x}^{(k)} - \boldsymbol{b})
\end{aligned}
\tag{5.61}
$$

仮定より $f(\boldsymbol{x})$ は $\boldsymbol{x}^{(k)}$ で最小値をとるので $F(t)$ も $t = 0$ において最小値をとり，$F'(0) = 0$ となります．したがって

$$
F'(0) = (A\boldsymbol{x}^{(k)} - \boldsymbol{b}, \boldsymbol{y}) = 0
\tag{5.62}
$$

となります．

(ii) $\Rightarrow$ (i)　　任意のベクトル $\boldsymbol{x} \in D_k$ に関して $\boldsymbol{y} = \boldsymbol{x} - \boldsymbol{x}^{(k)}$ とします．このとき，式 (5.61) と同様の式変形により，

$$
\begin{aligned}
f(\boldsymbol{x}) &= f(\boldsymbol{x}^{(k)} + \boldsymbol{y}) \\
&= f(\boldsymbol{x}^{(k)}) + \frac{1}{2}(\boldsymbol{y}, A\boldsymbol{y}) + (\boldsymbol{y}, A\boldsymbol{x}^{(k)} - \boldsymbol{b}) \\
&\geq f(\boldsymbol{x}^{(k)}) \quad (A \text{ の正定値対称性より } (\boldsymbol{y}, A\boldsymbol{y}) \geq 0, \text{ また仮定より } (\boldsymbol{y}, A\boldsymbol{x}^{(k)} - \boldsymbol{b}) = 0)
\end{aligned}
\tag{5.63}
$$

となり，$f(\boldsymbol{x}^{(k)}) = \min\limits_{\boldsymbol{x} \in D_k} f(\boldsymbol{x})$ がいえます．

(ii) $\Rightarrow$ (iii)　　$\boldsymbol{p}^{(k)} \in D_k$ なので，(ii) より $(A\boldsymbol{x}^{(k)} - \boldsymbol{b}, \boldsymbol{p}^{(l)}) = 0$ は明らかです．

(iii) $\Rightarrow$ (ii)　　$\boldsymbol{y} = \sum\limits_{i=0}^{k-1} \alpha_i \boldsymbol{p}^{(i)}$ とすると

$$
\begin{aligned}
(A\boldsymbol{x}^{(k)} - \boldsymbol{b}, \boldsymbol{y}) &= \left(A\boldsymbol{x}^{(k)} - \boldsymbol{b}, \sum_{i=0}^{k-1} \alpha_i \boldsymbol{p}^{(i)} \right) \\
&= \sum_{i=0}^{k-1} \alpha_i (A\boldsymbol{x}^{(k)} - \boldsymbol{b}, \boldsymbol{p}^{(i)}) = 0
\end{aligned}
\tag{5.64}
$$

となり，(ii) がいえます． 証明終

定理 5.9

共役勾配法の方向ベクトル $\boldsymbol{p}^{(k)}$ に対し，以下が成り立つ．

$$(\boldsymbol{p}^{(i)}, A\boldsymbol{p}^{(j)}) = 0, \quad (i \neq j) \tag{5.65}$$

証明

k についての帰納法によって証明します．方向ベクトル $\boldsymbol{p}^{(k)}$ において，$k = 1$ のとき

$$(\boldsymbol{p}_1, A\boldsymbol{p}^{(0)}) = (\boldsymbol{r}_1 + \beta^{(0)}\boldsymbol{p}^{(0)}, A\boldsymbol{p}^{(0)}) = (\boldsymbol{r}_1, A\boldsymbol{p}^{(0)}) - \frac{(\boldsymbol{r}_1, A\boldsymbol{p}^{(0)})}{(\boldsymbol{p}^{(0)}, A\boldsymbol{p}^{(0)})}(\boldsymbol{p}^{(0)}, A\boldsymbol{p}^{(0)}) = 0 \tag{5.66}$$

が成り立ちます．次に，$i \leq k, j \leq k, i \neq j$ において $(\boldsymbol{p}^{(i)}, A\boldsymbol{p}^{(j)}) = 0$ が成り立つと仮定します．

$i < k$ の場合：共役勾配法の近似解 $\boldsymbol{x}^{(k+1)} \in D_{k+1}$, $D_{k+1} = \mathrm{span}\{\boldsymbol{p}^{(0)}, \cdots, \boldsymbol{p}^{(k)}\}$ と $0 \leq l \leq k$ に対して，以下が成り立ちます．

$$\begin{aligned}
(A\boldsymbol{x}^{(k+1)} - \boldsymbol{b}, \boldsymbol{p}^{(l)}) &= \left(A\sum_{m=0}^{k}\alpha_m\boldsymbol{p}^{(m)} - \boldsymbol{b}, \boldsymbol{p}^{(l)}\right) \\
&= \alpha^{(l)}(A\boldsymbol{p}^{(l)}, \boldsymbol{p}^{(l)}) - (\boldsymbol{b}, \boldsymbol{p}^{(l)}) \qquad (\text{帰納法の仮定より}) \\
&= (\boldsymbol{p}^{(l)}, \boldsymbol{r}^{(l)}) - (\boldsymbol{b}, \boldsymbol{p}^{(l)}) \\
&= \left(\boldsymbol{p}^{(l)}, \boldsymbol{r}^{(0)} - \sum_{m=1}^{l-1}\alpha_m A\boldsymbol{p}^{(m)}\right) - (\boldsymbol{b}, \boldsymbol{p}^{(l)}) \\
&= (\boldsymbol{p}^{(l)}, \boldsymbol{r}^{(0)}) - \sum_{m=1}^{l-1}\alpha_m(\boldsymbol{p}^{(l)}, A\boldsymbol{p}^{(m)}) - (\boldsymbol{b}, \boldsymbol{p}^{(l)}) \\
&= 0 \qquad (\boldsymbol{r}^{(0)} = b \text{ と帰納法の仮定より}) \tag{5.67}
\end{aligned}$$

よって命題 5.8（iii）が成立するため，命題 5.8（ii）も成り立ちます．また，

$$\begin{aligned}
(\boldsymbol{p}^{(k+1)}, A\boldsymbol{p}^{(i)}) &= (\boldsymbol{r}^{(k+1)} + \beta_k\boldsymbol{p}^{(k)}, A\boldsymbol{p}^{(i)}) \\
&= (\boldsymbol{r}^{(k+1)}, A\boldsymbol{p}^{(i)}) \\
&= \frac{1}{\alpha_i}(\boldsymbol{r}^{(k+1)}, \boldsymbol{r}^{(i)} - \boldsymbol{r}^{(i+1)}) \\
&= -\frac{1}{\alpha_i}(A\boldsymbol{x}^{(k+1)} - \boldsymbol{b}, \boldsymbol{r}^{(i)} - \boldsymbol{r}^{(i+1)}) \tag{5.68}
\end{aligned}$$

となります．ここで，式 (5.55) より $\boldsymbol{r}^{(i)} = \boldsymbol{p}^{(i)} - \beta^{(i-1)}\boldsymbol{p}^{(i-1)}$, $\boldsymbol{r}^{(i+1)} = \boldsymbol{p}^{(i+1)} - \beta_i\boldsymbol{p}^{(i)}$ であり，$\boldsymbol{r}^{(i)} - \boldsymbol{r}^{(i+1)} \in D_{k+1}$ がいえます．したがって命題 5.8（ii）と式 (5.68) から $(\boldsymbol{p}^{(k+1)}, A\boldsymbol{p}^{(i)}) = 0$ がいえます．

$i = k$ の場合：

$$
\begin{aligned}
(\boldsymbol{p}^{(k+1)}, A\boldsymbol{p}^{(k)}) &= (\boldsymbol{r}^{(k+1)} + \beta_k \boldsymbol{p}^{(k)}, A\boldsymbol{p}^{(k)}) \\
&= (\boldsymbol{r}^{(k+1)}, A\boldsymbol{p}^{(k)}) - \frac{(\boldsymbol{r}^{(k+1)}, A\boldsymbol{p}^{(k)})}{(\boldsymbol{p}^{(k)}, A\boldsymbol{p}^{(k)})}(\boldsymbol{p}^{(k)}, A\boldsymbol{p}^{(k)}) \\
&= 0
\end{aligned}
\tag{5.69}
$$

以上より，$k+1$ 以下の異なる i, j に対しても $(\boldsymbol{p}^{(i)}, A\boldsymbol{p}^{(j)}) = 0$ がいえます．　**証明終**

　以上の準備のもと，$\boldsymbol{x}^{(k)}$ が D_k における最小点となることを示します．

定理 5.10

共役勾配法の近似解 $\boldsymbol{x}^{(k)}$ に関し，以下が成り立つ．

$$
f(\boldsymbol{x}^{(k)}) = \min_{\boldsymbol{x} \in D_k} f(x)
\tag{5.70}
$$

証明

　$\boldsymbol{x}^{(k)}$ において命題 5.8 の (iii) が成立することを確認し，命題 5.8 (i) の $f(\boldsymbol{x}^{(k)}) = \min_{\boldsymbol{x} \in D_k} f(x)$ を導きます．$0 \le l \le k-1$ において

$$
\begin{aligned}
(A\boldsymbol{x}^{(k)} - \boldsymbol{b}, \boldsymbol{p}^{(l)}) &= (A(\boldsymbol{x}^{(k-1)} + \alpha_{k-1}\boldsymbol{p}^{(k-1)}) - \boldsymbol{b}, \boldsymbol{p}^{(l)}) \\
&= (A\boldsymbol{x}^{(k-1)} - \boldsymbol{b}, \boldsymbol{p}^{(l)}) + \alpha_{k-1}(A\boldsymbol{p}^{(k-1)}, \boldsymbol{p}^{(l)})
\end{aligned}
\tag{5.71}
$$

が成り立ちます．以下，場合分けして考えます．

　(i) $0 \le l \le k-2$ のとき：

　$\boldsymbol{x}^{(k-1)}$ は $\boldsymbol{x} \in D_{k-1}$ における $f(\boldsymbol{x})$ の最小点なので，定理 5.8 の (i) $\Rightarrow$ (iii) より，$(A\boldsymbol{x}^{(k-1)} - \boldsymbol{b}, \boldsymbol{p}^{(l)}) = 0$ です．また，定理 5.9 より $(A\boldsymbol{p}^{(k-1)}, \boldsymbol{p}^{(l)}) = 0$ となります．これらを式 (5.71) に代入すると，$(A\boldsymbol{x}^{(k)} - \boldsymbol{b}, \boldsymbol{p}^{(l)}) = 0$ がいえます．

　(ii) $l = k-1$ のとき：

$$
\begin{aligned}
(A\boldsymbol{x}^{(k)} - \boldsymbol{b}, \boldsymbol{p}^{(l)}) + \alpha_k(A\boldsymbol{p}^{(k)}, \boldsymbol{p}^{(l)}) &= (A\boldsymbol{x}^{(k)} - \boldsymbol{b}, \boldsymbol{p}^{(k)}) + \frac{(\boldsymbol{p}^{(k)}, \boldsymbol{r}^{(k)})}{(\boldsymbol{p}^{(k)}, A\boldsymbol{p}^{(k)})}(A\boldsymbol{p}^{(k)}, \boldsymbol{p}^{(k)}) \\
&= (A\boldsymbol{x}^{(k)} - \boldsymbol{b}, \boldsymbol{p}^{(k)}) - (A\boldsymbol{x}^{(k)} - \boldsymbol{b}, \boldsymbol{p}^{(k)}) = 0
\end{aligned}
\tag{5.72}
$$

より，$(A\boldsymbol{x}^{(k)} - \boldsymbol{b}, \boldsymbol{p}^{(l)}) = 0$ となります．

　以上より定理 5.8 の (iii) を満足し，$f(\boldsymbol{x}^{(k)}) = \min_{\boldsymbol{x} \in D_k} f(\boldsymbol{x})$ がいえます．　**証明終**

第5章 連立一次方程式の反復解法 099

章末問題

問 5.1
以下の正方行列 A が狭義優対角行列か否かを調べるプログラムを作成せよ.

$$A = \begin{bmatrix} 5 & -1 & 2 & -1 \\ -2 & 7 & -1 & 3 \\ 1 & 2 & 4 & 3 \\ 1 & 4 & -2 & 9 \end{bmatrix} \tag{5.73}$$

問 5.2
次の 4 元連立一次方程式をガウス・ザイデル法で解いたところ発散した. 行または列を入れ替えることにより近似解が収束するようにし, 解を求めよ. ヒント：行や列の入れ替えによって, 狭義優対角行列に変換することはできないが, より優対角に近い形に入れ替えることで収束が期待できる.

$$A = \begin{bmatrix} 2 & -1 & 5 & -1 \\ 7 & -3 & 1 & 1 \\ -8 & -2 & 1 & 3 \\ -1 & -7 & -2 & 3 \end{bmatrix} \begin{bmatrix} x_1 \\ x_2 \\ x_3 \\ x_4 \end{bmatrix} = \begin{bmatrix} 3 \\ -2 \\ -4 \\ 5 \end{bmatrix} \tag{5.74}$$

問 5.3
共役勾配法の収束に関し, 式 (5.58) の例題では 4 元連立方程式に対して 4 回の反復を要した. 次元数が大きくなった場合, n 次元の問題に対して n 回の反復が必要かどうか実際に問題を解いて調べよ（たとえば, 100 元, 1000 元連立方程式で実行してみる）. なお次元数が大きい場合, 行列の各要素を手作業で入力することは困難なので, 乱数を用いて入力するとよい.

第6章　数値微分と自動微分

INTRODUCTION

　　本章では，数値微分と自動微分について解説を行います．数値微分とは解析的に微分値を求めるのではなく，数値的な演算によって微分を求めることをいいます．ここでは異なる点における関数値の差から傾きを求め，それを近似的な微分値とするものです．本章では前進差分（後退差分）と中心差分を紹介します．この差分近似は簡単に微分値を計算できる反面，計算に伴う丸め誤差や情報落ち，桁落ちといった演算に伴う誤差の影響を受けやすくなります．また，自動微分とは数式処理を用いて導関数を求めるのと同種のやり方で微分値を計算する手法です．この手法では $(\sin x)' = \cos x$ といった解析的な情報を使って微分値を計算するため，数値微分に比べ計算誤差の影響を受けにくいという特徴があります．自動微分の具体的な手法としてはボトムアップアルゴリズムとトップダウンアルゴリズムの2種類があります．ボトムアップ型は処理がシンプルなためプログラミングが容易です．逆にトップダウン型はプログラムは複雑になりますが，処理が早いという特徴があります．本章ではその両方について解説します．

6.1　数値微分

　関数 $f(x)$ の点 $x = a$ における微分係数は

$$f'(a) = \lim_{h \to 0} \frac{f(a+h) - f(a)}{h} \tag{6.1}$$

で定義されます．この式の真の値を求めるには $h \to 0$ の極限をとる必要がありますが，第1章で紹介したように数値計算では有限桁の数値しか扱えません．そのため h を小さな値で固定し

$$f'(a) \simeq \frac{f(a+h) - f(a)}{h} \tag{6.2}$$

と近似します．これを**前進差分**といいます．また，2点 $a, a-h$ で差分をとった

$$f'(a) \simeq \frac{f(a) - f(a-h)}{h} \tag{6.3}$$

を**後退差分**と呼びます．

　また，これらの近似式をテイラー展開から導出する場合は

$$f(a+h) = f(x) + f'(a)h + \frac{1}{2}f''(a)h^2 + \frac{1}{6}f'''(a)h^3 + \cdots \tag{6.4}$$

において，h を微小と仮定し，$h^2 << h$ であることから2次以上の項を無視すると

$$f(a + h) \simeq f(x) + f'(a)h$$

$$\frac{f(a + h) - f(x)}{h} \simeq f'(a) \tag{6.5}$$

となり，前進差分の式が得られます．

前進差分の誤差

先ほどのテイラー展開においては 2 次以上の項を無視しているので，その分の差異が打ち切り誤差となります．これは式 (6.4) を剰余項を使って 2 次で打ち切った

$$f(a + h) = f(x) + f'(a)h + \frac{1}{2}f''(\xi)h^2, \quad \xi = a + \theta h \ (0 < \theta < 1) \tag{6.6}$$

に対し，両辺を h で割ると

$$\frac{f(a + h) - f(x)}{h} - f'(a) = \frac{1}{2}f''(\xi)h \tag{6.7}$$

となり，打ち切り誤差を見積もることができます．この式から打ち切り誤差は $O(h)$ となることがわかります．ただし，実際の計算では先ほど述べたように限られた桁数で計算を行うため，h を小さくすればするほど良い結果が得られる，というわけではありません．実際の計算では h を小さくしていくと，最初は理論通りに誤差が減少していきますが，ある値を超えると逆に誤差が拡大していきます．これは計算に伴う丸め誤差の影響の方が大きくなるためです．

中心差分

2 点 $a + h, a - h$ で差分をとった以下の差分近似を**中心差分**といいます．

$$f'(a) \simeq \frac{f(a + h) - f(a - h)}{2h} \tag{6.8}$$

前進差分のときと同様に，テイラー展開を用いると

$$f(a + h) = f(x) + f'(a)h + \frac{1}{2}f''(a)h^2 + \frac{1}{6}f^{(3)}(\xi_1)h^3 + \cdots \tag{6.9}$$

$$f(a - h) = f(x) - f'(a)h + \frac{1}{2}f''(a)h^2 - \frac{1}{6}f^{(3)}(\xi_2)h^3 + \cdots \tag{6.10}$$

となり，式 (6.9) から式 (6.10) を引くと

$$f(a + h) - f(a - h) = 2f'(a)h + \frac{1}{6}(f^{(3)}(\xi_1) + f^{(3)}(\xi_2))h^3 + \cdots \tag{6.11}$$

$$f'(a) = \frac{f(a + h) - f(a - h)}{2h} - \frac{1}{12}\left(f^{(3)}(\xi_1) + f^{(3)}(\xi_2)\right)h^2 - \cdots$$

$$\simeq \frac{f(a + h) - f(a - h)}{2h} - \frac{1}{6}f^{(3)}(a)h^2 \tag{6.12}$$

となり，中心差分の式が得られます．またその誤差は $O(h^2)$ となることがわかります．

前進差分も中心差分も同じように 2 点における情報をもとに微分を近似しているにも関わらず，中心差分は前進差分よりも精度の良い近似となっています．このことに対する直観的な説明としては，中心差分は前進差分と後退差分の平均を求めているため精度がよくなっているといえます．たとえば，図 6.1 のように下に凸な関数を考えると，前進差分ではプラスの誤差が生じ，後退差分で

は逆にマイナスの誤差が生じます．したがってこれらの平均をとることで誤差が打ち消し合って精度が向上している，と考えることができます．式で確認すると

$$\frac{前進差分 + 後退差分}{2} = \frac{\frac{f(x+h)-f(x)}{h} + \frac{f(x)-f(x-h)}{h}}{2} = \frac{f(x+h) - f(x-h)}{2h} = 中心差分 \quad (6.13)$$

となります．

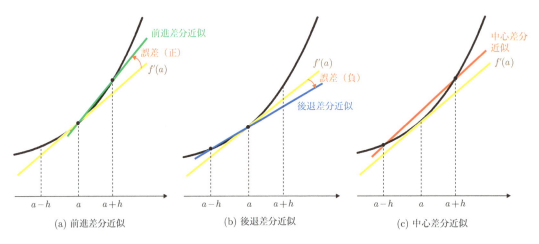

図 6.1：差分近似の誤差

6.2 自動微分

6.2.1 ● 自動微分の概要

自動微分とは，合成関数の微分の公式（連鎖律）を使って微分値を計算する手法です．ここで用いる微分公式は次の2つです．まず1つは1変数関数の微分公式です．関数 $\varphi(u), f(x)$ の合成関数 $g(x) = \varphi(f(x))$ の微分は以下になります．

$$\frac{dg}{dx}(x) = \frac{d\varphi}{du} \frac{df}{dx} \quad (6.14)$$

もう1つは2変数の連鎖律です．関数 $\varphi(u,v), f(x), g(x)$ に対して合成関数 $h(x) = \varphi(f(x), g(x))$ の微分は以下になります．

$$\frac{dh}{dx} = \frac{\partial \varphi}{\partial u} \frac{df}{dx} + \frac{\partial \varphi}{\partial v} \frac{dg}{dx} \quad (6.15)$$

これを用いてたとえば積の微分公式や商の微分公式は以下のように導けます．

[積の微分公式]　$u = f(x), v = g(x), \varphi(u,v) = uv$ とすると

$$\begin{aligned}\frac{dh}{dx} &= \frac{\partial \varphi}{\partial u} \frac{df}{dx} + \frac{\partial \varphi}{\partial v} \frac{dg}{dx} \\ &= v \frac{df}{dx} + u \frac{dg}{dx} = g(x) \frac{df}{dx} + f(x) \frac{dg}{dx}\end{aligned} \quad (6.16)$$

[商の微分公式]　$u = f(x), v = g(x), \varphi(u,v) = u/v$ とすると

$$\frac{dh}{dx} = \frac{\partial \varphi}{\partial u}\frac{df}{dx} + \frac{\partial \varphi}{\partial v}\frac{dg}{dx}$$
$$= \frac{1}{v}\frac{df}{dx} - \frac{u}{v^2}\frac{dg}{dx} = \frac{f'(x)g(x) - f(x)g'(x)}{g(x)^2} \tag{6.17}$$

ここで，四則演算や初等関数など導関数が既知のものを基本演算と呼び，本章では $\varphi(u)$ または $\varphi(u,v)$ で表記することにします．また上式における $\partial\varphi/\partial u$ や $\partial\varphi/\partial v$ など，合成関数の微分計算に用いられる偏導関数を**要素的偏導関数**と呼びます．表 6.1 に，各種基本演算に対する要素的偏導関数を示しておきます．

表 6.1：要素的偏導関数

$\varphi(u,v)$	$\dfrac{\partial \varphi}{\partial u}$	$\dfrac{\partial \varphi}{\partial v}$
$w = u + v$	1	1
$w = u - v$	1	-1
$w = u * v$	v	u
$w = u/v$	$1/v$	$-u/v^2 = -w/v$
$w = \sin u$	$\cos u$	-
$w = \cos u$	$-\sin u$	-
$w = \sqrt{u}$	$1/\left(2\sqrt{u}\right) = 1/2w$	-
$w = e^u$	e^u	-
$w = \log u$	$1/u$	-

6.2.2 ● ボトムアップアルゴリズム

本項では，具体例を用いて自動微分の計算手順を説明します．例題として

$$F(x) = \frac{\sin(x^2)}{x+3} \tag{6.18}$$

を取り上げ，ボトムアップアルゴリズムで関数値と微分値を計算する過程を追います．まず，関数値を計算する手順を述べます．ここでは四則演算や初等関数などの基本演算を一回行うごとに，その値を中間変数 $w_i\ i = 1, 2, \cdots$ に格納するものとします．式 (6.18) の場合，計算過程は次のようになります．

▼ **Step 1** $w_1 = h_1(x) = x \cdot x$ を計算する．
▼ **Step 2** $w_2 = h_2(x) = \sin(w_1)$ を計算する．
▼ **Step 3** $w_3 = h_3(x) = x + 3$ を計算する．
▼ **Step 4** $w_4 = h_4(x) = w_2/w_3$ を計算する．

さらにボトムアップアルゴリズムでは，上記の各 Step において微分公式 (6.14), (6.15) を用いて微分値 dh_i/dx も同時に計算していきます．例として $x = 4$ における微分値を計算する過程を以下に示します．

▼ **Step 1** 式 (6.15) において，分子の x^2 の $x = 4$ における関数値と微分値を求めます．$\varphi_1(u, v) =$

$u \cdot v$, $f(x) = x$, $g(x) = x$, $h_1(x) = \varphi_1(x, x) = x \cdot x$ とし，関数値と微分値を計算すると，

$$h_1(4) = 4 \cdot 4 = 16 \tag{6.19}$$

$$\frac{dh_1}{dx} = \frac{\partial \varphi_1}{\partial u} \frac{df}{dx} + \frac{\partial \varphi_1}{\partial v} \frac{dg}{dx}$$

$$= v \frac{df}{dx} + u \frac{dg}{dx} = x \cdot 1 + x \cdot 1 = 4 + 4 = 8 \tag{6.20}$$

となります．Step 2 以降も同様に計算すると以下のようになります．

▼ **Step 2** 関数値の計算：$v_2 = \sin(16) \simeq -0.29$

微分値の計算：$v_2 = h_2(x)$, $\varphi_2(u) = \sin(u)$ とすると，

$$\frac{dh_2}{dx} = \frac{\partial \varphi_2}{\partial u} \frac{dh_1}{dx}$$

$$= \cos(h_1(x)) \frac{dh_1}{dx} = \cos(16) \cdot 8 \simeq -7.66 \tag{6.21}$$

▼ **Step 3** 関数値の計算：$v_3 = 4 + 3 = 7$

微分値の計算：$v_3 = h_3(x)$, $\varphi_3(u, v) = u + v$ とすると，

$$\frac{dh_3}{dx} = \frac{\partial \varphi}{\partial u} \frac{df}{dx} + \frac{\partial \varphi}{\partial v} \frac{dg}{dx}$$

$$= 1 \cdot \frac{df}{dx} + 1 \cdot \frac{dg}{dx} = 1 \cdot 1 + 1 \cdot 0 = 1 \tag{6.22}$$

▼ **Step 4** 関数値の計算：$v_4 = -0.29/7 \simeq -0.04$

微分値の計算：$v_4 = h_4(x)$, $\varphi_4(u, v) = u/v$ とすると，

$$\frac{dh_4}{dx} = \frac{\partial \varphi_4}{\partial v_2} \frac{dh_2}{dx} + \frac{\partial \varphi_4}{\partial v_3} \frac{dh_3}{dx}$$

$$= \frac{1}{v_3} \cdot \frac{dh_2}{dx} - \frac{v_2}{v_3^2} \cdot \frac{dh_3}{dx} = \frac{1}{7} \cdot (-7.66) - \frac{-0.29}{7^2} \cdot 1 \fallingdotseq -1.09 \tag{6.23}$$

以上がボトムアップアルゴリズムにおける微分値の計算方法です．この処理をプログラムにするとソースコード 6.1 のようになります．

ソースコード 6.1：ボトムアップ型自動微分（C 言語）

```
1  #include <stdio.h>
2  #include <math.h>
3
4  int main(){
5
6      double f, g, df, dg, dh_1, dh_2, dh_3, dh_4, v_1, v_2, v_3, v_4;
7
8      // 初期設定 ----------------------------------------
9
10     // f(x) = x,  f(4) = 4
11     f = 4.0;
12     df = 1.0;
13
14     // g(x) = 3
```

```
15        g = 3.0;
16        dg = 0;
17
18        // Step1 ------------------------------------
19        v_1 = f * f;
20        dh_1 = f * df + f * df;
21
22        // Step2 ------------------------------------
23        v_2 = sin(v_1);
24        dh_2 = cos(v_1) * dh_1;
25
26        // Step3 ------------------------------------
27        v_3 = f + g;
28        dh_3 = 1.0 * df + 1.0 * dg;
29
30        // Step4 ------------------------------------
31        v_4 = v_2 / v_3;
32        dh_4 = 1.0 / v_3 * dh_2 - v_4 / v_3 * dh_3;
33
34        // 結果出力----------------------------------
35        printf("h(%.1lf) = %.3lf\n", f, v_4);
36        printf("dh/dx(%.1lf) = %.3lf", f, dh_4);
37
38        return 0;
39    }
```

実行結果は以下になります．

```
h(4.0) = -0.041
dh/dx (4.0) = -1.089
```

6.2.3 ● 計算グラフによる説明

　計算グラフとは，数式の計算過程をグラフを用いて図的に表現したものです．自動微分ではこの計算グラフを用いることで，数式だけを追っていくよりも見通しよく，全体を理解することができます．

　まず，基本演算の計算グラフを図 6.2 に示します．グラフの頂点には基本演算が表記され，その横には演算結果の変数（図中の y）が表記されます．また，演算の入力となる変数（図中の u, v）も頂点として表記され，それらは辺（矢印）で繋がれます．また，各辺の横には要素的偏導関数が表記されます．なお，図 6.2(a) は 1 変数関数（単項演算）なので辺の横には $\dfrac{d\varphi}{du}$ と書いた方が自然で

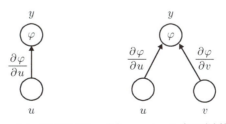

(a) $y = \varphi(u)$（単項演算）　(b) $y = \varphi(u,v)$（二項演算）

図 6.2：基本演算の計算グラフ

すが，1変数関数では $\dfrac{\partial \varphi}{\partial u} = \dfrac{d\varphi}{du}$ といえるので，多変数関数の場合と表記を合わせるために偏微分の表記で $\dfrac{\partial \varphi}{\partial u}$ としています．

次に，基本関数を組み合わせた合成関数の例を示します．図 6.3 は単項演算のみで構成された計算グラフで，具体例として図 6.3(b) に $f(x) = \log(\sqrt{\sin x})$ の計算グラフを示しています．また図 6.4 は二項演算を含む例で，式 (6.18) をグラフ化したものです．これらのグラフにおいて，関数値の計算は辺の矢印に沿って下から上へと順次行われていきます．

なお，グラフの最下段である変数 x や定数 3 の頂点には φ が記載されていませんが，これは形式的に恒等関数 $\varphi_1(x) = x$ または定数関数 $\varphi_2(x) = 3$ が割り当てられているものとします．変数の表記を統一するためだけに導入した関数なので，φ_1, φ_2 の記載は省略しています．

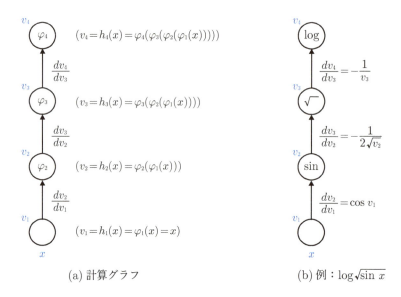

図 6.3：合成関数の計算グラフ例（単項演算のみ）

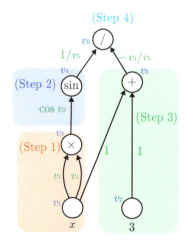

図 6.4：合成関数の計算グラフ例（二項演算含む）

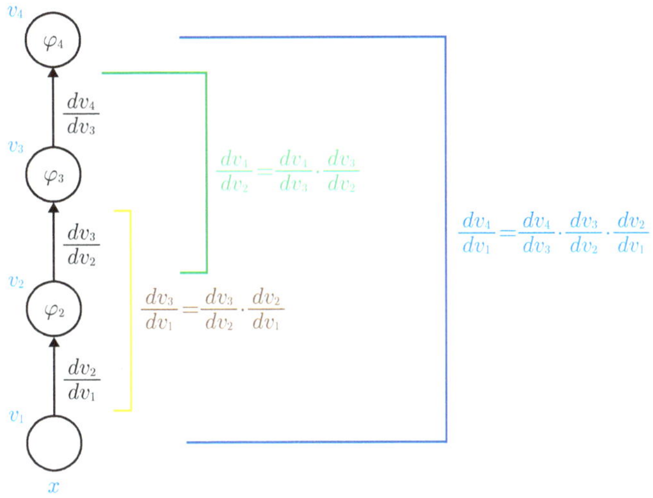

図 6.5：計算グラフによる微分計算（単項演算のみ）

　次に，合成関数の導関数の計算方法について説明します．グラフ上の任意の頂点（の変数）に対し，別の任意の頂点（の変数）で微分したい場合，辺に書かれた要素的偏導関数を用いて計算を行います．たとえば図 6.5 に緑色の文字で示したように，一番上の頂点の変数 v_4 を下から 2 番目の変数 v_2 で微分した値は両頂点間の経路上にある要素的偏導関数の値を掛け合わせたものになります．これは微分の連鎖律を図に表記したものとなっています．

　二項演算を含む計算グラフでも同様にして導関数を求めることができます．ただし，二項演算を含むグラフの場合，2 点間の経路が複数存在する場合があります．たとえば図 6.6 において，最上端の v_6 と v_1 を結ぶ経路は青，緑，黄色で示した 3 通りあります．このような場合はすべての経路における微分値を合計することで $\dfrac{dv_6}{dv_1}$ が求まります．

　実際，連鎖律を用いた式変形においても，以下に示すように図中の 3 経路の合計となります．

$$
\begin{aligned}
\frac{dh_6}{dv_1} &= \frac{d\varphi_6(h_4(v_1), h_5(v_1))}{dv_1} \\
&= \frac{\partial \varphi_6}{\partial v_4}\frac{dh_4}{dv_1} + \frac{\partial \varphi_6}{\partial v_5}\frac{dh_5}{dv_1} \\
&= \frac{\partial \varphi_6}{\partial v_4}\left(\frac{\partial \varphi_4}{\partial v_3}\left(\frac{\partial \varphi_3}{\partial v_1} + \frac{\partial \varphi_3}{\partial v_1}\right)\right) + \frac{\partial \varphi_6}{\partial v_5}\frac{\partial \varphi_5}{\partial v_1} \\
&= \frac{\partial \varphi_6}{\partial v_4}\frac{\partial \varphi_4}{\partial v_3}\frac{\partial \varphi_3}{\partial v_1} + \frac{\partial \varphi_6}{\partial v_4}\frac{\partial \varphi_4}{\partial v_3}\frac{\partial \varphi_3}{\partial v_1} + \frac{\partial \varphi_6}{\partial v_5}\frac{\partial \varphi_5}{\partial v_1}
\end{aligned}
\tag{6.24}
$$

　次に，式 (6.14)，式 (6.15) の微分公式と計算グラフの対応を示しておきます．図 6.7(a) は 1 変数関数の連鎖律を，図 6.7(b) は 2 変数関数の連鎖律をグラフ化したものです．図 6.7(a) において，最上段の頂点 v_4 を最下段の x で微分した値を求めるために必要となる情報は以下の 2 つです．

(1) 一段下の頂点 v_3 の関数値：v_3

(2) 一段下の頂点 v_3 の x での微分値：$\dfrac{dv_3}{dx}$

　これは 2 変数関数の場合も同様で，一段下の関数値と微分値さえあれば局所的な計算のみで着目している頂点の微分値が求まります．したがってボトムアップアルゴリズムの計算過程を計算グラ

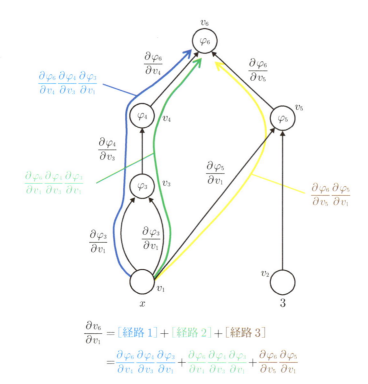

図 6.6：計算グラフによる微分計算（二項演算含む）

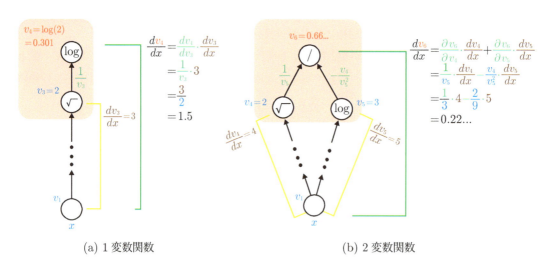

(a) 1 変数関数　　　(b) 2 変数関数

図 6.7：計算グラフによる微分計算

フで説明すると，1 段ごとの局所的な（関数値と微分値に関する）計算を最下段から最上段まで積み重ねていくこと，といえます．この過程を模式的に表したものが図 6.8 です．各頂点の微分値は要素的偏導関数値を経由しながら，1 段ずつ上に向かって求められていき，最終的には最上段の df/dx が求まります．

そこで，各段の計算に必要となる上記 (2) の $\dfrac{dv_i}{dx}$ の値もグラフ中に記載したものを図 6.9, 6.10 に示します．図中右側の各例のようにグラフ下段の u, v に関して関数値と微分値の値が決まると，グラフに書かれた演算子の種類や要素的偏導関数の式をもとに上段 y の関数値と微分値を計算する

第6章 数値微分と自動微分　109

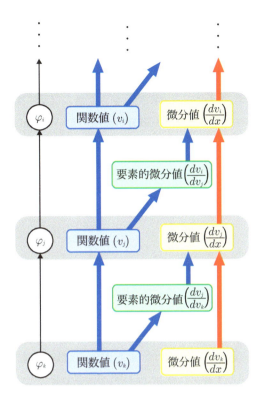

図 6.8：ボトムアップ方式の計算プロセス

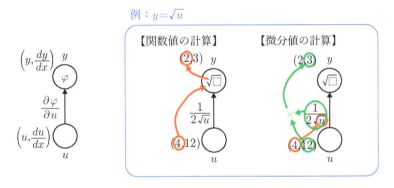

図 6.9：関数値と微分値を記載した計算グラフ（単項演算）

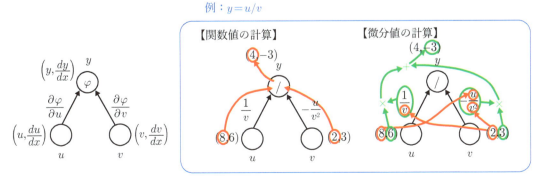

図 6.10：関数値と微分値を記載した計算グラフ（二項演算）

ことができます．

　以上を踏まえた上で，次項ではC++言語を使ったプログラムを作成します．

6.2.4 ● C++によるボトムアップ型の実装

　本項では，先に紹介したC言語による自動微分プログラム（ソースコード6.1）をC++言語を使って改良します．ソースコード6.1では，微分値を求めたい式 $\sin(x^2)/(x+3)$ を手作業で基本演算に分解し，コードを記述しました．しかしこのような手作業はプログラミングの煩雑さを増すことになり，またバグが混入する原因にもなります．基本演算への分解を省略し，ソースコードに「y = sin(x * x) / (x + 3)」と記述するだけで，自動で微分計算が行えると便利です．そこでC++の機能である「クラス」と「演算子多重定義（オペレータオーバーロード）」を用いてプログラムを再作成します．

1. クラスによる頂点の定義

　前項の図6.8に示したように，各頂点における関数値と微分値を保持することで，自動微分のプロセスが実行できます．そこで図6.11に示すように頂点の情報を保持し，頂点間の演算を行うためのクラス（自動微分クラス）を定義します．クラス名は「BU」とし，データメンバは頂点における関数値（変数v）と微分値（変数d）とします．またメンバ関数は，微分値を1で初期化するためのinit関数と，データを画面出力するためのprint関数を定義します（ソースコード6.2）．

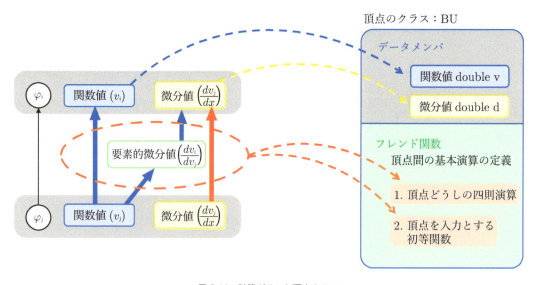

図6.11：計算グラフと頂点クラス

ソースコード6.2：頂点クラス

```
1   /* 頂点クラスの定義 */
2   class BU {
3
4       // データメンバ--------------------------------------------
5       double v;
6       double d;
```

```
 7
 8  public:
 9          /* コンストラクタ */
10          BU(double a = 0.0, double b = 0.0) : v(a), d(b) { }
11
12      /* 関数値，微分値の取得 */
13          double value() const { return v; }
14          double derivative() const { return d; }
15
16          /* 微分値の初期化 */
17          void init() {
18                  d = 1.0;
19          }
20
21          /* 出力関数，  値 < 微分値 > の形式で表示 */
22          void print() {
23                  printf("%lf < %lf >", v, d);
24          }
25
26      ・・・
```

2. 演算子多重定義による頂点間の演算定義

次に，頂点クラス（のインスタンス）どうしの四則演算や，頂点クラスを入力とした初等関数を演算子多重定義を用いて定義します．例として頂点クラスの乗算と sin 関数をソースコード 6.3 に示します．乗算では関数値どうしの乗算結果と，2 変数の微分連鎖律を使って計算した微分値をもとに新たな頂点を作成し，それを戻り値として返しています．sin 関数についても同様です．

ソースコード 6.3：頂点クラスの演算

```
1  /* 乗算（BU * BU）*/
2  friend BU operator*(BU x, BU y) {
3      return BU(x.v * y.v, x.d * y.v + x.v * y.d);
4  }
5
6  /* sin 関数 */
7  friend BU sin(BU x) {
8      return BU(sin(x.v), cos(x.v) * x.d);
9  }
```

このような頂点クラスを定義することにより，main 関数において「y = sin(x * x) / (x + 3)」などの数式を記述するだけで，微分値の計算も同時に実行されるようになります．

以上の準備のもと，

$$f(x) = \frac{\sin(x^3 - e^x)}{x^2 + 2}$$
(6.25)

に対して自動微分を行うプログラムをソースコード 6.4 に示します．

ソースコード 6.4：ボトムアップ型自動微分

```
1  #include <stdio.h>
2  #include <cmath>
3
```

```cpp
 4      // 自動微分クラス（ボトムアップ型）--------------------------------------------
 5      class BU {
 6
 7              // データメンバ-----------------------------------------------------
 8          double v;
 9          double d;
10
11      public:
12              /* コンストラクタ */
13              BU(double a = 0.0, double b = 0.0) : v(a), d(b) { }
14
15          /* 関数値，微分値の取得 */
16              double value() const { return v; }
17              double derivative() const { return d; }
18
19              /* 微分値の初期化 */
20              void init() {
21                      d = 1.0;
22              }
23
24              /* 出力関数，　値 < 微分値 > の形式で表示 */
25              void print() {
26                      printf("%lf < %lf >", v, d);
27              }
28
29              // 演算子オーバーロード----------------------------------------------
30              /* 単項マイナス演算子 */
31              BU operator-() const { return BU(-v, -d); }
32
33              /* 加算 */
34              friend BU operator+(const BU& x, const BU& y) {
35                      return BU(x.v + y.v, x.d + y.d);
36              }
37              /* 減算 */
38              friend BU operator-(const BU& x, const BU& y) {
39                      return BU(x.v - y.v, x.d - y.d);
40              }
41              /* 乗算 */
42              friend BU operator*(const BU& x, const BU& y) {
43                      return BU(x.v * y.v, x.d * y.v + x.v * y.d);
44              }
45              /* 除算 */
46              friend BU operator/(const BU& x, const BU& y) {
47                      return BU( x.v / y.v, (x.d*y.v - x.v*y.d) / (y.v*y.v) );
48              }
49
50              // 初等関数---------------------------------------------------------
51              friend BU sqrt(const BU& x){
52                      double s = std::sqrt(x.v);
53                      return BU(s, 0.5 * x.d / s);
54              }
55              friend BU sin(const BU& x) {
56                      return BU(std::sin(x.v), std::cos(x.v) * x.d);
57              }
58              friend BU cos(const BU& x) {
59                      return BU(std::cos(x.v), -std::sin(x.v) * x.d);
60              }
61              friend BU exp(const BU& x){
62                      double e = std::exp(x.v);
63                      return BU(e, e * x.d);
64              }
65              friend BU log(const BU& x){
66                      return BU(std::log(x.v), x.d / x.v);
67              }
```

```
68  };
69
70  // メイン関数------------------------------------------------------------
71  int main() {
72
73          BU x(2.0,1.0), y;
74
75          y = sin(x * x * x - exp(x)) / (x * x + 2.0);
76
77          printf("y = "); y.print(); printf("\n");
78
79          return 0;
80  }
```

結果は以下になります．計算した値を「関数値 < 微分値 >」のスタイルで出力しています．

```
y= 0.095607 < 0.565738 >
```

6.2.5 ● トップダウンアルゴリズム

トップダウン型自動微分ではボトムアップ型とは逆に，グラフの最上段から最下段に向かって各頂点における微分値を求めていきます．したがって，各頂点に対して求める微分値もボトムアップ型とは逆になります．ボトムアップ型では微分する変数を最下段の x で固定し，微分される変数（微分記号の分子の変数：$\partial v_i / \partial x$ の v_i）を順次替えていきました．トップダウン型では逆に微分される関数を最上段の f で固定し，微分する変数（微分記号の分母の変数）を替え，$\partial f / \partial v_i$ の値を求めていきます．

これに用いる微分連鎖律では，頂点 v_i の上に接続されている辺が 1 本だけの場合，その辺の接続先の頂点を v_j とすると

$$\frac{\partial f}{\partial v_i} = \frac{\partial f}{\partial v_j} \cdot \frac{\partial v_j}{\partial v_i} \tag{6.26}$$

によって頂点 v_i の微分値を計算します．また，v_i の上部に 2 本以上の辺が接続されている場合は6.2.1 項の図 6.6 のように複数の経路が存在することになります．したがって接続されている頂点すべてに対して式 (6.26) を計算し，その合計値を求めます．

ただし，式 (6.26) の要素的偏導関数 $\frac{\partial v_j}{\partial v_i}$ の値を計算するには，表 6.1 に示したように自身の関数値や，二項演算の場合はもう一方の頂点の関数値などが必要になります．したがってトップダウンアルゴリズムでは，次の 2 段階のプロセスで計算を行うことになります．

▼ **Step 1** ボトムアップ型と同様に下から上に向かって，すべての頂点の関数値と辺の要素的偏導関数値を求める．

▼ **Step 2** 次に上から下方向に向かって，各頂点の微分値（$\partial f / \partial v_i$）を求める．

6.2.6 ● C++によるトップダウン型の実装

図 6.12，図 6.13 にトップダウン型の頂点クラスのデータ構造を示します．ボトムアップ型とは異なり，トップダウン型では Step 2 においてグラフを上から下へと辿っていくため，各頂点間の接

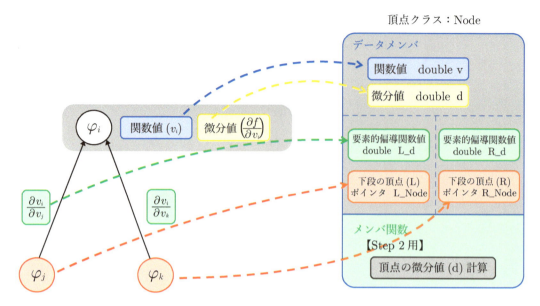

図 6.12：計算グラフと頂点クラス（トップダウン型）

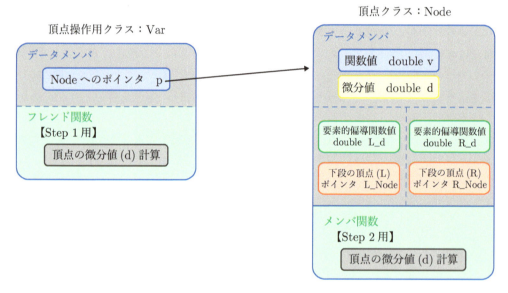

図 6.13：頂点クラスと頂点操作用クラス

続構造を保持する必要があります．そのため，各頂点の下段にどの頂点が接続されているかを記録するためのポインタ変数「L_Node」と「R_Node」を追加します．「L_Node」は左下に繋がっている頂点を指し，「R_Node」は右下の頂点を指します．最下段の頂点においては，その下に繋がる頂点はないので両ポインタには Null 値（nullptr）が代入されます．また，各辺に付随する要素的偏導関数の値を記録するために変数「L_d」と「R_d」も追加します．

なお，図 6.12 は二項演算の例ですが，単項演算の場合も同じクラスを用います．この場合は変数 L_d と L_Node のみにデータを代入し，R_Node は Null 値が代入されます．

次に，Step 2 を実行するためのメンバ関数 backward について説明します（ソースコード 6.5）．この関数は再帰処理によって構成されています．処理内容としてはまず，最上段の頂点 y を指して

いる Var クラスから backward 関数が呼び出されます．呼び出された backward 関数はまず，自身の微分値（変数 d）の値を式 (6.26) を用いて更新し，その後，y の直下の頂点の backward 関数を呼び出します．この呼び出しが再帰的にグラフの下段へと伝搬していきます．最下段の頂点まで到達すると，そこではこれまでの微分値 d に今回の値を足し込みます．

このようにして y から x へと繋がるすべての経路において backward 関数が実行されると，x の変数 d に目的の値 dy/dx が代入されていることになります．

なお，ここではプログラムの簡単化を優先したため，たとえば以下のようにプログラム中において中間変数 z を使って y を計算した場合，z の微分値（dy/dz）は正しく計算されません．

$$z = 2.0 * x * x;$$

$$y = z + \sin(z);$$

ただし，このようなケースでも dy/dx については正しい値が得られます．中間変数の微分値も必要な場合は Node クラスのデータメンバの追加や，backward 関数などに対する処理の追加が必要になります．

ソースコード 6.5： Step 2 の処理

```
1     // 微分値の計算-------------------------------------------------------------
2     void backward(double parent_d, double parent_elemental_d) {
3
4         // 自身が最下層かチェック
5         if (L_Node != nullptr) {
6
7             // 最下層でなければ微分値を更新する
8             d = parent_d * parent_elemental_d;
9
10            // 子ノードに対し再帰呼び出しを行う
11            L_Node->backward(d, L_d);
12            if (R_Node != nullptr) R_Node->backward(d, R_d);
13
14        // 自身が最下層の場合
15        } else {
16
17            // 微分値を足し込む
18            d += parent_d * parent_elemental_d;
19        }
20    }
```

以下にトップダウン型の自動微分の全体とその実行結果を示します．

ソースコード 6.6：トップダウン型自動微分

```
1 #include <stdio.h>
2 #include <iostream>
3 #include <memory>
4 #include <cmath>
5
6 // 計算グラフのノードクラス-----------------------------------------------------
7 class Node {
8 public:
```

```cpp
 9
10      // データメンバ--------------------------------------------------------------
11
12      double v; // 関数値
13      double d; // 微分値
14
15      // 子ノードへのポインタ
16      std::shared_ptr<Node> L_Node;
17      std::shared_ptr<Node> R_Node;
18
19      // 子ノードの要素的偏導関数値
20      double L_d;
21      double R_d;
22
23      // コンストラクタ------------------------------------------------------------
24      Node(double val, // 関数値
25          std::shared_ptr<Node> l_node = nullptr, // 子ノードへのポインタ
26          std::shared_ptr<Node> r_node = nullptr, // 子ノードへのポインタ
27          double l_d = 0.0, // 子ノードへの要素的偏導関数値
28          double r_d = 0.0) // 子ノードへの要素的偏導関数値
29          : v(val), d(0.0), L_Node(l_node), R_Node(r_node), L_d(l_d), R_d(r_d) {}
30
31      // 微分値の計算--------------------------------------------------------------
32      void backward(double parent_d, double parent_elemental_d) {
33
34          // 自身が最下層かチェック
35          if (L_Node != nullptr) {
36
37              // 最下層でなければ微分値を更新する
38              d = parent_d * parent_elemental_d;
39
40              // 子ノードに対し再帰呼び出しを行う
41              L_Node->backward(d, L_d);
42              if (R_Node != nullptr) R_Node->backward(d, R_d);
43
44          // 自身が最下層の場合
45          } else {
46
47              // 微分値を足し込む
48              d += parent_d * parent_elemental_d;
49          }
50      }
51  };
52
53  // Node 操作用のクラス--------------------------------------------------------------
54  class Var {
55  public:
56
57      // データメンバ--------------------------------------------------------------
58      std::shared_ptr<Node> p; // ノードへのポインタ
59
60      // コンストラクタ------------------------------------------------------------
61      Var(double value = 0.0,
62          std::shared_ptr<Node> node_L = nullptr,
63          std::shared_ptr<Node> node_R = nullptr,
64          double ele_d_L = 0.0,
65          double ele_d_R = 0.0)
66          : p(std::make_shared<Node>(value, node_L, node_R, ele_d_L, ele_d_R)) {}
67
68      // 関数値の取得
69      double value() const {
70          return p->v;
71      }
72      // 微分値の取得
```

第6章 数値微分と自動微分 117

```cpp
    double derivative() const {
        return p->d;
    }
    // 微分値の計算
    void backward() {
        p->d = 1.0;
        p->backward(1.0, 1.0);
    }

    // 演算子オーバーロード-------------------------------------------------------

    // 加算   （処理内容の説明のために詳細に内容を記述）
    friend Var operator+(const Var& a, const Var& b) {

        Var r;  // 加算結果のノードを生成
        r.p->v = a.value() + b.value();  // 加算した値をセット
        r.p->d = 0.0;  // 加算結果ノードの微分値を初期化
        r.p->L_Node = a.p;  // 子ノード（左）へのポインタをセット
        r.p->R_Node = b.p;  // 子ノード（右）へのポインタをセット
        r.p->L_d = 1.0;  // 加算による要素的偏導関数値をセット
        r.p->R_d = 1.0;  // 加算による要素的偏導関数値をセット

        return r;
    }
    // 減算   （以下では，上記加算処理と同様の内容を1行で記述）
    friend Var operator-(const Var& a, const Var& b) {
        return Var(a.value() - b.value(), a.p, b.p, 1.0, -1.0);
    }
    // 乗算
    friend Var operator*(const Var& a, const Var& b) {
        return Var(a.value() * b.value(), a.p, b.p, b.value(), a.value());
    }
    // 除算
    friend Var operator/(const Var& a, const Var& b) {
        return Var(a.value() / b.value(), a.p, b.p,
            1.0 / b.value(), - a.value() / (b.value()*b.value()));
    }
    // 単項マイナス演算子
    friend Var operator-(const Var& a) {
        return Var(a.value(), a.p, nullptr, -1.0, 0.0);
    }

    // 初等関数-------------------------------------------------------------------
    friend Var sin(const Var& a) {
        return Var(std::sin(a.value()), a.p, nullptr, std::cos(a.value()), 0.0);
    }
    friend Var exp(const Var& a) {
        return Var(std::exp(a.value()), a.p, nullptr, std::exp(a.value()), 0.0);
    }
};

// メイン関数-------------------------------------------------------------------
int main(){

    Var x(2.0);

    Var f = sin(x * x * x - exp(x)) / (x * x + 2.0);

    f.backward();

    printf("f(%.1lf) = %lf\n", x.value(), f.value());
    printf("f'(%.1lf) = %lf\n", x.value(), x.derivative());

    return 0;
```

```
137  }
```

実行結果は以下になります．ボトムアップ型と同じ計算結果が得られています．

```
y = 0.095607
dy/dx = 0.565738
```

章末問題

問 6.1

関数 $y = \sin(x)$ に対して $y'(0.5)$ を差分近似で求めることを考える．前進差分および中心差分について，幅 h を次のように小さくしていったときの誤差の変化を調べよ．具体的には double および float に対して，両対数グラフを用いて誤差変化のグラフを作成せよ．

$$h = \left(\frac{1}{2}\right)^n, \quad n = 1, 2, \cdots \tag{6.27}$$

問 6.2

ボトムアップ型自動微分プログラム（ソースコード 6.4）において，自動微分クラスを入力とする関数 $\tan(x)$ を追加し，$\tan(0.5)$ の関数値と微分値を求めよ．

問 6.3

トップダウン型自動微分のプログラム（ソースコード 6.6）では，例題として次式の微分値を求めた．

$$f(x) = \frac{\sin(x^3 - e^x)}{x^2 + 2} \tag{6.28}$$

この式において右辺の e および 2 は定数であるが，ソースコード 6.6 のプログラムではこの値を変数とおいた場合の微分値まで計算してしまう．これは明らかに無駄であるため，このような定数に対しては微分値を計算しないようにプログラムを改良せよ．

第7章　非線形方程式の解法(1)

INTRODUCTION

本章では初等関数や多項式によって構成される 1 変数の非線形方程式 $f(x) = 0$ の解法を考えます．第 3〜5 章で紹介したように線形方程式の解法には直接解法と反復解法の 2 種類あり，それらは主に未知変数の数に応じて使い分けがなされます．これに対し非線形方程式ではたとえ 1 変数であっても解析的には解けないケースもあり多くの場合，反復法を用いて解くことになります．本章では非線形方程式の反復解法の代表的な手法として 2 分法，ニュートン法，DKA 法を紹介します．プログラムの作成に関しては前章で作成した自動微分クラスを利用してニュートン法のプログラムを作ります．また，新たに複素数のクラスを導入し，代数方程式の虚数解も求められるよう改良を行います．

7.1　2分法

7.1.1 ● 2分法の計算方法

2 分法は文字通り，方程式の解が含まれる区間を半分に分割しながら，その存在範囲を絞り込んでいく手法です．解が存在する区間の特定には，2 点における関数値の符号の違いを利用します．図 7.1 を例に説明すると，たとえば 2 点 a_0, b_0 に対し，$f(a_0) < 0, f(b_0) > 0$ と符号が異なっています．関数 f が連続であれば，図からわかるように a_0 と b_0 間のどこかで必ず x 軸を横切ります．したがって $f(x) = 0$ の解は区間 $[a_0, b_0]$ 内に少なくとも 1 つは存在するといえます．

2 分法はこのような特性を利用して反復的に解の絞り込みを行います．具体的な計算手順を以下に示します．

(1) 初めに 2 点 a, b における $f(a), f(b)$ を計算し，それらの符号が逆，つまり $f(a)f(b) < 0$ であれば区間 $[a, b]$ 内に解が存在します．以降，解の存在区間の下端を変数 a，上端を変数 b としてその値を更新します．

(2) 2 点 a, b の中点 c を求め，$f(c)$ を計算します．$f(a)f(c) < 0$ の場合 a, c 間に解が存在するので，解の存在範囲の上端の変数 b を c の値で更新します．そうでない場合は逆に c, b 間に解が存在するので，下端の変数 a を c の値で更新します．

この処理を [a,b] の区間幅が十分に小さくなるまで繰り返します．

なお，2 分法では a, b 間において $f(x)$ が何度 x 軸を横切っているかはわからないため，区間内に含まれる解の個数まではわかりません．また，関数が下に凸（または上に凸）となる箇所における重解は，解の両側において符号が同じになるため求めることはできません．

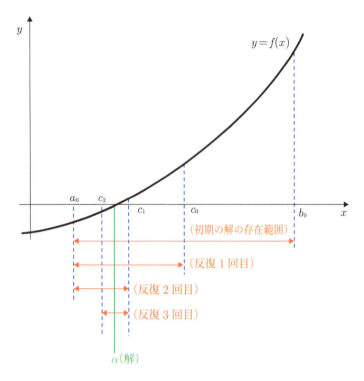

図 7.1：2 分法

7.1.2 ● 2 分法のプログラム作成

2 分法の SPD を図 7.2 に示します．また，$x^6 + 3x^4 - x^3 - 7 = 0$ を解くプログラムをソースコード 7.1 に示します．

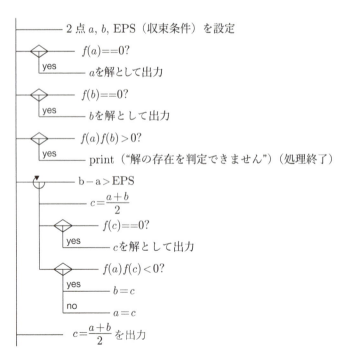

図 7.2：2 分法（SPD）

第7章 非線形方程式の解法(1)　121

ソースコード7.1：2分法

```c
#include <stdio.h>
#include <math.h>
#include <stdlib.h>

#define EPS 1e-8 /* 収束判定用 */
#define MAX_ITER 100 /* 反復回数上限 */

// 関数の定義---------------------------------------------------------------
double f(double x) {
    return pow(x, 6.0) + 3 * pow(x, 4.0) - pow(x, 3.0) - 7.0;
}

// 2分法------------------------------------------------------------------
double bisection(double a, double b, int* r) {

    double c, f_a, f_b, f_c;
    int iter = 0;

    // 同じ関数値の再計算を避けるため変数に保存して活用する
    f_a = f(a); f_b = f(b);

    // 初期チェック-------------------------------------------------
    if (f_a == 0.0) { *r = iter; return a; }
    if (f_b == 0.0) { *r = iter; return b; }
    if (f_a * f_b > 0.0) {
        printf("解の存在を判定できません. \n");
        exit(0);
    }

    // 反復改良-------------------------------------------------
    while (fabs(b - a) > EPS) {

        iter++;
        c = (a + b) / 2.0;
        f_c = f(c);

        if (f_c == 0.0) break;

        if (f_a * f_c < 0.0) {
            b = c;
        } else {
            a = c;
            f_a = f_c;
        }
    }

    *r = iter;
    return (a + b) / 2.0;
}

// メイン関数--------------------------------------------------------------
int main() {

    double a = 0.0, b = 5.0; // 初期区間 [a,b] の設定
    int iter;

    double c = bisection(a, b, &iter);

    printf("反復回数は %d 回, 解は %lf です. \n", iter, c);

    return 0;
```

```
62  }
```

初期区間を $[0,5]$ と入力して実行した結果を以下に示します.

反復回数は 29 回,解は 1.184312 です.

2分法では反復1回ごとに区間幅は $1/2$ になります.したがって,近似解の許容誤差を ε,初期区間幅を h,反復回数を n とすると,上のプログラムでは

$$\left(\frac{1}{2}\right)^n h \leq 2\varepsilon \tag{7.1}$$

が成立したときにループを抜けます.ここで両辺の $\log$ をとると

$$\log 2^{-n} + \log h \leq \log 2\varepsilon$$
$$n \geq \frac{\log(2\varepsilon/h)}{\log 2} \tag{7.2}$$

が得られます.したがって反復回数は

$$n = \left\lceil \frac{\log(2\varepsilon/h)}{\log 2} \right\rceil \tag{7.3}$$

となります.ただし $\lceil x \rceil$ は天井関数（x 以上の最小の整数）を表します.実際,上のプログラムでは $\varepsilon = (10e-8)/2$, $h = 5$ より $n = \lceil 25.575 \rceil = 26$ となり,実行結果と一致します.

7.2 反復法と縮小写像原理

本節では第5章で紹介したヤコビ法やガウスザイデル法と同様に,反復式を用いて解く手法を解説します.具体的には方程式 $f(x) = 0$ の初期近似解 x_0 に対して $x_{n+1} = g(x_n)$ による反復計算を行い,近似解の精度を上げていきます.ここで x_n がある値 α に収束すれば,$\alpha = g(\alpha)$ が成り立ちます.このような点を関数 g の不動点といいます.

さらに関数 g は,不動点 α において $f(\alpha) = 0$ が成立するように構成されます.たとえば次節で紹介するニュートン法では反復式を

$$x_{n+1} = g(x_n) = x_n - \frac{f(x_n)}{f'(x_n)} \tag{7.4}$$

と定義し,g の不動点 α を求めます.このとき,$f'(\alpha) \neq 0$ とすると,

$$\alpha = g(\alpha) = \alpha - \frac{f(\alpha)}{f'(\alpha)} \quad \Leftrightarrow \quad \frac{f(\alpha)}{f'(\alpha)} = 0 \quad \Leftrightarrow \quad f(\alpha) = 0 \tag{7.5}$$

となり,$x = g(x)$ の不動点 α は $f(x) = 0$ の解となります.

関数 g による反復列の収束に関しては,次の定理が成り立ちます.これは**縮小写像原理**と呼ばれます.

第7章 非線形方程式の解法（1） 123

> **定理 7.1**
> 完備な区間 I で定義された写像 $g(x)$ が以下の条件を満たすとする.
>
> 1. 任意の $x \in I$ に対して $g(x) \in I$
> 2. 任意の $x, y \in I$ に対して次式が成立
>
> $$|g(x) - g(y)| \leq \lambda |x - y| \quad （\lambda をリプシッツ定数という） \tag{7.6}$$
>
> 3. 定数 λ は $0 \leq \lambda < 1$
>
> このとき，区間 I 内に g の不動点が唯一存在する.またこの点を α とすると，区間 I 内の任意の点 x_0 を初期点とする反復列 $x_{n+1} = g(x_n)$ は α に収束する.

証明

反復列 x_n に対して

$$|x_{n+1} - x_n| = |g(x_n) - g(x_{n-1})| \leq \lambda |x_n - x_{n-1}|$$
$$= \lambda |g(x_{n-1}) - g(x_{n-2})| \leq \cdots \leq \lambda^n |x_1 - x_0| \tag{7.7}$$

が成り立ちます.したがって，$m > n$ である任意の m に対して

$$|x_m - x_n| \leq |x_m - x_{m-1}| + |x_{m-1} - x_{m-2}| + \cdots + |x_{n+1} - x_n|$$
$$\leq (\lambda^{m-1} + \lambda^{m-2} + \cdots + \lambda^n)|x_1 - x_0|$$
$$\leq \frac{\lambda^n}{\lambda - 1}|x_1 - x_0| \tag{7.8}$$

となり $|x_m - x_n| \to 0 \ (n \to \infty)$ がいえます.よって点列 x_n はコーシー列であり，区間 I の完備性から x_n は I 内の点 α に収束します.また，条件 2 より

$$|g(x) - g(y)| < \lambda |x - y| \to 0 \quad (y \to x) \tag{7.9}$$

がいえ，g は連続となるので

$$g(\alpha) = g(\lim_{n \to \infty} x_n) = \lim_{n \to \infty} g(x_n) = \lim_{n \to \infty} x_{n+1} = \alpha \tag{7.10}$$

がいえます.したがって点 α は g の不動点であることがわかります.

解の唯一性については，$x, y \in I$ を g の異なる解とすると

$$|x - y| = |g(x) - g(y)| \leq \lambda |x - y| < |x - y| \tag{7.11}$$

となり矛盾します.よって解は唯一となります. **証明終**

この定理から次の系が得られます.

系 7.1

関数 g の不動点 α を中心とする区間 $I = [\alpha - d, \alpha + d]$ を考える．g は I において C^1 級とし，

$$\max_{x \in I} |g'(x)| \le \lambda < 1 \tag{7.12}$$

ならば，α は I における唯一解であり，$x_0 \in I$ とする反復列 $x_{n+1} = g(x_n)$ は α に収束する．

証明

平均値の定理より，任意の $x, y \in I$ に対して

$$|g(y) - g(x)| = |g'(\xi)(y - x)| \le \lambda |y - x| \qquad (x < \xi < y \text{ または } y < \xi < x) \tag{7.13}$$

が成り立ち，したがって定理 7.1 の条件 2, 3 が満たされます．また，$x \in I$ に対して

$$|g(x) - \alpha| = |g(x) - g(\alpha)| \le \lambda |x - \alpha| < d \tag{7.14}$$

より $g(x) \in I$ となり，定理 7.1 の条件 1 が満たされます．以上から定理 7.1 が成立し反復列は唯一解 α に収束します．**証明終**

　系 7.1 の条件として用いられている $g'(x)$ と反復式の収束性について，図 7.3, 7.4 を用いて説明します．まず，反復列の収束，発散に関する特徴的なパターンを図 7.3(a)〜(d) に示します．図 7.3(a) では，不動点の左右どちら側に初期点をとった場合でも，不動点に向かって一方向に**単調収束**します．図 7.3(b) では逆に，$+\infty$ または $-\infty$ に向かって**単調発散**します．図 7.3(c) では不動点の左右を振動しながら収束（くもの巣型収束）し，図 7.3(d) では逆に振動しながら発散（くもの巣型発散）します．

　このような反復列の収束，発散は図 7.4(a) に示すように，$g(x)$ が 2 直線 $y = x$ および $y = -(x - \alpha) + f(\alpha)$ に対してどのような位置関係にあるかによって決まります．$g(x)$ が領域 1 （赤色）にあれば単調発散，領域 2 （緑色）にあれば単調収束，領域 3 （青色）にあればくもの巣型収束，領域 4 （黄色）にあればくもの巣型発散となります．

　このことから，系 7.1 の条件 $\max_{x \in I} |g'(x)| < 1$ が満たされるならば，$g(x)$ は領域 2, 3 内に留まるため，反復列は収束することがわかります．ただし，この条件は収束のための十分条件なので，満たさない場合でも収束する可能性はあります．たとえば図 7.4(b) では，多くの場所で $g(x)$ の傾きが 1 を超えていますが $g(x)$ は領域 2, 3 内に留まるため，任意の初期点に対して反復列は収束します．

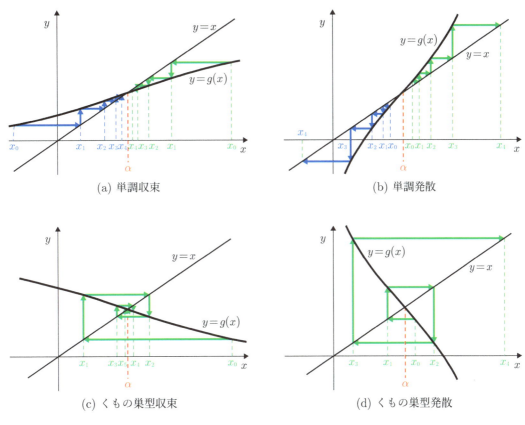

図 7.3: 反復列の収束・発散パターン

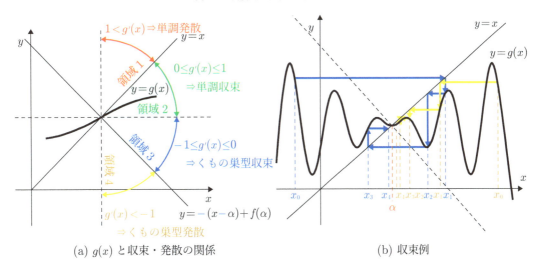

図 7.4: 反復列の収束条件

7.3 ニュートン法

7.3.1 ● ニュートン法の反復式の導出

本節では $x_{n+1} = g(x_n)$ による反復法の具体例としてニュートン法を紹介します．まずはニュートン法の反復式の導出について説明します．

$f(x) = 0$ の解 α と近似解 x_n に対して $\Delta x = \alpha - x_n$ とおき，テイラーの公式を適用すると

$$f(\alpha) = f(x_n + \Delta x) = f(x_n) + f'(x_n)\Delta x + \frac{f''(\xi)}{2}\Delta x^2, \quad x_n < \xi < \alpha \text{ または} \alpha < \xi < x_n \quad (7.15)$$

となります．ここで Δx を微小として剰余項を無視し，また $f(\alpha) = 0$ であることから

$$0 \simeq f(x_n) + f'(x_n)\Delta x$$
$$\Delta x \simeq -\frac{f(x_n)}{f'(x_n)} \quad (7.16)$$

が得られます．Δx は真の解と近似解との誤差なので，これを x_n に足し込めばさらに良い近似解が得られると期待できます．したがって，反復式は

$$x_{n+1} = x_n + \Delta x = x_n - \frac{f(x_n)}{f'(x_n)} \quad (7.17)$$

となります．これがニュートン法の反復式になります．

次に，ニュートン法により近似解が更新される様子を図7.5(a)に示します．x_n をもとに作図的に x_{n+1} を求める手順をいうと，まず $f(x_n)$ を計算し，その点から接線を引きます．次に接線が x 軸と交わる点を新たな近似解 x_{n+1} とします．図からわかるように，この更新を繰り返すことで近似解は関数 f と x 軸との交点，つまり方程式の解へと収束していきます．

また，ニュートン法の反復式の導出を幾何学的に説明すると図7.5(b)のようになります．図中，黄色の三角形に着目すると［接線の傾き］×［幅］=［高さ］より $f'(x_n) \times (x_n - x_{n+1}) = f(x_n)$ が得られます．これを変形すれば $x_{n+1} = x_n - f(x_n)/f'(x_n)$ となります．

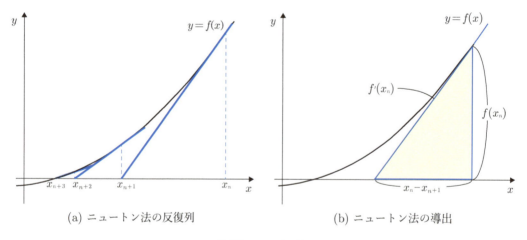

(a) ニュートン法の反復列　　　　(b) ニュートン法の導出

図 7.5：ニュートン法

7.3.2 ● ニュートン法の収束性

ここでは系7.1を用いてニュートン法が収束するための条件について確認しておきます．$g(x) = x - f(x)/f'(x)$ より，$g'(x)$ は次式で表されます．

$$g'(x) = 1 - \frac{f'(x)^2 - f(x)f''(x)}{f'(x)^2} = \frac{f(x)f''(x)}{f'(x)^2} \quad (7.18)$$

いま解 α を含む区間 I を考えると $f(\alpha) = 0$ より，区間 I を小さくとれば $\max_{x \in I}|f(x)|$ を任意に小

さくすることができます．したがって $f'(x) \neq 0$ $(x \in I)$ とすれば，式 (7.18) より $\max_{x \in I} |g'(x)| < 1$ が成立し，系 7.1 の条件が満たされます．

このことから初期点を解の十分近くにとれば，ニュートン法は収束することがわかります．また図 7.6 の例のように，解の近くに初期点をとれなかった場合は発散する可能性が高くなります．

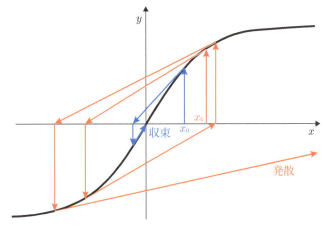

図 7.6：ニュートン法の収束・発散例

次にニュートン法の収束の速さについて考えます．まずは点列の収束に関する定義を以下に述べます．

定義 7.1

点 α に収束する点列 x_n が次式を満たすとき，点列 x_n は **線形収束** するという．

$$|\alpha - x_{n+1}| \leq (L + \varepsilon_n)|\alpha - x_n|, \quad 0 \leq L < 1, \quad \varepsilon_n \to 0 \ (n \to \infty) \tag{7.19}$$

また，点列 x_n が次式を満たすとき，p **次収束** するという．

$$|\alpha - x_{n+1}| \leq M|\alpha - x_n|^p, \quad 0 \leq M \tag{7.20}$$

ニュートン法の収束の速さについては次の定理が成り立ちます．

定理 7.2

ニュートン法は解の近傍において，単解に対しては 2 次収束し，重解に対しては線形収束する．

証明

【単解の場合】

式 (7.15) と同様にテイラーの公式より

$$0 = f(x_n) + f'(x_n)(\alpha - x_n) + \frac{f''(\xi)}{2}(\alpha - x_n)^2$$

$$\Leftrightarrow \alpha - x_n = -\frac{f(x_n)}{f'(x_n)} + \frac{f''(\xi)}{2f'(x_n)}(\alpha - x_n)^2 \tag{7.21}$$

が得られます．これを用いると

$$
\begin{aligned}
|\alpha - x_{n+1}| &= \left| \alpha - \left(x_n - \frac{f(x_n)}{f'(x_n)} \right) \right| \\
&= \left| -\frac{f(x_n)}{f'(x_n)} + \frac{f''(\xi)}{2f'(x_n)}(\alpha - x_n)^2 + \frac{f(x_n)}{f'(x_n)} \right| \\
&= \left| \frac{f''(\xi)}{2f'(x_n)}(\alpha - x_n)^2 \right| \le \frac{|f''(\xi)|}{2|f'(x_n)|}|\alpha - x_n|^2
\end{aligned}
\tag{7.22}
$$

となります．ここで，α が単解のとき $f'(\alpha) \neq 0$ なので，α の近傍において $0 < B \le |f'(x)|$ となる定数 B と，$|f''(x)| \le A$ となる定数 A を用いると

$$|\alpha - x_{n+1}| \le \frac{A}{2B}|\alpha - x_n|^2 \tag{7.23}$$

となり，点列 x_n は 2 次収束することがわかります．

【m 重解の場合】

α が m 重解のとき，$0 \le l \le m-1$ である l に対し $f^{(l)}(\alpha) = 0$，$f^{(m)}(\alpha) \neq 0$ となるため，テイラーの公式を用いて $f(x_n)$ を求めると

$$
\begin{aligned}
f(x_n) &= \sum_{l=0}^{m-1} \frac{f^{(l)}(\alpha)}{l!}(x_n - \alpha)^l + \frac{f^{(m)}(\xi_n)}{m!}(x_n - \alpha)^m \\
&= \frac{f^{(m)}(\xi_n)}{m!}(x_n - \alpha)^m \quad (x_i < \xi_n < \alpha \text{ または} \alpha < \xi_n < x_i)
\end{aligned}
\tag{7.24}
$$

となります．また同様に $f'(x_n)$ に対してテイラーの公式を適用すると

$$f'(x_n) = \frac{f^{(m)}(\xi_n')}{(m-1)!}(x_n - \alpha)^{m-1} \quad (x_i < \xi_n' < \alpha \text{ または} \alpha < \xi_n' < x_i) \tag{7.25}$$

が得られます．式 (7.24)，式 (7.25) より，

$$
\begin{aligned}
\alpha - x_{n+1} &= \alpha - \left(x_n - \frac{f(x_n)}{f'(x_n)} \right) \\
&= \frac{f^{(m)}(\xi_n)}{f^{(m)}(\xi_n')} \frac{m-1}{m}(x_n - \alpha)
\end{aligned}
\tag{7.26}
$$

となります．ここで $n \to \infty$ のとき $x_n \to \alpha$ より，$\xi_n, \xi_n' \to \alpha$ がいえます．したがって

$$\lim_{n \to \infty} \frac{f^{(m)}(\xi_n)}{f^{(m)}(\xi_n')} = 1 \tag{7.27}$$

となります．したがって

$$L = \frac{m-1}{m}, \quad \varepsilon_n = L \left(\left| \frac{f^{(m)}(\xi_n)}{f^{(m)}(\xi_n')} \right| - 1 \right) \tag{7.28}$$

とおくと，式 (7.26) は

$$|\alpha - x_{n+1}| = \left| \frac{f^{(m)}(\xi_n)}{f^{(m)}(\xi_n')} \right| \frac{m-1}{m} |\alpha - x_n|$$

$$= (L + \varepsilon_n)|\alpha - x_n|, \quad 0 \le L < 1, \ \varepsilon_n \to 0 \ (n \to \infty) \tag{7.29}$$

となり反復列は線形収束します． 証明終

　以上の定理より，重解に対してニュートン法を適用するとその収束は遅くなることがわかります．また重複次数 m が大きくなるほど $(m-1)/m$ は 1 に近づくため，収束するまでに多くの反復が必要になります．

7.3.3 ● ニュートン法のプログラム作成

　ニュートン法の SPD を図 7.7 に示します．反復式 (7.17) を繰り返し計算するだけなので，処理は 1 重ループのみのシンプルなものになります．

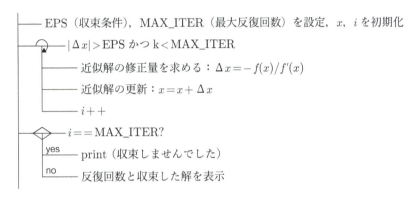

図 7.7：ニュートン法（SPD）

以上の準備のもと，

$$f(x) = x^3 - 3x^2 - e^{2x-5} + 3 = 0 \tag{7.30}$$

を解くニュートン法のプログラムをソースコード 7.2 に示します．なお $f'(x)$ の計算は前章で紹介したボトムアップ型の自動微分を用いています．

ソースコード 7.2：ニュートン法

```
1  #include <stdio.h>
2  #include <math.h>
3
4  #define EPS 1e-8   // 収束判定用閾値
5  #define MAX_ITER 50 // 最大反復回数
6
7
8      // （ここに自動微分クラスの定義を記載）
9
10
11 // 関数の定義-----------------------------------------------------------
12 BU func(BU x) {
13
14     return x * x * x - 3 * x * x - exp(2 * x - 5) + 3;
15 }
16
```

```
17    // ニュートン法-------------------------------------------------
18    double newton( BU (*f)(BU), double x_0, int *result, int* iterations) {
19
20        BU x(x_0), y;
21        double delta_x;
22        int iter = 0, converged = 0;
23
24        while (iter < MAX_ITER) {
25
26            // 微分値を初期化（0 をセット）
27            x.init();
28
29            y = f(x);
30            delta_x = y.value() / y.derivative();
31            x = x - delta_x;
32
33            iter++;
34
35            // 収束判定
36            if (fabs(delta_x) <= EPS) {
37                converged = 1;
38                break;
39            }
40        }
41
42        // 戻り値のセット
43        *iterations = iter;
44        *result = converged;
45        return x.value();
46    }
47
48    // メイン関数-------------------------------------------------------
49    int main() {
50
51        double y;
52        int iter, result;
53
54        y = newton(func, 1.0, &result, &iter);
55
56        // 結果表示-------------------------------------------------
57        if (result == 1) {
58            printf("反復回数は%d 回, 解は%lf です. \n", iter, y);
59        } else {
60            printf("収束しませんでした. \n");
61        }
62
63        return 0;
64    }
```

結果は以下の通りです.

```
反復回数は 4 回です.
解: x=1.312501
```

7.4 ニュートン法の複素数への拡張

本節では代数方程式

$$P(z) = a_0 z^n + a_1 z^{n-1} + \cdots + a_n = 0 \quad (a_n \neq 0) \tag{7.31}$$

第7章 非線形方程式の解法（1） 131

の虚数解を求める方法について説明します．前節のプログラムでは代数方程式が実数解を持たない場合，初期値に関わらず x_n は発散します．そこで本節では，n 次方程式の虚数解も求められるように複素数のクラスを作成しプログラムを拡張します．なお，C 言語では複素数演算を行うためのライブラリが提供されていますが，ここではプログラミングの練習も兼ねて複素数演算用のクラスを自作します．

まず複素数クラスをソースコード 7.3 に示します．このクラスはデータメンバとして実部を格納する変数 Re，虚部を格納する変数 Im を double 型で持ちます．メンバ関数およびフレンド関数としては絶対値の計算や複素数の四則演算を定義します．

ソースコード 7.3：複素数クラス

```
1  // 複素数クラス--------------------------------------------------------
2  class Complex {
3
4      // データメンバ-----------------------------------------------------
5      double Re, Im;
6
7  public:
8      /* コンストラクタ */
9      Complex(double x=0, double y=0) : Re(x), Im(y) { }
10
11     /* 出力関数 */
12     void print() {
13         printf("%.6lf + %.6lfi ", Re, Im);
14     }
15
16     /* データへのアクセス */
17     double get_Re() const { return Re; }
18     double get_Im() const { return Im; }
19
20     /* 絶対値の計算 */
21     double abs() const {
22         return sqrt(Re*Re + Im*Im);
23     }
24
25     // 演算子オーバーロード---------------------------------------------
26     /* 単項マイナス演算子 */
27     Complex operator-() const {
28         return Complex(-Re, -Im);
29     }
30     /* 加算 */
31     friend Complex operator+(const Complex& x, const Complex& y) {
32         return Complex(x.Re + y.Re, x.Im + y.Im);
33     }
34     /* 減算 */
35     friend Complex operator-(const Complex& x, const Complex& y) {
36         return Complex(x.Re - y.Re, x.Im - y.Im);
37     }
38     /* 乗算 */
39     friend Complex operator*(const Complex& x, const Complex& y) {
40         return Complex(x.Re*y.Re - x.Im*y.Im,
41             x.Re*y.Im + x.Im*y.Re);
42     }
43     /* 除算 */
44     friend Complex operator/(const Complex& x, const Complex& y) {
45         double work = y.Re*y.Re + y.Im*y.Im;
46
47         return Complex((x.Re*y.Re + x.Im*y.Im) / work,
48             (-x.Re*y.Im + x.Im*y.Re) / work);
```

```
49      }
50      /* 指数関数 */
51      friend Complex exp(const Complex& x) {
52          double eR = std::exp(x.Re);
53          return Complex(eR * cos(x.Im), eR * sin(x.Im));
54      }
55  };
```

次に，前章のボトムアップ型自動微分のクラス（ソースコード 6.4）を複素数も扱えるように修正したものをソースコード 7.4 に示します．変更点はデータメンバ v, d の型を double 型から Complex 型に変えただけです．四則演算のプログラムは前章のものをそのまま利用できます．

ソースコード 7.4：自動微分クラス（複素数版）

```
 1  // 自動微分クラス（複素数版）------------------------------------------
 2  class BU_C {
 3
 4      // データメンバ------------------------------------------------
 5      Complex v;
 6      Complex d;
 7
 8  public:
 9
10      // コンストラクタ----------------------------------------------
11      BU_C(double v_real = 0.0, double v_image = 0.0,
12          double d_real = 0.0, double d_image = 0.0) {
13          v = Complex(v_real, v_image);
14          d = Complex(d_real, d_image);
15      }
16
17      BU_C(Complex x, Complex y = 0.0) {
18          v = x;
19          d = y;
20      }
21
22      /* 関数値，微分値の取得 */
23      Complex value() const { return v; }
24      Complex derivative() const { return d; }
25
26      /* 微分値の初期化 */
27      void init() {
28          d = Complex(1.0, 0.0);
29      }
30
31      /* 出力関数 */
32      void print() {
33          v.print(); printf("< "); d.print(); printf(">");
34      }
35
36      // 演算子オーバーロード----------------------------------------
37      /* 単項マイナス演算子 */
38      BU_C operator-() const { return BU_C( -v, -d); }
39
40      /* 加算 */
41      friend BU_C operator+(const BU_C& x, const BU_C& y) {
42          return BU_C(x.v + y.v, x.d + y.d);
43      }
44
45      ・・・（以下，前章のプログラム（ソースコード 6.4）と同様）
46
```

第7章 非線形方程式の解法（1） 133

以上の複素数クラスと自動微分クラスを用いて $3x^3 + x^2 + 2 = 0$ を解くプログラムをソースコード 7.5 に示します．

ソースコード 7.5：ニュートン法（複素数版）

```
 1  #include <stdio.h>
 2  #include <stdlib.h>
 3
 4  #define EPS 1e-8 // 収束判定用閾値
 5  #define MAX_ITER 100 // 最大反復回数
 6
 7
 8      // （ここに複素数，自動微分クラスの定義を記載）
 9
10
11  // 関数の定義-----------------------------------------------------------
12  BU_C func(BU_C x) {
13
14      return 3.0*x*x*x + x*x + 2.0;
15  }
16
17  // ニュートン法--------------------------------------------------------
18  Complex newton_C(BU_C(*f)(BU_C), Complex x_0, int* result, int* iterations) {
19
20      BU_C x(x_0), y;
21      Complex delta_x;
22      int iter = 0, converged = 0;
23
24      while (iter < MAX_ITER) {
25          x.init();
26
27          y = f(x);
28          delta_x = y.value() / y.derivative();
29          x = x - delta_x;
30
31          iter++;
32
33          // 収束判定-------------------------------------------
34          if (delta_x.abs() <= EPS) {
35              converged = 1;
36              break;
37          }
38      }
39
40      // 戻り値のセット----------------------------------------------
41      *iterations = iter;
42      *result = converged;
43      return x.value();
44  }
45
46  // メイン関数----------------------------------------------------------
47  int main() {
48
49      Complex y;
50      int iter, result;
51
52      y = newton_C(func, Complex(1.0, 1.0), &result, &iter);
53
```

```
54        // 結果表示--------------------------------------------------
55    if (result == 1) {
56        printf("反復回数は%d 回です. \n", iter);
57        printf("解: x = "); y.print(); printf("\n");
58    } else {
59        printf("収束しませんでした. \n");
60    }
61
62    return 0;
63 }
```

結果は以下になります.

```
反復回数は 6 回です.
解: x= 0.333333 + 0.745356i
```

7.5 DKA法

7.5.1 ●DKA法の概要

本節では，虚数解を含めた代数方程式のすべての解を同時に求める手法として，**DKA法**を紹介します．前節の式 (7.31) の $P(z) = 0$ の解を $\alpha_i(i = 1, 2, \cdots, n)$ とすると，$P(z)$ は次式で表せます.

$$P(z) = a_0 \prod_{i=1}^{n} (z - \alpha_i) \tag{7.32}$$

これにニュートン法を適用すると

$$
\begin{aligned}
z^{(k+1)} &= z^{(k)} - \frac{P(z^{(k)})}{P'(z^{(k)})} \\
&= z^{(k)} - \frac{P(z^{(k)})}{a_0 \sum_{l=1}^{n} \prod_{j=1, j \neq l}^{n} (z^{(k)} - \alpha_j)}
\end{aligned} \tag{7.33}
$$

と書けます．ここで n 個の解を同時に求めるために，各 α_i に対する近似解 $z_i^{(k)}$ に関して $z_i^{(k)} \simeq \alpha_i$ と仮定し，式 (7.33) の α_i を $z_i^{(k)}$ で置き換えます．すると各 z_i に対する更新式は以下のようになります.

$$z_i^{(k+1)} = z_i^{(k)} - \frac{P(z_i^{(k)})}{a_0 \prod_{j=1, j \neq i}^{n} (z_i^{(k)} - z_j^{(k)})} \quad (i = 1, 2, \cdots, n) \tag{7.34}$$

この反復式で解を求める方法を DK（Durand-Kerner）法と呼びます．なお，これは次章で紹介する多変数ニュートン法の更新式となっています.

また，DK 法の初期値の決定方法は O. Aberth によって提案されており，両方をあわせて DKA 法と呼ばれています．以下に Aberth の方法について説明します.

7.5.2 ●DK法の初期値の求め方

図 7.8 に示すように n 個の解の重心

$$\zeta = \frac{\alpha_1 + \cdots + \alpha_n}{n} \tag{7.35}$$

を中心とし,すべての解を内包するような複素平面上の円を考え,その円周上に等間隔で配置された n 個の点を初期値とします.具体的には,

$$z_j^{(0)} = \zeta + R\exp\left(\left(\frac{2(j-1)\pi}{n} + \frac{\pi}{2n}\right)i\right) \quad (j = 1, 2, \cdots, n) \tag{7.36}$$

によって初期点を求めます.ただし,式 (7.36) 中の i は添え字としての i ではなく虚数単位の i です.なお,重心 ζ は実際に解を計算しなくても,$P(z)$ の係数 a_0, a_1 を用いて

$$\zeta = -\frac{a_1}{n\,a_0} \tag{7.37}$$

と表されます.

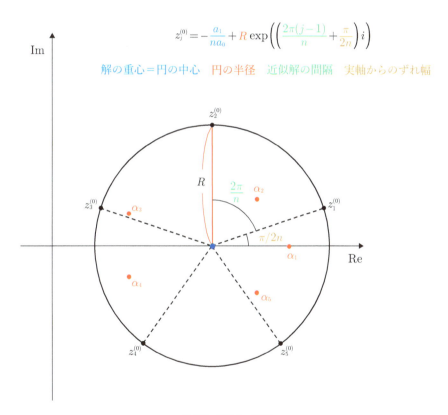

図 7.8:初期点の配置

・半径 R の算出

円の半径 R を求める手順を以下に示します.R を求めやすくするためにまず,$\omega = z - \zeta$ とおいて解の重心を原点に平行移動した方程式

$$P^*(\omega) = P(\omega + \zeta) = b_0\omega^n + b_2\omega^{(n-2)} + \cdots + b_n = 0 \tag{7.38}$$

を考えます.この方程式の解 β_i $(i = 1, \cdots, n)$ に対して,絶対値の最大値 $\max_i |\beta_i|$ よりも大きな値を R として選べばよいことになります.そこで,そのような R を選ぶためにさらに式 (7.38) の 2

項目以降の係数を負にした補助方程式

$$S(\omega) = |b_0|\omega^n - |b_2|\omega^{(n-2)} - |b_3|\omega^{(n-3)} - \cdots - |b_n| = 0 \tag{7.39}$$

を考えます．この方程式はデカルトの符号法則により正の実数解 γ を 1 つだけ持ち，$\gamma \geq \max_i |\beta_i|$ となります．そこで $R = \gamma$ と選べばすべての解を内包する円が作れます．なおデカルトの符号法則とは多項式の係数の符号の変化をもとに，実数解の個数を推定するものです．

定理7.3 │ デカルトの符号法則

多項式 $f(x)$ の係数を降べき（または昇べき）の順に見ていったとき，係数の符号が変化する回数を m とすると，$f(x) = 0$ の正の実数解の個数は m または $m - 2i$（i：非負整数）である．

また $f(-x)$ において係数の符号が変化する回数を n とすると，$f(x) = 0$ の負の実数解の個数は n または $n - 2j$（j：非負整数）である．

・実数解 γ の計算

次に，解 γ の求め方についてですが，これは 2 分法で求めることができます．たとえば，次式で計算される η は γ より大きくなることが知られているので，初期区間を $[0, \eta]$ ととれば，2 分法によって必ず γ を求められます．

$$\eta = \max_{2 \leq i \leq n} \left(m \frac{|b_i|}{|b_0|} \right)^{1/i} \tag{7.40}$$

ここで m は b_i $(i = 2, \cdots, n)$ の中で 0 でないものの個数とします．なお γ は DK 法の初期値として利用するだけなので，厳密な値を求める必要はありません．適当な精度で反復を終わらせ，得られた区間の最大値を R とします．

・係数 b_i の算出

$P^*(\omega)$ の係数 b_i の求め方についても説明します．式 (7.38) は重心 ζ まわりでの $P(z)$ のテイラー展開と同じ形をしているので，

$$b_{n-k} = \frac{1}{k!} \frac{d^k P(\zeta)}{d\omega^k} \quad (k = 0, 2, \cdots, n-2) \tag{7.41}$$

となります．したがって $k = 0, 2, \cdots, n-2$ に対して $P(\zeta)$ の k 階微分を計算すれば，各係数の値が求められます．なお，この微分値の計算は**組立除法**により次の漸化式を用いると効率的に行えます．まず，$k = 0, \cdots, n-2$ に対して次の漸化式を用いて $c_{n-k}^{(k+1)}$ を求めます．

$$
\begin{aligned}
c_0^{(k+1)} &= c_0^{(k)} = a_0, \\
c_j^{(k+1)} &= c_j^{(k)} + \zeta c_{j-1}^{(k+1)} \quad (j = 1, \cdots, n-k)
\end{aligned} \tag{7.42}
$$

ただし，$c_l^{(0)} = a_l$ $(l = 0, \cdots, n)$ とします．次に，得られた $c_{n-k}^{(k+1)}$ を用いて微分値は次式で求められます．

$$\frac{d^k P(\zeta)}{d\omega^k} = k! \, c_{n-k}^{(k+1)} \tag{7.43}$$

これにより $b_{n-k} = c_{n-k}^{(k+1)}$ となり，$P^*(\omega)$ の係数が得られます．

7.5.3 ● DKA法のプログラム作成

以上のように DKA 法の計算は，(1) Aberth の方法による初期値の計算，(2) DK 法による近似解の反復改良，の 2 ステップで行われます．本項ではそれぞれの SPD を示します．

(1) 初期値計算（Aberthの方法）

図 7.9 に初期値計算の概要（最上位の SPD）を示します．初期点を配置する円の半径 R を求めるために図中の処理 1〜3，および 2 分法の計算を行い，処理 4 で初期点の位置を決定します．

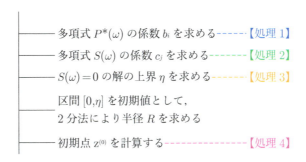

図 7.9：初期値計算の概要

次に，処理 1〜4 をブレイクダウンしたものを示します．

【処理 1】 多項式 $P^*(\omega)$ の係数 b_i の計算

係数 b_i を式 (7.42) の漸化式によって求めます（図 7.10）．

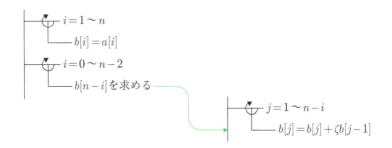

図 7.10：多項式 $P^*(z)$ の係数の計算

【処理 2】 $S(\omega)$ の係数の計算

ここでは，$P^*(\omega)$ の 2 項目以降をすべて負に置き換える処理を行っています（図 7.11）．なお，以降の処理において $P^*(\omega)$ の b_i の値は使わないのでメモリ節約のために b_i の値を上書きして $S(\omega)$ の係数とします．また，次の処理（処理 3）の η の計算に必要となる m の値も同時にカウントしています．

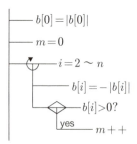

図 7.11：$S(\omega)$ の係数の計算

【処理 3】 $S(\omega) = 0$ の上界 η の計算

式 (7.40) の最大値を求める SPD を図 7.12 に示します．

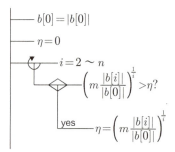

図 7.12：$S(\omega)$ の解の上界の計算

【処理 4】 初期点 $z^{(0)}$ の計算

式 (7.36) にしたがって初期点を計算する SPD を図 7.13 に示します．

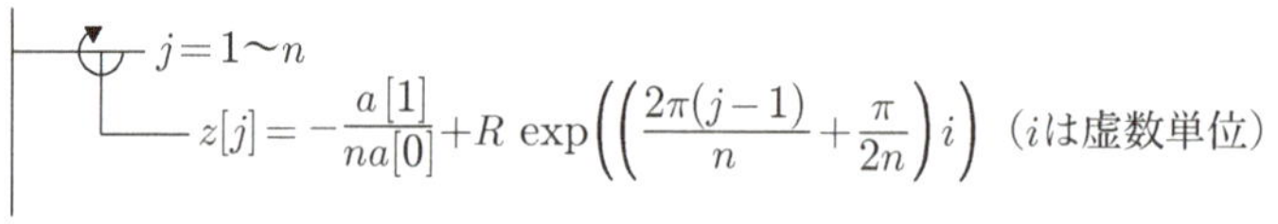

$$
\begin{aligned}
&j = 1 \sim n \\
&\quad z[j] = -\frac{a[1]}{na[0]} + R \exp\left(\left(\frac{2\pi(j-1)}{n} + \frac{\pi}{2n}\right)i\right) \quad (i \text{ は虚数単位})
\end{aligned}
$$

図 7.13：初期点 $z^{(0)}$ の計算

（2）近似解の反復改良（DK法）

DK 法による近似解の反復改良の概要（最上位の SPD）を図 7.14 に示します．基本的にはニュートン法の場合と同様の処理です．ただし DK 法では一度に n 個の近似解を計算するため，それらの n 個の修正量の最大値を使って収束判定を行います．

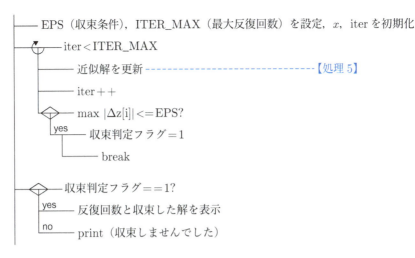

図 7.14：DK 法の概要

【処理 5】 近似解の更新

n 個の近似解を計算すると同時に，収束判定に用いる max_Δz（近似解の修正量の最大値）の算出も行います．

SPD を図 7.15 に示します．

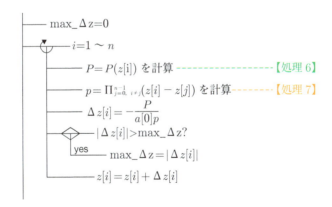

図 7.15：近似解の更新

【処理 6】 $P(z_i)$ の計算

$P(z_i)$ の計算は多項式にそのまま z_i を代入して計算しても構いませんが，ここでは微分値の計算と同様に組立除法を用いて効率的に計算します．次式

$$\begin{aligned} b_0 &= a_0, \\ b_j &= a_j + z_i b_{j-1} \quad (j = 1, 2, \cdots, n) \end{aligned} \tag{7.44}$$

を反復計算することで最終的に b_n を求めると，その値が $P(z_i)$ の値となります（図 7.16）．

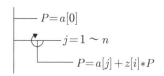

図 7.16：$P(z_i)$ の計算

【処理 7】 $\Pi(z_i - z_j)$ の計算

総乗（Π）の計算を行います．総乗計算の SPD（図 7.17）は総和計算の SPD と基本的に同じ形をしています．

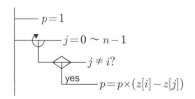

図 7.17：$\Pi(z_i - z_j)$ の計算

以下に，DKA 法を用いて $x^5 - 2x^4 + 4x^3 - 5x^2 + 3x + 1 = 0$ を解くプログラムを示します．

ソースコード 7.6：DKA 法

```
1  #include <stdio.h>
2  #include <stdlib.h>
3  #define _USE_MATH_DEFINES // Visual Studio などで M_PI を使う場合必要
4  #include <cmath>
5  #include "複素数.h"
6
7  #define N 5 // 次数
8  #define EPS_BISECTION 1e-1 // 2 分法用の収束判定閾値
9  #define EPS_DKA 1e-8 // DKA 法用の収束判定閾値
10 #define MAX_ITER 100 // 最大反復回数
11
12 // 多項式 P(z) の計算-------------------------------------------------
13 Complex P(double a[], Complex x) {
14     int i;
15     Complex r;
16
17     r = a[0];
18     for (i = 1; i <= N; i++) {
19         r = r * x + a[i];
20     }
21     return r;
22 }
23
24 // DK 法の修正量 delta_x の分母の計算-----------------------------------
25 Complex PI(Complex x[], int i) {
26     int j;
27     Complex r(1, 0);
28
29     for (j = 0; j < N; j++) {
30         if (i != j) {
31             r = r * (x[i] - x[j]);
```

第7章　非線形方程式の解法（1）　141

```
32          }
33      }
34      return r;
35  }
36
37  // 多項式 S の計算-------------------------------------------------------------
38  double S(double b[], double x) {
39      int i;
40      double r;
41
42      r = b[0];
43      for (i = 1; i <= N; i++) {
44          r = r * x + b[i];
45      }
46      return r;
47  }
48
49  // 2 分法----------------------------------------------------------------------
50  double bisection_DKA(double b[], double left, double right) {
51
52      double center, S_center;
53      double S_left = S(b, left);
54
55      while ( (right - left) > EPS_BISECTION * right) {
56
57          center = (right + left) / 2.0;
58          S_center = S(b, center);
59
60          if (S_center == 0.0) break;
61
62          if (S_left * S_center < 0.0) {
63              right = center;
64          }
65          else {
66              left = center;
67              S_left = S_center;
68          }
69      }
70
71      return (left + right) / 2.0;
72  }
73
74  // DKA 法----------------------------------------------------------------------
75  int dka(double a[], Complex* z, int* r) {
76
77      Complex delta_z;
78      double R, b[N + 1], max_delta_z, zeta, eta = 0, tmp;
79      int i, j, iter= 0, converged = 0;
80
81      /* 解の重心を計算 */
82      zeta = -a[1] / (a[0] * N);
83
84      for (i = 0; i < N + 1; i++) b[i] = a[i];
85
86      /* 多項式 P^* の係数を計算 */
87      for (i = 0; i <= N-2; i++) {
88          for (j = 1; j <= N - i; j++) {
89              b[j] = b[j] + b[j - 1] * zeta;
90          }
91      }
92
93      /* 多項式 S の係数を計算 */
94      int m = 0;
95      for (i = 2; i <= N; i++) {
```

```c
 96            b[i] = -fabs(b[i]);
 97            if (fabs(b[i]) > 1.0e-8) m++;
 98        }
 99
100        /* η の計算 */
101        for (i = 2; i <= N; i++) {
102            tmp = pow(m * fabs(b[i]) / fabs(b[0]), 1.0 / (double)i);
103            if (tmp > eta) eta = tmp;
104        }
105
106        /* 2 分法の実行 */
107        R = bisection_DKA(b, 0, eta);
108
109        /* 初期値の設定 */
110        for (j = 0; j < N; j++) {
111            z[j] = zeta + R * exp(Complex(0, 1) * (2 * M_PI * ((double) j) / N)
112                + M_PI / (2 * N));
113        }
114
115        /* DK 法の反復更新 */
116        while (iter < MAX_ITER) {
117            max_delta_z = 0;
118            for (i = 0; i < N; i++) {
119
120                delta_z = P(a, z[i]) / (a[0] * PI(z, i));
121                z[i] = z[i] - delta_z;
122
123                if (delta_z.abs() > max_delta_z) {
124                    max_delta_z = delta_z.abs();
125                }
126            }
127            iter++;
128
129            // 収束判定---------------------------
130            if (max_delta_z <= EPS_DKA) {
131                converged = 1;
132                break;
133            }
134        }
135
136        /* 戻り値をセット */
137        *r = iter;
138        return converged;
139 }
140
141 // メイン関数-----------------------------------------------------------
142 int main(void) {
143
144        Complex z[N];
145        // 多項式 P(z) の係数（a[i] ： x^(N-i) の係数）
146        double a[N + 1] = { 1.0, -2.0, 4.0, -5.0, 3.0, 1.0 };
147        int i,iter, result;
148
149        result = dka(a, z, &iter);
150
151        // 結果出力------------------------------------------
152        if (result == 1) {
153            printf("解は以下の通りです．（反復回数：%d 回）\n", iter);
154            for (i = 0; i < N; i++) {
155                printf("x[%d] = ", i); z[i].print(); printf("\n");
156            }
157        } else {
158            printf("反復回数が上限に達しました．\n");
159        }
```

```
160
161     return 0;
162 }
```

結果は以下になります．また，収束の様子を図 7.18 に示します．

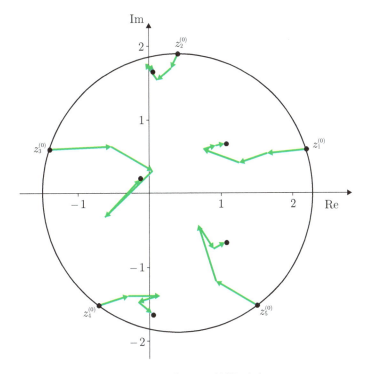

図 7.18：DKA 法による近似解の収束

```
解は以下の通りです．（反復回数：9 回）
x[0] =   1.074987 - 0.661988i
x[1] =   1.074987 + 0.661988i
x[2] =   0.039233 + 1.656804i
x[3] =  -0.228440 + 0.000000i
x[4] =   0.039233 - 1.656804i
```

章末問題

問 7.1

ニュートン法の反復式では，反復ごとに関数 f の微分値を計算する必要がある．これに対し次式により微分値 $f'(x_n)$ を近似する反復法を割線法という．

$$f'(x_n) \simeq \frac{f(x_n) - f(x_{n-1})}{x_n - x_{n-1}} \tag{7.45}$$

割線法の反復式は次式で表される．

$$x_{n+1} = x_n - f(x_n)\frac{x_n - x_{n-1}}{f(x_n) - f(x_{n-1})} \quad n = 1, 2, \cdots \tag{7.46}$$

この手法を用いて解を求めるプログラムを作成し，次の方程式を解け．

$$f(x) = x^2 \sin x - 3x - 2 = 0 \tag{7.47}$$

問 7.2

ニュートン法の反復式において，最初に一度だけ微分値 $f(x_0)$ を計算し，2 回目以降の反復では値を更新せずにそのまま反復式の計算を行う手法を簡易ニュートン法という．この手法の反復式は

$$x_{n+1} = x_n - \frac{f(x_n)}{f'(x_0)} \quad n = 1, 2, \cdots \tag{7.48}$$

となる．この手法を用いて解を求めるプログラムを作成し，問 7.1 の方程式 (7.47) を解け．

問 7.3

簡易ニュートン法は線形収束することを示せ．

第8章 非線形方程式の解法(2)

INTRODUCTION

　本章では，n 元連立非線形方程式に対する反復法について述べます．前章では 1 変数の反復法に関して縮小写像原理や反復式の導出などを説明しました．本章ではそれらの議論がほぼそのままの形で多変数に拡張できることを示します．なお，1 変数のニュートン法の構成要素である $f'(x)$ は，多次元の場合，各変数における偏微分によって構成される行列（ヤコビ行列）となります．そこで，第 6 章の自動微分クラスを多変数版に拡張し，偏微分の計算が行えるようにします．

　また前章で解説したように，ニュートン法の収束・発散は初期値をどこにとるかに依存します．とくに多変数の場合や非線形性が強い場合においては，適当に選んだ初期値では収束しないことが多くなります．この問題に対し，適切な初期値を求めるための手法としてホモトピー法を紹介します．この手法は解がすでにわかっている簡単な方程式からスタートし，解くべき方程式へと徐々に変形していき，その際の解曲線を追跡していく手法です．この手法によって必ず解が見つかるわけではありませんが，うまく機能すれば一度に複数の解を見つけることも可能です．

8.1 非線形連立方程式に対する反復法

n 元連立非線形方程式

$$
\begin{cases}
f_1(x_1, x_2, \cdots, x_n) &= 0 \\
f_2(x_1, x_2, \cdots, x_n) &= 0 \\
\qquad\qquad \vdots \\
f_n(x_1, x_2, \cdots, x_n) &= 0
\end{cases}
\tag{8.1}
$$

を考えます．ここで，上式を

$$
\boldsymbol{x} = [x_1, x_2, \cdots, x_n]^t
\tag{8.2}
$$

$$
\boldsymbol{f}(\boldsymbol{x}) = [f_1(\boldsymbol{x}), \cdots, f_n(\boldsymbol{x})]^t
\tag{8.3}
$$

$$
f_i(\boldsymbol{x}) = f_i(x_1, x_2, \cdots, x_n)
\tag{8.4}
$$

とベクトル表記し，式 (8.1) を $\boldsymbol{f}(\boldsymbol{x}) = \boldsymbol{0}$ と表します．前章と同様，反復法では $\boldsymbol{f}(\boldsymbol{x}) = \boldsymbol{0}$ を直接解くのではなく，反復式 $\boldsymbol{x}^{(i+1)} = \boldsymbol{g}(\boldsymbol{x}^{(i)})$ によって解を求めます．ここで不動点 $\boldsymbol{\alpha} = \boldsymbol{g}(\boldsymbol{\alpha})$ が，$\boldsymbol{f}(\boldsymbol{x}) = \boldsymbol{0}$ の解となるように関数 $\boldsymbol{g}$ を構成します．

式の導出は後述しますが，多変数のニュートン法では次の反復式を用います．

$$\boldsymbol{x}^{(i+1)} = \boldsymbol{g}(\boldsymbol{x}) = \boldsymbol{x}^{(i)} - J(\boldsymbol{x}^{(i)})^{-1}\boldsymbol{f}(\boldsymbol{x}^{(i)}) \tag{8.5}$$

ここで，$J(\boldsymbol{x})$ はヤコビ行列で

$$J(\boldsymbol{x}) = \begin{bmatrix} \frac{\partial f_1(\boldsymbol{x})}{\partial x_1} & \cdots & \frac{\partial f_1(\boldsymbol{x})}{\partial x_n} \\ \vdots & \ddots & \vdots \\ \frac{\partial f_n(\boldsymbol{x})}{\partial x_1} & \cdots & \frac{\partial f_n(\boldsymbol{x})}{\partial x_n} \end{bmatrix} \tag{8.6}$$

と定義します．また $J(\boldsymbol{x}^{(i)})$ および $J(\boldsymbol{\alpha})$ は正則であると仮定します．反復式 (8.5) が不動点 $\boldsymbol{\alpha}$ に収束した場合，

$$\boldsymbol{\alpha} = \boldsymbol{g}(\boldsymbol{\alpha}) = \boldsymbol{\alpha} - J(\boldsymbol{\alpha})^{-1}\boldsymbol{f}(\boldsymbol{\alpha}) \quad \Leftrightarrow \quad \boldsymbol{0} = -J(\boldsymbol{\alpha})^{-1}\boldsymbol{f}(\boldsymbol{\alpha}) \quad \Leftrightarrow \quad \boldsymbol{0} = f(\boldsymbol{\alpha}) \tag{8.7}$$

となり，$\boldsymbol{\alpha}$ は $\boldsymbol{f}(\boldsymbol{x}) = \boldsymbol{0}$ の解であることがわかります．

次に，写像 $\boldsymbol{g}$ による反復列の収束に関して，次の定理が成り立ちます．

定理 8.1

n 次元ユークリッド空間 $\mathbb{R}^n$ の閉集合 D で定義された写像 $\boldsymbol{g}(\boldsymbol{x})$ が以下の条件を満たすとする．

1. 任意の $\boldsymbol{x} \in D$ に対して $\boldsymbol{g}(\boldsymbol{x}) \in D$
2. 任意の $\boldsymbol{x}, \boldsymbol{y} \in D$ に対して次式が成立

$$\|\boldsymbol{g}(\boldsymbol{x}) - \boldsymbol{g}(\boldsymbol{y})\| \leq \lambda \|\boldsymbol{x} - \boldsymbol{y}\| \tag{8.8}$$

3. 定数 λ は $0 \leq \lambda < 1$

このとき，D 内に $\boldsymbol{g}$ の不動点が唯一存在する．またこの点を $\boldsymbol{\alpha}$ とすると，D 内の任意の点 $\boldsymbol{x}_0$ を初期点とする反復列 $\boldsymbol{x}_{n+1} = \boldsymbol{g}(\boldsymbol{x}_n)$ は $\boldsymbol{\alpha}$ に収束する．

この定理の証明は前章の定理 7.1 の証明において，絶対値 $|\cdot|$ をノルム $\|\cdot\|$ で置き換えれば得られます．また前章の系 7.1 と同様に次の系が得られます．

系 8.1

関数 $\boldsymbol{g}$ の不動点 $\boldsymbol{\alpha}$ を中心とする領域 $D = \{\boldsymbol{x} \in \mathbb{R}^n \mid \|\boldsymbol{x} - \boldsymbol{\alpha}\|_\infty \leq d\}, d > 0$ を考える．D において $\boldsymbol{g}$ の各成分 $g_i(\boldsymbol{x})$ は，$x_1, \cdots, x_n$ に対し C^1 級とする．このとき

$$\|J(\boldsymbol{x})\|_\infty \leq \lambda \leq 1, \quad \boldsymbol{x} \in D \tag{8.9}$$

ならば，$\boldsymbol{\alpha}$ は D における唯一解であり，$\boldsymbol{x}^{(0)} \in D$ とする反復列 $\boldsymbol{x}_{n+1} = \boldsymbol{g}(\boldsymbol{x}_n)$ は $\boldsymbol{\alpha}$ に収束する．ただし $J(\boldsymbol{x})$ は $\boldsymbol{g}$ のヤコビ行列とする．

証明

$\boldsymbol{x}, \boldsymbol{y} \in D$ に対し多変数のテイラーの公式より

$$g_i(\boldsymbol{x}) = g_i(\boldsymbol{y}) + \sum_{j=1}^{n} \frac{\partial g_i(\boldsymbol{\xi}_i)}{\partial x_j}(x_j - y_j), \quad \boldsymbol{\xi}_i = \boldsymbol{y} + \theta_i(\boldsymbol{x} - \boldsymbol{y}), \quad 0 < \theta_i < 1 \tag{8.10}$$

が成り立ちます．なお，領域 D の凸性より $\boldsymbol{\xi}_i \in D$ です．$\|\boldsymbol{g}(\boldsymbol{x}) - \boldsymbol{g}(\boldsymbol{y})\|_{\infty} = |g_k(\boldsymbol{x}) - g_k(\boldsymbol{y})|$ となる成分 k に対して，

$$\|\boldsymbol{g}(\boldsymbol{x}) - \boldsymbol{g}(\boldsymbol{y})\|_{\infty} = \left| \sum_{j=1}^{n} \frac{\partial g_k(\boldsymbol{\xi}_k)}{\partial x_j}(x_j - y_j) \right| \tag{8.11}$$

$$\leq \sum_{j=1}^{n} \left| \frac{\partial g_k(\boldsymbol{\xi}_k)}{\partial x_j} \right| |x_j - y_j| \tag{8.12}$$

$$\leq \sum_{j=1}^{n} \left| \frac{\partial g_k(\boldsymbol{\xi}_k)}{\partial x_j} \right| \|\boldsymbol{x} - \boldsymbol{y}\|_{\infty} \tag{8.13}$$

$$\leq \|J\|_{\infty} \|\boldsymbol{x} - \boldsymbol{y}\|_{\infty} \tag{8.14}$$

$$\leq \lambda \|\boldsymbol{x} - \boldsymbol{y}\|_{\infty} \tag{8.15}$$

が成立します．したがって定理 8.1 の条件 2, 3 が満たされます．また，$\boldsymbol{x} \in D$ に対して

$$\|\boldsymbol{g}(\boldsymbol{x}) - \boldsymbol{\alpha}\|_{\infty} = \|\boldsymbol{g}(\boldsymbol{x}) - \boldsymbol{g}(\boldsymbol{\alpha})\|_{\infty} \leq \lambda \|\boldsymbol{x} - \boldsymbol{\alpha}\|_{\infty} < d \tag{8.16}$$

より $\boldsymbol{g}(\boldsymbol{x}) \in D$ となり，定理 8.1 の条件 1 も満たされます．以上から，反復列は唯一解 $\boldsymbol{\alpha}$ に収束します．**証明終**

8.2 多変数ニュートン法

8.2.1 ● 多変数ニュートン法の計算方法

$\boldsymbol{f}(\boldsymbol{x}) = \boldsymbol{0}$ の解 $\boldsymbol{\alpha}$ と近似解 $\boldsymbol{x}^{(i)}$ に対して $\Delta \boldsymbol{x} = \boldsymbol{\alpha} - \boldsymbol{x}^{(i)} = [\Delta x_1, \Delta x_2, \cdots, \Delta x_n]^t$ とおき，$\boldsymbol{f}(\boldsymbol{x})$ の各成分 $f_m(\boldsymbol{x}^{(i)})$, $m = 1, \cdots, n$ に対して $\boldsymbol{x}^{(i)}$ における多変数のテイラーの公式を適用すると

$$\begin{aligned}
f_m(\boldsymbol{\alpha}) &= f_m\left(\boldsymbol{x}^{(i)} + \Delta \boldsymbol{x}\right) \\
&= f_m(\boldsymbol{x}^{(i)}) + \sum_{j=1}^{n} \frac{\partial f_m(\boldsymbol{x}^{(i)})}{\partial x_j} \Delta x_j + \sum_{j=1}^{n} \sum_{k=1}^{n} \frac{\partial f_m(\boldsymbol{\xi}_m)}{\partial x_j} \frac{\partial f_m(\boldsymbol{\xi}_m)}{\partial x_k} \Delta x_j \Delta x_k \\
&\quad \boldsymbol{\xi}_m = \boldsymbol{\alpha} + \theta_m(\boldsymbol{x} - \boldsymbol{\alpha}), \quad 0 < \theta_m < 1
\end{aligned} \tag{8.17}$$

となります．ここで Δx は微小として剰余項を無視します．また $\boldsymbol{f}(\boldsymbol{\alpha}) = \boldsymbol{0}$ であることから

$$\boldsymbol{0} \simeq \begin{bmatrix} f_1(\boldsymbol{x}^{(i)}) + \sum_{j=1}^{n} \frac{\partial f_1(\boldsymbol{x}^{(i)})}{\partial x_j} \Delta x_j \\ f_2(\boldsymbol{x}^{(i)}) + \sum_{j=1}^{n} \frac{\partial f_2(\boldsymbol{x}^{(i)})}{\partial x_j} \Delta x_j \\ \vdots \\ f_n(\boldsymbol{x}^{(i)}) + \sum_{j=1}^{n} \frac{\partial f_n(\boldsymbol{x}^{(i)})}{\partial x_j} \Delta x_j \end{bmatrix}$$

$$= \boldsymbol{f}(\boldsymbol{x}^{(i)}) + J(\boldsymbol{x}^{(i)})\Delta\boldsymbol{x} \tag{8.18}$$

となり，真の解と近似解との誤差 $\Delta\boldsymbol{x}$ は

$$\Delta\boldsymbol{x} \simeq -J(\boldsymbol{x}^{(i)})^{-1}\boldsymbol{f}(\boldsymbol{x}^{(i)}) \tag{8.19}$$

と見積もれます．多変数におけるニュートン法の反復式はこの誤差を近似解 $\boldsymbol{x}^{(i)}$ に足し込むことで定義されます．すなわち，

$$\boldsymbol{x}^{(i+1)} = \boldsymbol{x}^{(i)} + \Delta\boldsymbol{x} = \boldsymbol{x}^{(i)} - \boldsymbol{J}(\boldsymbol{x}^{(i)})^{-1}\boldsymbol{f}(\boldsymbol{x}^{(i)}) \tag{8.20}$$

となります．なお，実際には計算コストの観点から逆行列 $J(\boldsymbol{x}^{(i)})^{-1}$ は求めず，連立一次方程式 $J(\boldsymbol{x}^{(i)})\Delta\boldsymbol{x} = -\boldsymbol{f}(\boldsymbol{x}^{(i)})$ を解くことにより $\Delta\boldsymbol{x}$ を求めます．

また，最初の 1 回だけ逆行列 $J(x^{(0)})^{-1}$ を計算し，以降の反復ではこの逆行列で代用し，

$$\boldsymbol{x}^{(i+1)} = \boldsymbol{x}^{(i)} - \boldsymbol{J}(\boldsymbol{x}^{(0)})^{-1}\boldsymbol{f}(\boldsymbol{x}^{(i)}) \tag{8.21}$$

とする方法を簡易ニュートン法と呼びます．

次に，ニュートン法の原理を図で説明します．図 8.1(a) に示すように 2 変数の場合を考えます．この図において，方程式の解 $\boldsymbol{\alpha}$ は $x_1 x_2$ 平面上の 2 曲線 $f_1(\boldsymbol{x}) = 0$, $f_2(\boldsymbol{x}) = 0$ の交点として得られます．しかし，この交点を直接求めるのは困難であるため，同図 (b) に示すように曲面 $y = f_1(\boldsymbol{x})$, $y = f_2(\boldsymbol{x})$ を，近似解 $\boldsymbol{x}^{(i)}$ における接平面 $y = h_1(\boldsymbol{x})$, $y = h_2(\boldsymbol{x})$ で近似します．そして同図 (c) のように，近似された 2 平面と $x_1 x_2$ 平面との交線として得られる 2 直線，すなわち，$h_1(\boldsymbol{x}) = 0$ と $h_2(\boldsymbol{x}) = 0$ の交点として次の近似解 $\boldsymbol{x}^{(i+1)}$ を得ます．

ここで，接平面 $y = h_1(\boldsymbol{x})$, $y = h_2(\boldsymbol{x})$ の方程式は

$$-(y - f_1(\boldsymbol{x}^{(i)})) + \frac{\partial f_1(\boldsymbol{x}^{(i)})}{\partial x_1}(x - x_1^{(i)}) + \frac{\partial f_2(\boldsymbol{x}^{(i)})}{\partial x_1}(x - x_2^{(i)}) = 0 \tag{8.22}$$

$$-(y - f_2(\boldsymbol{x}^{(i)})) + \frac{\partial f_2(\boldsymbol{x}^{(i)})}{\partial x_1}(x - x_1^{(i)}) + \frac{\partial f_2(\boldsymbol{x}^{(i)})}{\partial x_2}(x - x_2^{(i)}) = 0 \tag{8.23}$$

と表されるので，$x_1 x_2$ 平面上の 2 直線 $(h_1(\boldsymbol{x}) = 0, h_2(\boldsymbol{x}) = 0)$ は上式に $y = 0$ を代入して

$$f_1(\boldsymbol{x}^{(i)}) + \frac{\partial f_1(\boldsymbol{x}^{(i)})}{\partial x_1}(x - x_1^{(i)}) + \frac{\partial f_2(\boldsymbol{x}^{(i)})}{\partial x_1}(x - x_2^{(i)}) = 0 \tag{8.24}$$

$$f_2(\boldsymbol{x}^{(i)}) + \frac{\partial f_2(\boldsymbol{x}^{(i)})}{\partial x_1}(x - x_1^{(i)}) + \frac{\partial f_2(\boldsymbol{x}^{(i)})}{\partial x_2}(x - x_2^{(i)}) = 0 \tag{8.25}$$

となります．これは式 (8.18) と同様の式となります．この連立一次方程式を解くことで 2 直線の交点 $\boldsymbol{x}^{(i+1)}$ は

$$\boldsymbol{x}^{(i+1)} = \boldsymbol{x}^{(i)} - J(\boldsymbol{x}^{(i)})^{-1}\boldsymbol{f}(\boldsymbol{x}^{(i)}) \tag{8.26}$$

と求まり，ニュートン法の反復式 (8.20) が得られます．

ニュートン法のポイントは以上に述べたように，解くことが困難な非線形方程式を線形の方程式で代替して解くという点にあります．

8.2.2 ● 多変数ニュートン法のプログラム作成

ニュートン法の反復式 (8.20) の構成要素であるヤコビ行列を計算するためには，関数 $f_i(\boldsymbol{x})$ の偏

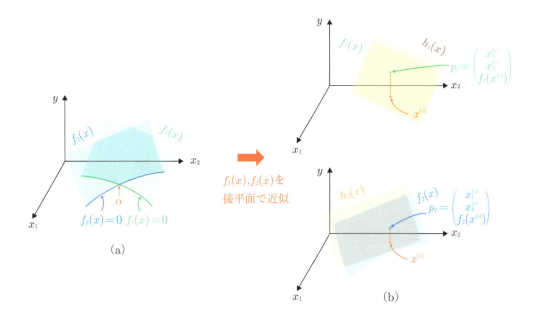

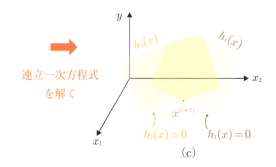

図 8.1：2 変数のニュートン法

微分値を計算する必要があります．そのためにまず，第 6 章で述べた自動微分クラス（ボトムアップ型）を偏微分用に拡張します．拡張したクラスではデータメンバとして関数値 $f(x_1, \cdots, x_n)$ と各変数に対する偏微分値 $\frac{\partial f}{\partial x_1}, \cdots, \frac{\partial f}{\partial x_n}$ を持たせます．これを

$$f \left\langle \frac{\partial f}{\partial x_1}, \cdots, \frac{\partial f}{\partial x_n} \right\rangle \tag{8.27}$$

と表記することにします．自動微分クラスの変数 $u = f \left\langle \frac{\partial f}{\partial x_1}, \cdots, \frac{\partial f}{\partial x_n} \right\rangle$, $v = g \left\langle \frac{\partial g}{\partial x_1}, \cdots, \frac{\partial g}{\partial x_n} \right\rangle$ に対する基本演算（四則演算と初等関数）は以下のように，各成分ごとに合成関数の微分を適用したものになります．

$$u + v = f + g \left\langle \frac{\partial f}{\partial x_1} + \frac{\partial g}{\partial x_1}, \cdots, \frac{\partial f}{\partial x_n} + \frac{\partial g}{\partial x_n} \right\rangle \tag{8.28}$$

$$u - v = f - g \left\langle \frac{\partial f}{\partial x_1} - \frac{\partial g}{\partial x_1}, \cdots, \frac{\partial f}{\partial x_n} - \frac{\partial g}{\partial x_n} \right\rangle \tag{8.29}$$

$$u \times v = f \cdot g \left\langle \frac{\partial f}{\partial x_1} g + f \frac{\partial g}{\partial x_1}, \cdots, \frac{\partial f}{\partial x_n} g + f \frac{\partial g}{\partial x_n} \right\rangle \tag{8.30}$$

$$\frac{u}{v} = \frac{f}{g} \left\langle \frac{\frac{\partial f}{\partial x_1}\, g - f\, \frac{\partial g}{\partial x_1}}{g^2}, \cdots, \frac{\frac{\partial f}{\partial x_n}\, g - f\, \frac{\partial g}{\partial x_n}}{g^2} \right\rangle \tag{8.31}$$

$$\sin(u) = \sin(f) \left\langle \cos(f) \cdot \frac{\partial f}{\partial x_1}, \cdots, \cos(f) \cdot \frac{\partial f}{\partial x_n} \right\rangle \tag{8.32}$$

$$\cos(u) = \cos(f) \left\langle -\sin(f) \cdot \frac{\partial f}{\partial x_1}, \cdots, -\sin(f) \cdot \frac{\partial f}{\partial x_n} \right\rangle \tag{8.33}$$

$$\log(u) = \log(f) \left\langle \frac{1}{f} \cdot \frac{\partial f}{\partial x_1}, \cdots, \frac{1}{f} \cdot \frac{\partial f}{\partial x_n} \right\rangle \tag{8.34}$$

$$
\begin{aligned}
\text{数値例（乗算）：}\quad & 2 <3,4,5> \times 6 <7,8,9> \\
&= 2 \cdot 6 <3 \cdot 6 + 2 \cdot 7,\ 4 \cdot 6 + 2 \cdot 8,\ 5 \cdot 6 + 2 \cdot 9> \\
&= 12\ \ <32, 40, 48>
\end{aligned}
\tag{8.35}
$$

その他の初等関数も同様に定義します.

　ボトムアップ型の自動微分のクラスの定義と，以下の関数 $f(x,y,z)$ に関して $x=2, y=3, z=4$ における関数値と偏微分値を計算するプログラムをソースコード 8.1 に示します.

$$f(x,y,z) = 5x^2 - 2xy^2 + 3yz \tag{8.36}$$

なお，自動微分型の各変数の値は $x = 2 < 1,0,0 >$, $y = 3 < 0,1,0 >$, $z = 4 < 0,0,1 >$ となります.

ソースコード 8.1：多変数の自動微分

```cpp
 1  #include <stdio.h>
 2  #include <cmath>
 3
 4  #define N 3 // 次元数
 5
 6  // 自動微分クラス（多変数版）------------------------------------------------
 7  class BU_N {
 8  public:
 9
10      // データメンバ------------------------------------------------
11      double v;
12      double d[N] = { 0.0 };
13
14      // コンストラクタ------------------------------------------------
15      BU_N(double x = 0.0) : v(x) { }
16
17      // 出力関数------------------------------------------------
18      void print() {
19          printf("%lf < ", v);
20          for (int i = 0; i < N - 1; i++) {
21              printf("%lf, ", d[i]);
22          }
23          printf("%lf >\n", d[N - 1]);
24      }
25  };
26
27  // 自動微分クラスに対する演算子多重定義------------------------------------------------
28  /* 単項マイナス演算子 */
29  BU_N operator-(const BU_N& a) {
```

第8章 非線形方程式の解法(2) 151

```
30      BU_N r(-a.v);
31      for (int i = 0; i < N; i++) { r.d[i] = -a.d[i]; }
32      return r;
33  }
34  /* 加算 */
35  BU_N operator+(const BU_N& a, const BU_N& b) {
36      BU_N r(a.v + b.v);
37      for (int i = 0; i < N; i++) { r.d[i] = a.d[i] + b.d[i]; }
38      return r;
39  }
40  /* 減算 */
41  BU_N operator-(BU_N a, BU_N b) {
42      BU_N r(a.v - b.v);
43      for (int i = 0; i < N; i++) { r.d[i] = a.d[i] - b.d[i]; }
44      return r;
45  }
46  /* 乗算 */
47  BU_N operator*(const BU_N& a, const BU_N& b) {
48      BU_N r(a.v * b.v);
49      for (int i = 0; i < N; i++) { r.d[i] = a.d[i]*b.v + a.v*b.d[i]; }
50      return r;
51  }
52  /* 除算 */
53  BU_N operator/(const BU_N& a, const BU_N& b) {
54      BU_N r(a.v / b.v);
55      for (int i = 0; i < N; i++) {
56          r.d[i] = ( a.d[i]*b.v - a.v*b.d[i] ) / (b.v * b.v);
57      }
58      return r;
59  }
60
61  // 初等関数------------------------------------------------------------
62  BU_N sin(const BU_N& x) {
63      BU_N r(std::sin(x.v));
64      for (int i = 0; i < N; i++) { r.d[i] = std::cos(x.v) * x.d[i]; }
65      return r;
66  }
67
68      ・・・  (以下, cos(x),exp(x) なども同様)
69
70
71  // メイン関数------------------------------------------------------------
72  int main() {
73
74      double w[N] = { 1,0,0 };
75
76      BU_N x(2.0),y(3.0),z(4.0);
77
78      /* 各変数の偏微分値の初期化 */
79      x.d[0] = y.d[1] = z.d[2] = 1.0;
80
81      BU_N f = 5.0 * x * x - 2.0 * x * y * y + 3.0 * y * z;
82
83      printf("f <df/dx, df/dy, df/dz> = "); f.print(); printf("\n");
84
85      return 0;
86  }
```

実行結果を以下に示します.

```
f <df/dx, df/dy, df/dz> = 20.000000 < 2.000000, -12.000000, 9.000000 >
```

次に，上記の自動微分を用いたニュートン法の SPD を示します（図 8.2）．ガウスの消去法を用いて近似解の修正量 Δx を計算している点以外は 1 変数のニュートン法とほぼ同様です．

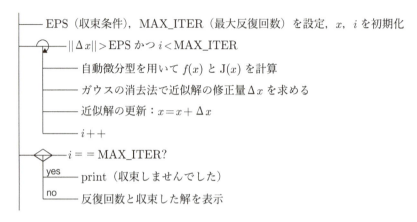

図 8.2：多変数ニュートン法の SPD

以上の準備のもと，

$$5x_1^3 - 2x_1^2 + x_2 x_3 - x_2 - 3 = 0 \tag{8.37}$$

$$2x_2^2 x_3 + 7x_1 - 2x_3 - 8 = 0 \tag{8.38}$$

$$x_1 x_2 x_3 + 5x_1 x_2 - 4x_3 + 1 = 0 \tag{8.39}$$

を解くニュートン法のプログラムをソースコード 8.2 に示します．

なお，このプログラムでは，関数値と偏微分値の計算には自動微分型を用いるのに対し，近似解の修正量の計算には通常の double 型を用いています．そのため，自動微分型と double の配列の間でデータをやり取りするために split 関数と init 関数を新たに定義しています．split 関数は図 8.3(a) に示すように，自動微分型の変数から関数値とヤコビ行列の値を取り出し，それぞれ double 型の 1 次元配列と 2 次元配列に格納する関数です．また，init 関数は図 8.3(b) に示すように，double 型の 1 次元配列をもとに自動微分型の変数を作る関数です．関数に渡した 1 次元配列の値は自動微分型の関数値の部分にセットされます．また偏微分値（ヤコビ行列を表す部分）は単位行列で初期化します．

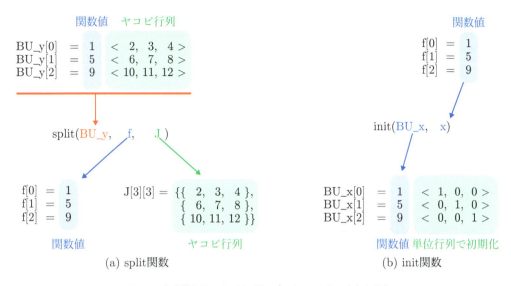

図 8.3：自動微分型と double 間のデータのやり取りを行う関数

ソースコード 8.2：多変数ニュートン法

```c
#include <stdio.h>
#include <stdlib.h>
#include <cmath>

#define N 3 // 次元数
#define EPS 1e-8 // 収束判定用
#define MAX_ITER 100 // 最大反復回数


    // （ここに自動微分クラスの定義，ガウスの消去法などを記載）


// BU_N 型の配列を初期化------------------------------------------------------
void init(BU_N BU_x[], const double x[]) {

    for (int i = 0; i < N; i++) {

        /* ベクトル x の値を自動微分クラスの値に代入 */
        BU_x[i].v = x[i];

        /* ヤコビ行列の値を単位行列で初期化 */
        for (int j = 0; j < N; j++) {
            BU_x[i].d[j] = (i == j) ? 1.0 : 0.0;
        }
    }
}

// BU_N 型の配列から関数値とヤコビ行列を抽出------------------------------------
void split(const BU_N BU_x[], double x[], double d[][N]) {

    for (int i = 0; i < N; i++) {

        x[i] = BU_x[i].v;
        for (int j = 0; j < N; j++) {
            d[i][j] = BU_x[i].d[j];
        }
    }
}
```

```
39
40   // 関数の定義-------------------------------------------------------------
41   void func(BU_N f[], BU_N x[]) {
42       f[0] = 5.0 * x[0] * x[0] * x[0] - 2.0 * x[0] * x[0] + x[1] * x[2] - x[1] - 3.0;
43       f[1] = 2.0 * x[1] * x[1] * x[2] + 7.0 * x[0] - 2.0 * x[2] - 8.0;
44       f[2] = x[0] * x[1] * x[2] + 5.0 * x[0] * x[1] - 4.0 * x[2] + 1.0;
45   }
46
47   // ニュートン法（多変数版）-------------------------------------------------
48   void newton_n(void (*func)(BU_N f[], BU_N x[]), double x[], int* r) {
49
50       BU_N BU_x[N], BU_y[N];
51       double f[N], J[N][N], delta_x[N];
52
53       int iter = 0;
54       do {
55           /* ベクトル x の値を自動微分型変数へ代入 */
56           init(BU_x, x);
57
58           /* 自動微分型で関数値と偏微分値を計算 */
59           func(BU_y, BU_x);
60
61           /* 関数値と偏微分値を分離して抽出 */
62           split(BU_y, f, J);
63
64           /* 近似解の修正量△ x を計算 */
65           piboted_gauss(J, f, delta_x);
66
67           /* 近似解 x の更新 */
68           for (int i = 0; i < N; i++) x[i] -= delta_x[i];
69
70           iter++;
71       } while (vector_norm_max(delta_x) > EPS && iter < MAX_ITER);
72
73       // 戻り値をセット
74       *r = iter;
75   }
76
77   // メイン関数-----------------------------------------------------------
78   int main() {
79
80       double x[N] = { 1.0,1.0,1.0 };
81       int iter;
82
83       newton_n(func, x, &iter);
84
85       // 結果出力-------------------------------------------------------
86       if (iter == MAX_ITER) {
87           printf("解が見つかりませんでした. \n");
88           return 1;
89       }
90       else {
91           printf("解が見つかりました. \n");
92           for (int i = 0; i < N; i++) {
93               printf("x[%d] = %lf\n", i, x[i]);
94           }
95           printf("反復回数は%d 回です. \n", iter);
96       }
97
98       return 0;
99   }
```

実行結果を以下に示します.

```
解が見つかりました.
x[0] = 0.855452
x[1] = 1.216504
x[2] = 2.096179
反復回数は 6 回です.
```

8.3 ホモトピー法

8.3.1 ● ホモトピー法の計算方法

　この節では，ニュートン法の初期値を求めるための手法として**ホモトピー法**を紹介します．この手法では，すでに解がわかっている方程式 $g(x) = 0$ を補助的に用い，解くべき方程式を $g(x) = 0$ から $f(x) = 0$ へと徐々に変形していきます．その際，方程式の変化に伴う解の移動を追跡していくことで最終的に $f(x) = 0$ の解を求めます．

　具体的には，$(n+1)$ 変数の関数 $h(x, t) \in \mathbb{R}^n$ を

$$h(x, 0) = g(x), \quad h(x, 1) = f(x) \tag{8.40}$$

となるように定義します．具体的にはたとえば，

$$h(x, t) = tf(x) + (1-t)g(x) \tag{8.41}$$

と定義します．また，$g(x)$ の具体例として，任意の点 γ を用いて

$$g(x) = f(x) - f(\gamma) \tag{8.42}$$

とします．このように定義すれば $g(\gamma) = 0$ より，$g(x) = 0$ の解は既知となります．

　ここで，$h(x, t) = 0$ の解は $\mathbb{R}^{n+1}$ における曲線を形成するため，$t = 0$ の解 γ からスタートして**解曲線の追跡**を行い，$t = 1$ に到達すれば $f(x) = 0$ の解が得られたことになります．

　解曲線追跡の具体的な手順は以下になります．なお，解曲線上の i 回目の追跡点を $p^{(i)} = \left(x_1^{(i)}, \cdots, x_n^{(i)}, t^{(i)} \right)$ とします．

▼ **Step 1**　$i = 0$ とし，$g(x) = 0$ の解 $\gamma = (\gamma_1, \cdots, \gamma_n)$ を用いて解曲線追跡の初期点を $p^{(0)} = (\gamma_1, \cdots, \gamma_n, 0)$ と定める．

▼ **Step 2**　解曲線の弧長を表すパラメータを s とし，解曲線上の追跡点 $p^{(i)}$ において s が増加する方向に接線を延ばし，$p^{(i)}$ から微小距離 δ だけ離れた接線上の点を p_c とする．（図 8.4）

▼ **Step 3**　上記の接線を法線とし，点 p_c を通る平面の方程式を $q(x, t) = 0$ とする．この平面と解曲線との交点を求め，次の追跡点 $p^{(i+1)}$ とする．すなわち，以下の連立方程式

$$\begin{cases} h(x, t) = 0 \\ q(x, t) = (x - p_c, p_c - p^{(i)}) = 0 \end{cases} \tag{8.43}$$

を解き，$p^{(i+1)}$ を求める．ただし，$(\cdot, \cdot)$ はベクトルの内積を表す．

▼ **Step 4**　解曲線が $p^{(i)}$ と $p^{(i+1)}$ の間で平面 $t = 1$ と交わっている場合，$p^{(i)}$ と $p^{(i+1)}$ を結ぶ直線と平面 $t = 1$ の交点

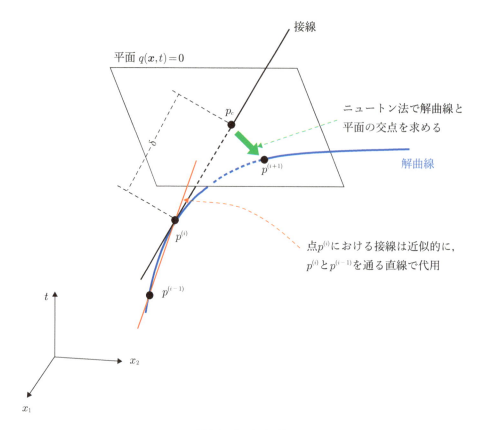

図 8.4：ホモトピー法

$$p_a = \frac{|t^{(i+1)} - 1|}{|t^{(i+1)} - t^{(i)}|}p^{(i)} + \frac{|1 - t^{(i)}|}{|t^{(i+1)} - t^{(i)}|}p^{(i+1)} \tag{8.44}$$

を求め，その第 1～第 n 成分を $f(x) = 0$ の近似解とする．

▼ **Step 5** 適当な値 $t_{\max}(> 1)$ を追跡終了条件として定め，$|t^{(i+1)}| > t_{\max}$ ならば終了．そうでない場合は $i = i + 1$ として Step 2 に戻る．

なお，上記 Step 2 において必要となる解曲線の接線は，弧長パラメータ s による微分を用いて計算することが可能です．ただし，この接線は主にニュートン法の初期点 p_c を得るためのものなので，近似的な値でも問題ありません．そこで $p^{(i-1)}$ と $p^{(i)}$ を結ぶ直線を接線の近似として用いることにします（図 8.4 の赤色の直線）．また，追跡開始時の接線は初期点 $p^{(0)}$ を通り t 軸に平行な直線で代用します．

8.3.2 ● ホモトピー法のプログラム作成

ホモトピー法の SPD は図 8.5 のようになります．

また，以下の方程式[*1]に対してホモトピー法を適用するプログラムをソースコード 8.3 に示します．なお，このプログラムで得られた近似解を初期点として $f(x) = 0$ に対するニュートン法を再度適用すれば，より正確な解を求めることが可能です．

[*1] この方程式の特性などについては文献 [15] に詳述されています．

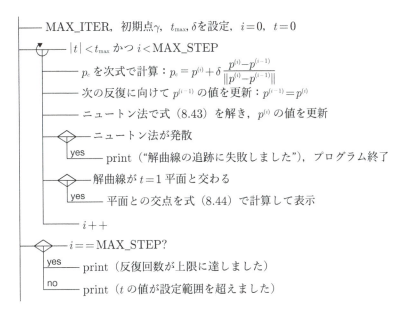

図 8.5：ホモトピー法の SPD

$$2x_1^3 + 2x_1 x_2 - 22x_1 + x_2^2 + 13 = 0 \tag{8.45}$$

$$x_1^2 + 2x_1 x_2 + 2x_2^3 - 14x_2 + 9 = 0 \tag{8.46}$$

ソースコード 8.3：ホモトピー法

```c
#include <stdio.h>
#include <stdlib.h>
#include <cmath>

#define N 3 // 次元数（x:2 次元 + t:1 次元）
#define DELTA_S 0.1 // 解曲線追跡の刻み幅
#define EPS 1e-10 // ニュートン法の収束判定用
#define MAX_ITER 100 // ニュートン法の最大反復回数
#define MAX_STEP 1000 // ホモトピー法の最大ステップ数



    // （ここに自動微分クラスの定義，ガウスの消去法などを記載）



// グローバル変数--------------------------------------------------------------

// g_f_gamma：f(γ)
double g_f_gamma_1, g_f_gamma_2;
// g_n：解曲線の接ベクトル，かつ平面 q(x,t)=0 の法線ベクトル
double g_n[N];
// g_p_c：図 8.4 の点 p_c，図 8.4 の点 p_c，ニュートン法の初期点
double g_p_c[N];

// 関数 f(x) の第 1 成分（double 用）-----------------------------------------
double f_1_double(double x_1, double x_2) {
    return 2.0 * x_1 * x_1 * x_1 + 2. * x_1 * x_2 - 22.0 * x_1 + x_2 * x_2 + 13.0;
}
// 関数 f(x) の第 2 成分（double 用）-----------------------------------------
double f_2_double(double x_1, double x_2) {
```

```c
31      return x_1 * x_1 + 2. * x_1 * x_2 + 2. * x_2 * x_2 * x_2 - 14. * x_2 + 9.;
32  }
33
34  // 関数 f(x) の第 1 成分（自動微分型用）--------------------------------------
35  BU_N f_1(BU_N x_1, BU_N x_2) {
36      return 2.0 * x_1 * x_1 * x_1 + 2. * x_1 * x_2 - 22.0 * x_1 + x_2 * x_2 + 13.0;
37  }
38  // 関数 f(x) の第 2 成分（自動微分型用）--------------------------------------
39  BU_N f_2(BU_N x_1, BU_N x_2) {
40      return x_1 * x_1 + 2. * x_1 * x_2 + 2. * x_2 * x_2 * x_2 - 14. * x_2 + 9.;
41  }
42
43  // ホモトピー関数 h(x)-----------------------------------------------------
44  void func(BU_N h[], BU_N x[]) {
45
46      BU_N BU_f[N - 1];
47
48      // x[0] は式中の x_1, x[1]：x_2 , x[2]： t
49
50      // ホモトピー方程式
51      h[0] = f_1(x[0], x[1]) + (x[2] - 1.0) * g_f_gamma_1;
52      h[1] = f_2(x[0], x[1]) + (x[2] - 1.0) * g_f_gamma_2;
53
54      // 平面 q(x)=0 の方程式
55      h[2] = g_n[0] * (x[0] - g_p_c[0])
56          + g_n[1] * (x[1] - g_p_c[1])
57          + g_n[2] * (x[2] - g_p_c[2]);
58  }
59
60  // ニュートン法（多変数版）-------------------------------------------------
61  void newton_n(void (*func)(BU_N [], BU_N []), double x[], int* r) {
62
63      BU_N BU_x[N], BU_y[N];
64      double f[N], J[N][N], delta_x[N];
65
66      int iter = 0;
67      do {
68          // ベクトル x の値を自動微分型変数へ代入
69          init(BU_x, x);
70
71          // 自動微分型で関数値と偏微分値を計算
72          func(BU_y, BU_x);
73
74          // 関数値と偏微分値を分離して抽出
75          split(BU_y, f, J);
76
77          // 近似解の修正量△ x を計算
78          piboted_gauss(J, f, delta_x);
79
80          // 近似解 x の更新
81          for (int i = 0; i < N; i++) x[i] -= delta_x[i];
82
83          iter++;
84      } while (vector_norm_max(delta_x) > EPS && iter < MAX_ITER);
85
86      // 戻り値をセット
87      *r = iter;
88  }
89
90  // ホモトピー法-----------------------------------------------------------
91  int homotopy(void (*func)(BU_N [], BU_N []), double x_s[]) {
92
93      // f(γ) の値をホモトピー関数 h(x) にセットする
94      g_f_gamma_1 = f_1_double(x_s[0], x_s[1]);
```

第8章 非線形方程式の解法(2) 159

```c
 95      g_f_gamma_2 = f_2_double(x_s[0], x_s[1]);
 96
 97      // 解曲線上の追跡点（更新後）
 98      double p_new[N] = { x_s[0], x_s[1] , 0 };
 99      // 解曲線上の追跡点（更新前）
100      double p_old[N] = { x_s[0], x_s[1], -DELTA_S };
101
102      int i, iter_n, iter_h = 0, num = 0;
103
104      while (fabs( p_new[2] ) < 5.0 && iter_h < MAX_STEP ) {
105
106          // 解曲線の接線方向ベクトルを計算
107          for (i = 0; i < N; i++) {
108              g_n[i] = p_new[i] - p_old[i];
109          }
110
111          // Newton 法の初期点 p_c を計算
112          for (i = 0; i < N; i++) {
113              g_p_c[i] = p_new[i] + DELTA_S * g_n[i] / vector_norm_max(g_n);
114          }
115
116          // 次の反復の準備として更新後の追跡点を更新前の追跡点にセット
117          for (i = 0; i < N; i++) p_old[i] = p_new[i];
118
119          // p_new に Newton 法の初期値をセット
120          for (i = 0; i < N; i++) p_new[i] = g_p_c[i];
121
122          // Newton 法を実行 */
123          newton_n(func, p_new, &iter_n);
124
125          // ニュートン法の発散をチェック
126          if (iter_n == MAX_ITER) {
127              printf("解曲線の追跡に失敗しました. \n");
128              return 1;
129          }
130
131          // 解曲線が平面 t=0 と交差していれば近似解を出力
132          if ((p_new[2] - 1.0) * (p_old[2] - 1.0) < 0 || p_new[2] == 1.0) {
133              printf("解 α_%d :\n", ++num );
134              for (i = 0; i < N -1; i++) {
135                  printf("x[%d]=%lf\n", i, ( fabs(p_new[2] -1.0) *p_old[i]
136                      + fabs(1.0 -p_old[2]) *p_new[i] ) / fabs(p_new[2] -p_old[2]) );
137              }
138              printf("\n");
139          }
140
141          iter_h++;
142      }
143
144      if (iter_h == MAX_STEP) {
145          printf("反復回数が上限に達しました. \n");
146      } else {
147          printf("t の値が設定範囲を越えました. \n");
148      }
149
150      return 0;
151 }
152
153 // メイン関数--------------------------------------------------------------------
154 int main() {
155
156      double x_s[N - 1] = { -6.0, -6.0 };
157
158      homotopy(func, x_s);
```

```
159
160      return 0;
161  }
```

初期値を $(-6, -6)$ として実行した結果を以下に示します．このケースでは 7 個の解を見つけることができています．

```
解  α_1 :
x[0]=-4.255411
x[1]=-3.844556

解  α_2 :
x[0]=-3.453526
x[1]=1.145447

解  α_3 :
x[0]=-3.369468
x[1]=2.512373

解  α_4 :
x[0]=0.986523
x[1]=1.798101

解  α_5 :
x[0]=0.712908
x[1]=0.856835

解  α_6 :
x[0]=0.793573
x[1]=-2.813299

解  α_7 :
x[0]=3.252783
x[1]=-2.711834

t の値が設定範囲を越えました．
```

また，解曲線のグラフ（解曲線を $x_1 x_2$ 平面，$x_1 t$ 平面，$x_2 t$ 平面に射影したもの）を図 8.6 に示します．図 (a) (b) (c) は初期値を $(-6, -6)$，図 (d) は初期値を $(0,0)$ にとったものです．図 8.6(d) では最初，解を 2 つ見つけた後 t が 0 以下まで下がっていますが，再度上昇し 3 つの解を見つけています．

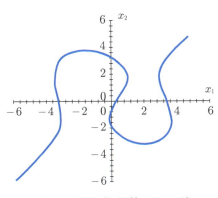

(a) $x_1 x_2$ 平面（初期値 $(-6, -6)$）

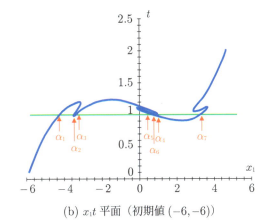

(b) $x_1 t$ 平面（初期値 $(-6, -6)$）

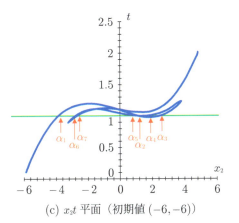

(c) $x_2 t$ 平面（初期値 $(-6, -6)$）

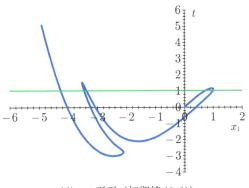

(d) $x_1 t$ 平面（初期値 $(0, 0)$）

図 8.6：$h(x, t) = 0$ の解曲線

章末問題

問 8.1
多変数ニュートン法は単解に対して 2 次収束することを示せ．

問 8.2
式 (8.21) の簡易ニュートン法により方程式 (8.37)〜(8.39) を解け．また，ニュートン法と簡易ニュートン法の収束の速さを比較せよ．反復回数に対する収束の度合いだけでなく，実行時間についても比較せよ．

問 8.3
方程式 (8.45), (8.46) に関し，初期点の違いによるニュートン法の収束・発散状況について調べよ．具体的には $-6 \leq x_1, x_2 \leq 6$ の範囲で 1 刻みで分点 $x_1^{<i>} = x_2^{<i>} = -6 + i, i = 0, 1, \cdots, 12$ をとり，これらの分点を組み合わせて格子状に初期点

$$\boldsymbol{x}^{(0)} = (x_1, x_2), \quad x_1 \in \{x_1^{<i>} | i = 0, 1, \cdots, 12\}, \quad x_2 \in \{x_2^{<i>} | i = 0, 1, \cdots, 12\} \quad (8.47)$$

をとる．これらの初期点に対してニュートン法を適用した際の収束・発散状況を調べよ．

第9章　行列の固有値問題（1）

INTRODUCTION

　本章では，行列の固有値と固有ベクトルを求める手法を紹介します．線形代数学で学ぶように，行列の固有値は固有方程式（特性方程式）を解くことによって得られます．ただし数値計算においては計算コストや精度の観点からこの方法はほとんど用いられません．数値計算によって固有値を求める場合，対象の行列に対して相似変換を反復的に適用し，徐々に対角行列や三角行列に変形していくことによって固有値を求めます．この手の方法を大別すると，以下のようなタイプに分類されます．

(1)　対称行列に対し，回転行列を用いた直交変換を繰り返し，対角行列へと変形する手法．変換後得られた対角行列の各要素は固有値となり，変換に用いた直交行列の各列ベクトルは固有ベクトルになります．

(2)　対称行列に対し，ハウスホルダー変換（後述）を用いて3重対角行列に変換する手法．この場合上記 (1) とは異なり，変換後の3重対角行列の中に，直接的に固有値が表れてくるわけではないので，さらに別の手法を用いて固有値を求めます．

(3)　対称でない場合を含めた一般の行列を直交行列と三角行列の積，または三角行列どうしの積などに分解し，それらを用いて相似変換を行う手法．このような変換を反復することで三角行列へと変形させていきます．この場合，最終的に得られた三角行列の対角成分に固有値が並ぶことになります．

　本書では (1) の手法としてヤコビ法，(2) としてはハウスホルダー法と2分法，(3) としては QR 法を紹介します．また，上記以外の手法としてべき乗法を紹介します．これは適当な初期ベクトルに対し，対象の行列を繰り返し掛けることでその固有値と固有ベクトルを求める，というシンプルな手法です．

9.1　固有値と固有ベクトル

与えられた n 次行列 A に対し，n 次元ベクトル $\boldsymbol{x} \neq \boldsymbol{0}$ が

$$A\boldsymbol{x} = \lambda\boldsymbol{x}, \quad \lambda \in \mathbb{C} \tag{9.1}$$

を満たすとき，λ を A の**固有値**，$\boldsymbol{x}$ を固有値 λ に対する**固有ベクトル**といいます．n 次行列 A は重

複も含め n 個の固有値を持ちます.

固有値に関する重要な定理としては次に示す**ゲルシュゴリンの定理**があります.これは与えられた行列の要素を用いて固有値の存在範囲を特定するものです[*1].

> **定理9.1 | ゲルシュゴリンの定理**
>
> n 次行列 $A = [a_{ij}]$ に対して以下の閉円板 R_i を考える.
>
> $$R_i = \{z \in \mathbb{C} \mid |z - a_{ii}| \le r_i\}, \quad r_i = \sum_{j=1, j \neq i}^{n} |a_{ij}| \tag{9.2}$$
>
> このとき,$R = \cup_{i=1}^{n} R_i$ 内に A のすべての固有値が含まれる.また,R_i が他の閉円板と重なっていない場合は R_i 内に 1 つの固有値が含まれる.複数の閉円板が重なりを持つ場合は,その連結領域を構成する閉円板の数と同数の固有値が連結領域内に存在する.

この定理から,行列の対角要素を固有値の近似値と見なす場合,非対角要素が 0 に近いほど,近似の精度は良いということがわかります.したがって数値計算によって固有値を求める 1 つの方法として,与えられた行列 A に対して相似変換を繰り返し,A を徐々に対角行列に近づけていくという手法が用いられます.また,この定理は次章で紹介する 2 分法において固有値の存在範囲を見積もる際にも用いられます.

9.2 べき乗法

9.2.1 ●べき乗法の計算方法

べき乗法とは,与えられた n 次行列 A と適当な初期ベクトル $\boldsymbol{x}^{(0)}$ に対して以下の反復式

$$\boldsymbol{x}^{(k+1)} = A\boldsymbol{x}^{(k)} \tag{9.3}$$

を計算し,$x^{(k)}$ を固有ベクトルへと収束させる手法です.これは非常にシンプルな手法であるため,すべての行列に対して収束が保証されるというわけではありませんが,次の定理の条件を満たす場合べき乗法は収束し,行列 A の絶対値最大の固有値とその固有ベクトルが求まります.

> **定理 9.2**
>
> n 次行列 A の固有値を
>
> $$|\lambda_1| > |\lambda_2| \ge |\lambda_3| \ge \cdots \ge |\lambda_n| \tag{9.4}$$
>
> とする.このとき適当な初期ベクトル $\boldsymbol{x}^{(0)}$ を選び,反復
>
> $$\boldsymbol{x}^{(k+1)} = A\boldsymbol{x}^{(k)} \tag{9.5}$$
>
> $$r_i^{(k+1)} = \frac{x_i^{(k+1)}}{x_i^{(k)}} \quad (i = 1, \cdots, n, \quad k = 0, 1, \cdots) \tag{9.6}$$
>
> によって $\boldsymbol{x}^{(k)}, r_i^{(k)}$ を作れば,

[*1] 証明は文献 [2] などを参照してください.

第9章　行列の固有値問題（1）　165

$$\lim_{k \to \infty} \frac{\boldsymbol{x}^{(k)}}{\lambda_1^k} = \boldsymbol{v}, \quad \lim_{k \to \infty} r_i^{(k)} = \lambda_1 \tag{9.7}$$

が成立する．ただし，$\boldsymbol{v}$ は λ_1 に対応する固有ベクトルとする．

証明

固有値 λ_i に対応する固有ベクトルを $\boldsymbol{u}^{<i>}$ とします（なお，ベクトル $\boldsymbol{u}$ の成分 u_i や k 回目の反復 $\boldsymbol{x}^{(k)}$ などの添え字と混同しないよう，ここでは $\boldsymbol{u}^{<i>}$ と記載します）．初期ベクトル $\boldsymbol{x}^{(0)}$ を $\boldsymbol{u}_i$ を基底として

$$\boldsymbol{x}^{(0)} = \sum_{i=1}^{n} c_i \boldsymbol{u}^{<i>} \quad (\, c_i : \text{定数}) \tag{9.8}$$

と表すと

$$\begin{aligned}
\boldsymbol{x}^{(k)} = A^k \boldsymbol{x}^{(0)} &= A^k \sum_{i=1}^{n} c_i \boldsymbol{u}^{<i>} \\
&= A^{k-1} \sum_{i=1}^{n} c_i A \boldsymbol{u}^{<i>} = A^{k-1} \sum_{i=1}^{n} c_i \lambda_i \boldsymbol{u}^{<i>} \\
&= A^{k-2} \sum_{i=1}^{n} c_i \lambda_i^2 \boldsymbol{u}^{<i>} = \cdots = \sum_{i=1}^{n} c_i \lambda_i^k \boldsymbol{u}^{<i>} \\
&= \lambda_1^k \sum_{i=1}^{n} c_i \left(\frac{\lambda_i}{\lambda_1}\right)^k \boldsymbol{u}^{<i>} = \lambda_1^k \left\{ c_1 \boldsymbol{u}^{<1>} + \sum_{i=2}^{n} c_i \left(\frac{\lambda_i}{\lambda_1}\right)^k \boldsymbol{u}^{<i>} \right\}
\end{aligned} \tag{9.9}$$

となります．さらに $\lambda_i/\lambda_1 < 1$ を考慮すると

$$\frac{\boldsymbol{x}^{(k)}}{\lambda_1^k} = c_1 \boldsymbol{u}^{<1>} + \sum_{i=2}^{n} c_i \left(\frac{\lambda_i}{\lambda_1}\right)^k \boldsymbol{u}^{<i>} \quad \to \quad c_1 \boldsymbol{u}^{<1>} \quad (k \to \infty) \tag{9.10}$$

を得ます．ここで $c_1 \boldsymbol{u}^{<1>}$ もまた λ_1 に対応する固有ベクトルなので $\boldsymbol{v} = c_1 \boldsymbol{u}^{<1>}$ として式 (9.7) の第 1 式が成立します．

また，

$$\frac{x_i^{(k+1)}}{x_i^{(k)}} = \frac{\lambda_1^{k+1} \left\{ c_1 u_i^{<1>} + \sum_{j=2}^{n} c_j \left(\frac{\lambda_j}{\lambda_1}\right)^{k+1} u_i^{<j>} \right\}}{\lambda_1^k \left\{ c_1 u_i^{<1>} + \sum_{j=2}^{n} c_j \left(\frac{\lambda_j}{\lambda_1}\right)^{k} u_i^{<j>} \right\}} \quad \to \quad \frac{\lambda_1^{k+1} c_1 u_i^{<1>}}{\lambda_1^k c_1 u_i^{<1>}} = \lambda_1 \quad (k \to \infty) \tag{9.11}$$

となり，式 (9.7) の第 2 式が成立します．**証明終**

実際の計算では，固有値の λ_1 の計算には次に示すレイリー商を用います．

$$R(\boldsymbol{x}) = \frac{(\boldsymbol{x}, A\boldsymbol{x})}{(\boldsymbol{x}, \boldsymbol{x})} \tag{9.12}$$

ここで $(\cdot, \cdot)$ はベクトルの内積です．

行列 A の固有値 λ とその固有ベクトル $\boldsymbol{u}$ に対して

$$R(\boldsymbol{u}) = \frac{(\boldsymbol{u}, A\boldsymbol{u})}{(\boldsymbol{u}, \boldsymbol{u})} = \frac{(\boldsymbol{u}, \lambda\boldsymbol{u})}{(\boldsymbol{u}, \boldsymbol{u})} = \lambda\frac{(\boldsymbol{u}, \boldsymbol{u})}{(\boldsymbol{u}, \boldsymbol{u})} = \lambda \tag{9.13}$$

となることから，固有ベクトルの近似 $\boldsymbol{x}^{(k)}$ に対して $\lambda^{(k)} = R(\boldsymbol{x}^{(k)})$ を計算すれば固有値の近似値を得ることができます．実際，式 (9.11) と同様に

$$\lambda^{(k)} = R\left(\boldsymbol{x}^{(k)}\right) = \frac{(\boldsymbol{x}^{(k)}, A\boldsymbol{x}^{(k)})}{(\boldsymbol{x}^{(k)}, \boldsymbol{x}^{(k)})} \;\to\; \frac{(\lambda_1^k c_1 \boldsymbol{u}^{<1>}, \lambda_1^{k+1} c_1 \boldsymbol{u}^{<1>})}{(\lambda_1^k c_1 \boldsymbol{u}^{<1>}, \lambda_1^k c_1 \boldsymbol{u}^{<1>})} = \lambda_1 \quad (k \to \infty) \tag{9.14}$$

となり，$\lambda^{(k)}$ は λ_1 に収束することがわかります．

9.2.2 ● べき乗法のプログラム作成

固有ベクトルの計算は式 (9.5) に基づきますが，実際の計算ではオーバーフローやアンダーフローを起こさないように，反復ごとにベクトルを正規化し，$\boldsymbol{x}^{(k+1)} = A\boldsymbol{x}^{(k)}/\|A\boldsymbol{x}^{(k)}\|_2$ とします．この場合固有ベクトルの長さは常に 1 となるため，$R(\boldsymbol{x}^{(k)})$ は

$$R\left(\boldsymbol{x}^{(k)}\right) = \frac{(\boldsymbol{x}^{(k)}, A\boldsymbol{x}^{(k)})}{(\boldsymbol{x}^{(k)}, \boldsymbol{x}^{(k)})} = (\boldsymbol{x}^{(k)}, A\boldsymbol{x}^{(k)}) \tag{9.15}$$

と計算できます．また収束条件は，たとえば ε を十分小さな正の数として

$$\frac{\|A\boldsymbol{x}^{(k)} - \lambda^{(k)}\boldsymbol{x}^{(k)}\|}{\|\boldsymbol{x}^{(k)}\|} < \varepsilon \tag{9.16}$$

を用います．ただし，実際の計算では $\|\boldsymbol{x}^{(k)}\| = 1$ を考慮すると

$$\begin{aligned}\frac{\|A\boldsymbol{x}^{(k)} - \lambda^{(k)}\boldsymbol{x}^{(k)}\|_2^2}{\|\boldsymbol{x}^{(k)}\|_2^2} &= \|A\boldsymbol{x}^{(k)}\|_2^2 - 2(A\boldsymbol{x}^{(k)}, \lambda^{(k)}\boldsymbol{x}^{(k)}) + |\lambda^{(k)}|^2 \|\boldsymbol{x}^{(k)}\|_2^2 \\ &= \|A\boldsymbol{x}^{(k)}\|_2^2 - 2|\lambda^{(k)}|^2 + |\lambda^{(k)}|^2 = \|A\boldsymbol{x}\|_2^2 - |\lambda^{(k)}|^2\end{aligned} \tag{9.17}$$

と簡略化できるので，この値が ε 以下になることを終了条件とします．

図 9.1 にべき乗法のアルゴリズムを SPD で示します．

以下の行列 A に関し，絶対値最大の固有値と，その固有ベクトルを求めるプログラムをソースコード 9.1 に示します．

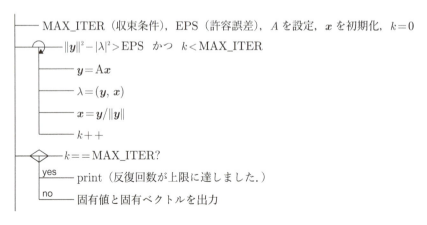

図 9.1：べき乗法の SPD

$$
A = \begin{bmatrix} 8 & 3 & -1 & -3 \\ 2 & -1 & 3 & 4 \\ 2 & -6 & 2 & 1 \\ -1 & -2 & 7 & -2 \end{bmatrix} \tag{9.18}
$$

ソースコード 9.1：べき乗法のプログラム

```c
#include <stdio.h>
#include <math.h>

#define N 4 // 次元数
#define EPS 1e-10 // 収束判定用
#define MAX_ITER 500 // 最大反復回数

/* 行列とベクトルの乗算 */
void mat_vec_product(double r[], double a[][N], double x[]) {
    int i, j;

    for (i = 0; i < N; i++) {
        r[i] = 0.0;
        for (j = 0; j < N; j++) {
            r[i] += a[i][j] * x[j];
        }
    }
}

// べき乗法------------------------------------------------------------
double power_method(double A[][N], double x[], int* r) {

    double Ax[N], lambda, x_sq, norm_x;
    int i, iter = 0;

    do {

        // 行列 A とベクトル x の積を計算
        mat_vec_product(Ax, A, x);

        // レイリー商により近似固有値を求める
        lambda = inner_product(Ax, x);

        // Ax の 2 ノルムを計算
        x_sq = inner_product(Ax, Ax);
        norm_x = sqrt(x_sq);

        // Ax を正規化し，次の反復の準備として Ax の値を x に戻す
        for (i = 0; i < N; i++) x[i] = Ax[i] / norm_x;

        iter++;

    } while (fabs(x_sq - lambda*lambda) >= EPS && iter < MAX_ITER);

    *r = iter;
    return lambda;
}

// メイン関数----------------------------------------------------------
int main() {

    double A[N][N] = {
```

```
53          { 8.0, 3.0, -1.0, -3.0},
54          { 2.0, -1.0, 3.0, 4.0},
55          { 2.0, -6.0, 2.0, 1.0},
56          { -1.0, -2.0, 7.0, -2.0}
57      };
58      double x[N] = { 1.0, 1.0, 1.0, 1.0 }, lambda;
59      int i, iter;
60
61      lambda = power_method(A, x, &iter);
62
63      // 結果の表示-------------------------------------
64      if (iter == MAX_ITER) {
65          printf("べき乗法が収束しませんでした. ");
66      } else {
67          printf("反復回数は%d 回です. \n", iter);
68          printf("最大固有値は %f です. \n", lambda);
69          printf("固有ベクトルは以下です. \n");
70          for (i = 0; i < N; i++) {
71              printf("x[%d] = %f\n",i, x[i]);
72          }
73      }
74  }
```

実行結果を以下に示します.

```
反復回数は 41 回です.
最大固有値は 8.726826 です.
固有ベクトルは以下です.
x[0] = 0.972026
x[1] = 0.203469
x[2] = 0.097903
x[3] = -0.064664
```

9.3 ヤコビ法

9.3.1 ● ヤコビ法の計算方法

本節では実対称行列 A に対し，**直交行列**を用いて対角化する手法である**ヤコビ法**を紹介します．まず，簡単な例として 2 次正方行列 $A = [a_{ij}]$ に対して，直交行列

$$U = \begin{bmatrix} \cos\theta & \sin\theta \\ -\sin\theta & \cos\theta \end{bmatrix} \tag{9.19}$$

を用いて

$$U^t A U = D \tag{9.20}$$

と A を対角化することを考えます．ここで $D = [d_{ij}]$ は対角行列で，その対角成分には A の固有値が並びます．D の成分を書き下すと

$$d_{11} = a_{11}\cos^2\theta a_{22}\sin^2\theta - 2a_{12}\sin\theta\cos\theta \tag{9.21}$$

$$d_{12} = d_{21} = (1/2)(a_{11} - a_{22})\sin 2\theta + a_{12}\cos 2\theta \tag{9.22}$$

$$d_{22} = a_{11}\sin^2\theta + a_{22}\cos^2\theta + 2a_{12}\sin\theta\cos\theta = a_{11} + a_{22} - d_{11} \tag{9.23}$$

第9章 行列の固有値問題（1） 169

となります．ここで，D が対角行列であるためには非対角要素 d_{12}, d_{21} が 0 である必要があります．そこで，式 (9.22) を 0 とおくと

$$\tan 2\theta = \frac{-2a_{12}}{a_{11} - a_{22}}, \qquad \theta = \frac{1}{2}\tan^{-1}\frac{-2a_{12}}{a_{11} - a_{22}} \tag{9.24}$$

となり，A を対角化するための U を求めることができます．

例題 9.1

以下の対称行列を直交行列で対角化し，固有値と固有ベクトルを求めよ．

$$A = \begin{bmatrix} 5 & -2 \\ -2 & 2 \end{bmatrix} \tag{9.25}$$

式 (9.24) より

$$\theta = \frac{1}{2}\tan^{-1}\frac{-2(-2)}{5 - 2} = 0.465 \tag{9.26}$$

となり，直交行列は

$$U = \begin{bmatrix} \cos\theta & \sin\theta \\ -\sin\theta & \cos\theta \end{bmatrix} = \begin{bmatrix} 0.894 & 0.447 \\ -0.447 & 0.894 \end{bmatrix} \tag{9.27}$$

となります．よって

$$U^t A U = \begin{bmatrix} 0.894 & -0.447 \\ 0.447 & 0.894 \end{bmatrix}\begin{bmatrix} 5 & -2 \\ -2 & 2 \end{bmatrix}\begin{bmatrix} 0.894 & 0.447 \\ -0.447 & 0.894 \end{bmatrix} = \begin{bmatrix} 6 & 0 \\ 0 & 1 \end{bmatrix} \tag{9.28}$$

より，固有値は 6 と 1，対応する固有ベクトルは $[0.894, -0.447]^t$ と $[0.447, 0.894]^t$ です．

ヤコビ法では以上の手法を拡張し，n 次行列の対角化を行います．ここでは直交行列として以下に示す

$$U = \begin{bmatrix} 1 & & & & & & & & & \\ & \ddots & & & & & & & & \\ & & 1 & & & & & & & \\ & & & \cos\theta & & & & \sin\theta & & \\ & & & & 1 & & & & & \\ & & & & & \ddots & & & & \\ & & & & & & 1 & & & \\ & & & -\sin\theta & & & & \cos\theta & & \\ & & & & & & & & 1 & \\ & & & & & & & & & \ddots \\ & & & & & & & & & & 1 \end{bmatrix} \begin{array}{l} \\ \\ \\ p\,行 \\ \\ \\ \\ q\,行 \\ \\ \\ \\ \end{array} \tag{9.29}$$

を用います．$B = [b_{ij}] = U^t A U$ とすると B の各成分は以下のようになります．

$$b_{pi} = b_{ip} = a_{pi}\cos\theta - a_{qi}\sin\theta \quad (i \neq p, q) \tag{9.30}$$

$$b_{qi} = b_{iq} = a_{pi}\sin\theta + a_{qi}\cos\theta \quad (i \neq p, q) \tag{9.31}$$

$$b_{ij} = a_{ij} \quad (i, j \neq p, q) \tag{9.32}$$

$$b_{pp} = a_{pp}\cos^2\theta a_{qq}\sin^2\theta - 2a_{pq}\sin\theta\cos\theta \tag{9.33}$$

$$b_{qq} = a_{pp}\sin^2\theta + a_{qq}\cos^2\theta + 2a_{pq}\sin\theta\cos\theta = a_{pp} + a_{qq} - b_{pp} \tag{9.34}$$

$$b_{pq} = b_{qp} = (1/2)(a_{pp} - a_{qq})\sin 2\theta + a_{pq}\cos 2\theta \tag{9.35}$$

ここで，非対角要素 b_{pq}, b_{qp} を 0 にすることを考えると，式 (9.24) と同様に

$$\theta = \frac{1}{2}\tan^{-1}\frac{-2a_{pq}}{a_{pp} - a_{qq}} \tag{9.36}$$

が得られます．したがって A の 0 でない非対角要素すべてに対して，個々に U, U^t を求め，それら
を掛けていけば A を対角行列に変換できます．ただし，A のすべての非対角要素に対して，一通り
U, U^t を掛けただけでは A を対角行列にすることはできません．なぜならば式 (9.30)〜(9.32) に示
すように，b_{pq}, b_{qp} を 0 にするための計算を行うことで目的の要素以外にもその影響が及ぶからで
す．具体的には，この計算によって p, q 行および p, q 列のすべての要素が更新されます．そのため
一度 0 となった要素も一般に，その後の計算によって 0 でない値に戻ってしまいます．したがって，
非対角要素がすべて 0 になるまで計算を反復する必要があります．

以上，具体的なヤコビ法の計算手順としては，$A_0 = A$, $V_0 = E$ に対し，

$$A_{k+1} = U_{k+1}^t A_k U_{k+1}, \quad V_{k+1} = U_{k+1}V_k \quad (k = 0, 1, \cdots) \tag{9.37}$$

を反復計算します．ただし，U_k は A_{k-1} の非対角要素のうち，絶対値が最大になる要素 $a_{pq}^{(k-1)}$ に
対して式 (9.36) を適用し求めた直交行列です．A_k のすべての非対角要素が 0 に近くなれば反復を
終了します．反復終了後の A_k の対角成分には A の固有値がならび，V_k の各列は固有ベクトルとな
ります．

ヤコビ法の収束

ヤコビ法によって $A_k = [a_{ij}^{(k)}]$ が対角行列に収束することは以下のように示せます．まず，**相似
変換**の前後で全要素の 2 乗和は等しいことを示します．行列 A_{k+1}^2, A_k^2 に関し，相似変換によって
行列の対角和は変わらないことに注意すると次式が成り立ちます．

$$\mathrm{Tr}(A_{k+1}^2) = \mathrm{Tr}((U_k{}^t A_k U_k)(U_k^t A_k U_k)) = \mathrm{Tr}(U_k^t A_k A_k U_k) = \mathrm{Tr}(A_k^2) \tag{9.38}$$

また，一般に行列 A に対し $\mathrm{Tr}(A^2) = \sum_{i,j} a_{ij}^2$ より

$$\sum_{i,j} a_{ij}^{(k+1)2} = \sum_{i,j} a_{ij}^{(k)2} \tag{9.39}$$

となります．次に，式 (9.33)〜(9.35) および $a_{pq}^{(k+1)} = 0$ より

$$a_{pp}^{(k+1)2} + a_{qq}^{(k+1)2} = a_{pp}^{(k+1)2} + a_{qq}^{(k)2} + 2a_{pq}^{(k)2} \tag{9.40}$$

が得られます．ここで，変換の前後で全成分の 2 乗和が等しいこと，また式 (9.32) より A_{k+1} の対

角要素に関し，pp, qq 以外の要素は更新されないことを考えると，式 (9.40) より変換の前後において対角成分の 2 乗和は増加し，その分，非対角要素は減少することになります．

次に，変換によって非対角要素の 2 乗和が 0 まで減少することを示します．まず，非対角要素について以下が成り立ちます．

$$
\begin{aligned}
\sum_{i \neq j} a_{ij}^{(k+1)^2} &= \sum_{i,j} a_{ij}^{(k+1)^2} - \left(\sum_{i \neq p,q} a_{ii}^{(k+1)^2} + a_{pp}^{(k+1)^2} + a_{qq}^{(k+1)^2} \right) \\
&= \sum_{i,j} a_{ij}^{(k)^2} - \left(\sum_{i \neq p,q} a_{ii}^{(k)^2} + a_{pp}^{(k)^2} + a_{qq}^{(k)^2} + 2a_{pq}^{(k)^2} \right) \\
&= \sum_{i \neq j} a_{ij}^{(k)^2} - 2a_{pq}^{(k)^2}
\end{aligned}
\tag{9.41}
$$

ここで，$a_{pq}^{(k)} = \max_{i \neq j} |a_{ij}^{(k)}|$ であり，また非対角要素の要素数は $n^2 - n$ なので

$$
\sum_{i \neq j} a_{ij}^{(k)^2} \leq (n^2 - n)\, a_{pq}^{(k)^2}
\tag{9.42}
$$

がいえます．上式と式 (9.41) より

$$
\begin{aligned}
\sum_{i \neq j} a_{ij}^{(k+1)^2} &\leq \left(1 - \frac{2}{(n^2 - n)} \right) \sum_{i \neq j} a_{ij}^{(k)^2} \\
&\leq \left(1 - \frac{2}{(n^2 - n)} \right)^k \sum_{i \neq j} a_{ij}^{(0)^2} \\
&\to 0 \quad (k \to \infty)
\end{aligned}
\tag{9.43}
$$

となり，非対角要素の 2 乗和は 0 に収束します．

また，以上の結果から $A^{(k)}$ の非対角要素は 0 に収束するので，ゲルシュゴリンの定理（定理 9.1）における閉円板を考えると，その半径 $r^{(k)}$ は

$$
r_i^{(k)} = \sum_{j \neq i} |a_{ij}^{(k)}| \to 0 \quad (k \to \infty)
\tag{9.44}
$$

となります．したがって $A^{(k)}$ の対角要素は A の固有値に収束します．

次に U_k の各列が A の固有ベクトルに収束することは以下からわかります．まず，A_k の対角要素 $a_{ii}^{(k)}$ の収束先を λ_i とし，

$$
\Lambda = \begin{bmatrix} \lambda_1 & & & \\ & \lambda_2 & & \\ & & \ddots & \\ & & & \lambda_n \end{bmatrix}
\tag{9.45}
$$

とします．また直交行列 U_k に関して

$$
U = \lim_{k \to \infty} U_1 U_2 \cdots U_k
\tag{9.46}
$$

とおくと

$$\Lambda = \cdots U_2^t U_1^t A U_1 U_2 \cdots = U^t A U \tag{9.47}$$

より，$U\Lambda = AU$ を得ます．ここで，U の第 i 列からなる列ベクトルを $\boldsymbol{u}_i$ とすると

$$A\boldsymbol{u}_i = \lambda_i \boldsymbol{u}_i \quad (i=1,2,\cdots,n) \tag{9.48}$$

となり，$\boldsymbol{u}_i$ は固有値 λ_i に対応する固有ベクトルであることがわかります．

9.3.2 ● ヤコビ法のプログラム作成

ヤコビ法の概要（最上位の SPD）を以下に示します．

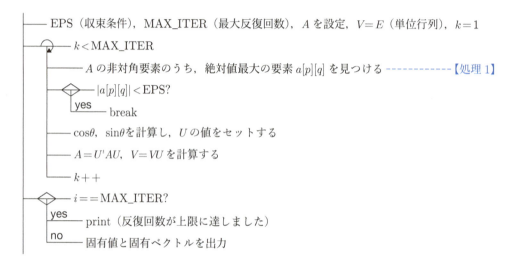

図 9.2：ヤコビ法の最上位 SPD

図 9.2 の【処理 1】（絶対値最大要素の探索）をブレイクダウンしたものを図 9.3 に示します．ここでは 2 重ループを用いて行列 A の上三角部分を調べ，最大要素の位置と値を保持します．

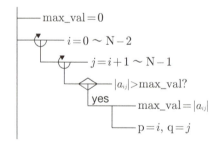

図 9.3：絶対値最大要素の探索

以下の行列 A の固有値と固有ベクトルを求めるプログラムをソースコード 9.2 に示します．

$$A = \begin{bmatrix} 5 & 1 & -3 & -4 \\ 1 & 2 & -5 & 2 \\ -3 & -5 & 7 & 3 \\ -4 & 2 & 3 & -6 \end{bmatrix} \tag{9.49}$$

ソースコード 9.2：ヤコビ法のプログラム

```c
#include <stdio.h>
#include <math.h>

#define N 4 // 次元数
#define EPS 1e-8 // 収束判定用閾値
#define MAX_ITER 100 // 最大反復回数

// ヤコビ法-------------------------------------------------------------------
void jacobi_method(double A[][N], double U[][N], int* r){

    double max_val, A_p_p, A_p_q, A_q_q;
    double sin_2_theta, cos_2_theta, tan_2_theta, sin_theta, cos_theta, tmp;
    int i, j, p, q, iter;


    // U を単位行列に初期化---------------------------------------------------
    for (i = 0; i < N; i++) {
        for (j = 0; j < N; j++) {
            if (i == j) {
                U[i][j] = 1.0;
            } else {
                U[i][j] = 0.0;
            }
        }
    }

    // 反復処理-------------------------------------------------------------
    for (iter = 0; iter < MAX_ITER; iter++) {

        // 絶対値最大の非対角要素を探す
        max_val = 0.0;
        p = 0;
        q = 1;
        for (i = 0; i < N; i++) {
            for (j = i + 1; j < N; j++) {
                if (fabs(A[i][j]) > max_val) {
                    max_val = fabs(A[i][j]);
                    p = i;
                    q = j;
                }
            }
        }

        // 収束判定：非対角成分が十分小さいなら終了--------------------------------
        if (max_val < EPS) {
            break;
        }

        // 行列の成分が上書きされる前に，計算の元となる成分を退避------------------
        A_p_p = A[p][p];
        A_p_q = A[p][q];
        A_q_q = A[q][q];
```

```
53
54         // sin θ と cos θ の計算------------------------------------------
55         tan_2_theta = -2 * A_p_q / (A_p_p - A_q_q);
56         tmp = sqrt(1 + tan_2_theta * tan_2_theta);
57         cos_2_theta = 1.0 / tmp;
58         sin_2_theta = tan_2_theta / tmp;
59         cos_theta = sqrt(0.5 * (1.0 + cos_2_theta));
60         sin_theta = sin_2_theta / (2.0 * cos_theta);
61
62         // 行列 A の p 行と q 行の値を更新--------------------------------
63         for (i = 0; i < N; i++) {
64             tmp = A[q][i];
65             A[q][i] = A[p][i] * sin_theta + tmp * cos_theta;
66             A[p][i] = A[p][i] * cos_theta - tmp * sin_theta;
67         }
68
69         // 行列 A の p 行と q 行の値を p 列と q 列にコピー----------------
70         for (i = 0; i < N; i++) {
71             A[i][p] = A[p][i];
72             A[i][q] = A[q][i];
73         }
74
75         // A_pp,A_pq,A_qp,A_qq 成分の更新-------------------------------
76         tmp = 2.0 * A_p_q * sin_theta * cos_theta;
77         A[p][p] = A_p_p *cos_theta *cos_theta + A_q_q *sin_theta *sin_theta - tmp;
78         A[q][q] = A_p_p *sin_theta *sin_theta + A_q_q *cos_theta *cos_theta + tmp;
79         A[p][q] = A[q][p] = 0;
80
81
82         // 固有ベクトル行列 U の更新------------------------------------
83         for (i = 0; i < N; i++) {
84             tmp = U[i][p];
85             U[i][p] = cos_theta * tmp - sin_theta * U[i][q];
86             U[i][q] = sin_theta * tmp + cos_theta * U[i][q];
87         }
88     }
89
90     *r = iter;
91 }
92
93 // メイン関数------------------------------------------------------------
94 int main(void){
95
96     double A[N][N] = {
97         { 5, 1, -3, -4},
98         { 1, 2, -5, 2},
99         { -3, -5, 7, 3},
100        { -4, 2, 3, -6}
101    };
102    double U[N][N];
103    int i, j, iter;
104
105    jacobi_method(A, U, &iter);
106
107    // 結果の表示---------------------------------------------------
108    if (iter == MAX_ITER) {
109        printf("反復回数が上限に達しました. \n");
110    } else {
111        printf("固有値:\n");
112        for (i = 0; i < N; i++) {
113            printf("%10.6f ", A[i][i]);
114        }
115        printf("\n\n 固有ベクトル (U の各列):\n");
116        for (i = 0; i < N; i++) {
```

第9章 行列の固有値問題（1）　175

```
117                for (j = 0; j < N; j++) {
118                    printf("%10.6f ", U[i][j]);
119                }
120                printf("\n");
121            }
122        }
123
124        return 0;
125    }
```

実行結果を以下に示します．

```
固有値:
   4.698945  -0.369282  12.156212  -8.485875

固有ベクトル (U の各列):
   0.761549   0.364200  -0.480339   0.238069
  -0.493480   0.718976  -0.386239  -0.300617
   0.301741   0.523829   0.764303  -0.224491
  -0.292359   0.275745   0.189565   0.895855
```

章末問題

問 9.1

次の行列 A に対して，ゲルシュゴリンの定理（定理 9.1）を適用した際の閉円板 R_i の中心と半径を出力するプログラムを作成せよ．また閉円板の連結領域がある場合，それがわかるように出力せよ．

$$
A = \begin{bmatrix} 2 & -1 & 3 & -4 \\ -2 & 7 & 0 & 3 \\ 0 & 2 & 5 & 3 \\ 2 & 1 & -2 & -6 \end{bmatrix} \tag{9.50}
$$

問 9.2

べき乗法では固有値の近似としてレイリー商を用いた．これが固有値の近似と見なせることを幾何学的に説明せよ（たとえば 2 次元ベクトル $\boldsymbol{u} = (u_1, u_2)^t$ を例に，$u_1 u_2$ 平面においてレイリー商はどのような値を計算しているのかを考える）．

問 9.3

ヤコビ法に関して，非対角成分の 2 乗和が ε 以下となるために必要な反復回数の上限を求めよ．

第10章　行列の固有値問題(2)

INTRODUCTION

　本章では，前章に引き続き固有値問題の解法を紹介します．まず対称行列の固有値を求めるために用いられるハウスホルダー法について説明します．これは与えられた対称行列を3重対角行列に変換する手法です．固有値と固有ベクトルを求めるにはハウスホルダー法で得られた3重対角に対し，さらに別の手法を適用します．本章では固有値を求める手法として2分法を，また固有ベクトルを求める手法として逆反復法を紹介します．

　2分法は第7章の2分法と同様の方法により固有値の存在範囲を絞り込む手法です．また逆反復法は前章のべき乗法を応用した手法で，絶対値最大の固有値だけでなく任意の固有値に対する固有ベクトルを求めることが可能です．また，対称でない一般の行列に対する解法としては行列のQR分解を用いたQR法を紹介します．

　固有値問題の解法はそれぞれの手法によって適用範囲や長所短所が異なるため，必要な精度や計算コスト，また固有値と固有ベクトルの両方が必要か，固有値のみで良いかといった目的に応じて，各手法を使い分ける必要があります．

10.1 ハウスホルダー法

10.1.1 ● ハウスホルダー法の計算方法

　ハウスホルダー法とは以下に示すハウスホルダー変換を用いて行列を3重対角化する手法です（また3重対角化した後，固有値・固有ベクトルを求めるまでの一連の過程を含めてハウスホルダー法と呼ぶ場合もあります）．

　2次元の図を用いてハウスホルダー変換を説明すると，図10.1のようにベクトル x を平面 π に

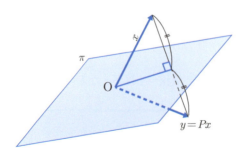

図 10.1：ハウスホルダー変換

対して対称なベクトル $\boldsymbol{y}$ に移動させる変換のことです．ここでは平面 π が原点を含む場合を考えます．このとき $\boldsymbol{x} \neq \boldsymbol{y}$ かつ $\|\boldsymbol{x}\|_2 = \|\boldsymbol{y}\|_2$ である 2 つのベクトル $\boldsymbol{x}, \boldsymbol{y}$ に対して，$\boldsymbol{x}$ を $\boldsymbol{y}$ に写すハウスホルダー変換は以下に示す行列 P を用いて $\boldsymbol{y} = P\boldsymbol{x}$ と表されます．

$$P = I - 2\boldsymbol{u} \cdot \boldsymbol{u}^t, \quad \boldsymbol{u} = \pm\frac{\boldsymbol{x} - \boldsymbol{y}}{\|\boldsymbol{x} - \boldsymbol{y}\|_2} \tag{10.1}$$

実際，$P\boldsymbol{x}$ を計算すると

$$
\begin{aligned}
P\boldsymbol{x} &= (I - 2\boldsymbol{u}\boldsymbol{u}^t)\boldsymbol{x} = \boldsymbol{x} - 2\boldsymbol{u}(\boldsymbol{u}^t\boldsymbol{x}) = \boldsymbol{x} - 2\boldsymbol{u}\frac{(\boldsymbol{x} - \boldsymbol{y})\boldsymbol{x}}{\|\boldsymbol{x} - \boldsymbol{y}\|_2} \\
&= \boldsymbol{x} - 2(\boldsymbol{x} - \boldsymbol{y})\frac{(\boldsymbol{x} - \boldsymbol{y})^t\boldsymbol{x}}{\|\boldsymbol{x} - \boldsymbol{y}\|_2^2} = \boldsymbol{x} - (\boldsymbol{x} - \boldsymbol{y})\frac{2\|\boldsymbol{x}\|_2^2 - 2\boldsymbol{y}^t\boldsymbol{x}}{(\boldsymbol{x} - \boldsymbol{y})^t(\boldsymbol{x} - \boldsymbol{y})} \\
&= \boldsymbol{x} - (\boldsymbol{x} - \boldsymbol{y})\frac{\|\boldsymbol{x}\|_2^2 + \|\boldsymbol{y}\|_2^2 - 2\boldsymbol{y}^t\boldsymbol{x}}{\|\boldsymbol{x}\|_2^2 - 2\boldsymbol{y}^t\boldsymbol{x} + \|\boldsymbol{y}\|_2^2} \\
&= \boldsymbol{x} - (\boldsymbol{x} - \boldsymbol{y}) = \boldsymbol{y}
\end{aligned}
\tag{10.2}
$$

となります．なお，P は次式に示すように対称かつ直交行列となります．

$$P^t = \left(I - 2\boldsymbol{u}\boldsymbol{u}^t\right)^t = I^t - 2(\boldsymbol{u}\boldsymbol{u}^t)^t = I - 2\boldsymbol{u}\boldsymbol{u}^t = P \tag{10.3}$$

$$PP^t = P^2 = I^2 - 4\boldsymbol{u}\boldsymbol{u}^t + 4\boldsymbol{u}(\boldsymbol{u}^t\boldsymbol{u})\boldsymbol{u}^t = I^2 = I \tag{10.4}$$

このような行列 P は基本直交行列またはハウスホルダー行列と呼ばれます．

10.1.2 ● ハウスホルダー変換を用いた3重対角化

ここではハウスホルダー変換を用いて，対称行列を **3重対角行列** に変換する方法について述べます．まずはその概略を以下に示します．

(1) 与えられた行列 $A = [a_{ij}]$（$= A_0$ とする）に対し，第 1 列の 3 行目以降，および第 1 行の 3 列目以降を 0 にすることを考えます．これは適切なハウスホルダー行列（P_1 とする）を用いて相似変換 $P_1^{-1}AP_1$ を適用することによって得られます．

$$
A_1 = P_1^{-1}A_0P_1 = \begin{bmatrix}
* & * & 0 & \cdots & 0 \\
* & * & * & \cdots & * \\
0 & * & \ddots & & \vdots \\
\vdots & \vdots & & \ddots & \vdots \\
0 & * & \cdots & \cdots & *
\end{bmatrix}
\tag{10.5}
$$

(2) 次に，A_1 の第 2 列の 4 行目以降と，第 2 行の 4 列目以降を 0 にするため，ハウスホルダー行列 P_2 を用いて以下の相似変換を行い，A_2 を得ます．

$$
A_2 = P_2^{-1}A_1P_2 = \begin{bmatrix}
* & * & 0 & \cdots & \cdots & 0 \\
* & * & * & 0 & \cdots & 0 \\
0 & * & * & \cdots & \cdots & * \\
\vdots & 0 & \vdots & \ddots & & \vdots \\
\vdots & \vdots & \vdots & & \ddots & \vdots \\
0 & 0 & * & \cdots & \cdots & *
\end{bmatrix}
\tag{10.6}
$$

これにより2列目（および2行目）まで3重対角化が行われます.

（3）以下, 第3列以降に対しても同様の操作を繰り返すことにより, A 全体を3重対角化します.

以上が3重対角化の概要です. 次に具体的な計算手順として, P_i の各要素を求める方法を説明します. まず, 最初のステップである相似変換 $P_1^{-1}AP_1$ によって, A の第1列の3行目以降を消去する過程を詳しく見てみます. A_0 と A_1 の第1列からなるベクトルを

$$\boldsymbol{a}^{(0)} = \left[a_{11}^{(0)}, a_{21}^{(0)}, \cdots, a_{nn}^{(0)}\right]^t, \quad \boldsymbol{a}^{(1)} = \left[a_{11}^{(1)}, a_{21}^{(1)}, 0, \cdots, 0\right]^t \tag{10.7}$$

とおきます. ここで各要素の右肩の添え字「(i)」は A_i の添え字と同じ値をとるものとします. このとき $\boldsymbol{a}^{(0)}$ を $\boldsymbol{a}^{(1)}$ に移すハウスホルダー行列は

$$P_1 = I - 2\boldsymbol{u}_1\boldsymbol{u}_1^t, \quad \boldsymbol{u}_1 = \frac{\boldsymbol{a}^{(1)} - \boldsymbol{a}^{(0)}}{\|\boldsymbol{a}^{(1)} - \boldsymbol{a}^{(0)}\|} \tag{10.8}$$

で与えられます. ここで $\|\boldsymbol{a}^{(0)}\|_2 = \|\boldsymbol{a}^{(1)}\|_2$ に注意しながら, a_{11} と a_{21} を次のようにおきます.

$$a_{11}^{(1)} = a_{11}^{(0)} \tag{10.9}$$

$$a_{21}^{(1)} = \pm\sqrt{\sum_{i=2}^{n}(a_{i1}^{(0)})^2} \tag{10.10}$$

するとハウスホルダー行列 P_1 は

$$\boldsymbol{u} = \frac{\boldsymbol{v}}{\|\boldsymbol{v}\|_2}, \quad \boldsymbol{v} = \left[0, a_{21}^{(0)} - a_{21}^{(1)}, a_{31}^{(0)}, \cdots, a_{n1}^{(0)}\right]^t \tag{10.11}$$

より

$$P_1 = \begin{bmatrix} 1 & 0 & \cdots & 0 \\ \hline 0 & & & \\ \vdots & & P_1' & \\ 0 & & & \end{bmatrix}, \quad \text{ただし } P_1' = \frac{2}{\|v\|_2^2}\boldsymbol{z}_1\boldsymbol{z}_1^t, \quad \boldsymbol{z}_1 = \begin{bmatrix} a_{21}^{(0)} - a_{21}^{(1)} \\ a_{31}^{(0)} \\ \vdots \\ a_{n1}^{(0)} \end{bmatrix} \tag{10.12}$$

と表せます. なお, 実際の計算では式 (10.10) における $a_{21}^{(1)}$ の符号に関し, 式 (10.11) の v の第2成分において桁落ちが生じないように, $a_{21}^{(0)}$ と逆の符号を選択します.

次に, このようなハウスホルダー行列 P_1 を用いた相似変換 $P_1^{-1}AP_1$ を考えます. 行列 A を

$$A = \begin{bmatrix} a_{11} & \boldsymbol{a}^t \\ \hline \boldsymbol{a} & A' \end{bmatrix}, \quad \text{ただし } \boldsymbol{a} = \begin{bmatrix} a_{21} \\ a_{31} \\ \vdots \\ a_{n1} \end{bmatrix} \tag{10.13}$$

と分割表現すると, 相似変換 $P_1^{-1}AP_1$ は

$$P_1^{-1}AP_1 = \begin{bmatrix} 1 & \boldsymbol{0} \\ \hline \boldsymbol{0} & P_1' \end{bmatrix} \begin{bmatrix} a_{11} & \boldsymbol{a}^t \\ \hline \boldsymbol{a} & A' \end{bmatrix} \begin{bmatrix} 1 & \boldsymbol{0} \\ \hline \boldsymbol{0} & P_1' \end{bmatrix}$$

$$
= \left[\begin{array}{c|c} a_{11} & (P_1'\boldsymbol{a})^t \\ \hline \\ P_1'\boldsymbol{a} & P_1'A'P_1' \\ \\ \end{array}\right] = \left[\begin{array}{c|cccc} a_{11} & a_{21}^{(1)} & 0 & \cdots & 0 \\ \hline a_{21}^{(1)} & & & & \\ 0 & & & & \\ \vdots & & P_1'A'P_1' & & \\ 0 & & & & \end{array}\right] \tag{10.14}
$$

となり，当初の目的であった A の第 1 列の下部分を 0 にすることができます．

次に，$A_1' = P_1'AP_1'$ に対して上記と同様の操作を行い第 2 列の下部分を 0 にすることを考えます．具体的には

$$
\boldsymbol{u}_2 = \frac{\boldsymbol{v}_2}{\|v_2\|}, \quad \boldsymbol{v}_2 = \left[0, 0, a_{32}^{(1)} - a_{32}^{(2)}, a_{42}^{(1)}, \cdots, a_{n2}^{(1)}\right]^t \tag{10.15}
$$

を用いて

$$
P_2 = I - 2\boldsymbol{u}_2\boldsymbol{u}_2^t = \left[\begin{array}{cc|cccc} 1 & 0 & 0 & \cdots & & 0 \\ 0 & 1 & 0 & \cdots & & 0 \\ \hline 0 & 0 & & & & \\ \vdots & \vdots & & P_2'A_2'P_2' & & \\ 0 & 0 & & & & \end{array}\right], P_2' = I - \frac{2}{\|v_2\|_2^2}\boldsymbol{z}_2\boldsymbol{z}_2^t, \quad \boldsymbol{z}_2 = \left[\begin{array}{c} a_{32}^{(1)} - a_{32}^{(2)} \\ a_{42}^{(1)} \\ \vdots \\ a_{n2}^{(1)} \end{array}\right]
$$
$$\tag{10.16}$$

を作り相似変換 $A_2 = P_2^{-1}A_1P_2$ を求めると 2 列目（および 2 行目）まで 3 重対角化が完了します．

以下，第 i 列の下部分を消去する際には次の相似変換を用います．

$$
A_i = P_i^{-1}A_{i-1}P_i \tag{10.17}
$$
$$
P_i = I - \frac{2}{\|v_i\|_2^2}v_iv_i^t \tag{10.18}
$$
$$
\downarrow (\text{第 } i \text{ 成分まで値 } 0)
$$
$$
v_i = \left[0, \cdots, 0, a_{i+1,i}^{(i-1)} - a_{i+1,i}^{(i)}, a_{i+2,i}^{(i-1)}, \cdots, a_{n,i}^{(i-1)}\right]^t \tag{10.19}
$$
$$
a_{i+1,i}^{(i)} = \sqrt{\sum_{j=i+1}^{n} a_{j,i}^{(i-1)}} \tag{10.20}
$$

この操作を $n-2$ 回適用することで対称な 3 重対角行列

$$
A_{n-2} = P_{n-2}P_{n-3}\cdots P_1 A P_1 \cdots P_{n-3}P_{n-2} \tag{10.21}
$$

を得ることができます．なお，$P_iA_{i-1}P_i$ を計算する際，計算量を削減するために次のように式変形します．

$$
\begin{aligned}
P_iA_{i-1}P_i &= (I - 2\boldsymbol{u}_i\boldsymbol{u}_i^t)A_{i-1}(I - 2\boldsymbol{u}_i\boldsymbol{u}_i^t) \\
&= A_{i-1} - 2\boldsymbol{u}_i\boldsymbol{u}_i^tA_{i-1} - 2A_{i-1}\boldsymbol{u}_i\boldsymbol{u}_i^t + 4\boldsymbol{u}_i\boldsymbol{u}_i^tA_{i-1}\boldsymbol{u}_i\boldsymbol{u}_i^t \\
&= A_{i-1} - 2\boldsymbol{u}_i\left(A_{i-1}\boldsymbol{u}_i\right)^t + 2\boldsymbol{u}_i\boldsymbol{u}_i^tA_{i-1}\boldsymbol{u}_i\boldsymbol{u}_i^t - 2A_{i-1}\boldsymbol{u}_i\boldsymbol{u}_i^t + 2\boldsymbol{u}_i\boldsymbol{u}_i^tA_{i-1}\boldsymbol{u}_i\boldsymbol{u}_i^t \\
&= A_{i-1} - \boldsymbol{u}_i\boldsymbol{p}_i^t - \boldsymbol{q}_i\boldsymbol{u}_i^t \tag{10.22}
\end{aligned}
$$

ただし上記の式変形には $A^t = A$ を用い，また $\bm{p}_i = A_{i-1}\bm{u}_i$, $\bm{q}_i = 2(\bm{p}_i - \bm{u}_i \bm{u}_i^t \bm{p}_i)$ とおきました．

10.1.3 ● ハウスホルダー法のプログラム作成

図 10.2 にハウスホルダー法の SPD を示します．

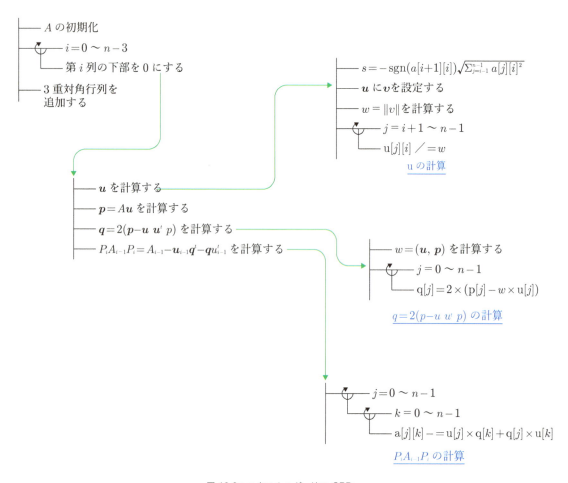

図 10.2：ハウスホルダー法の SPD

次の行列 A に対してハウスホルダー変換を行い 3 重対角化するプログラムをソースコード 10.1 に示します．

$$A = \begin{bmatrix} 2 & 6 & 0 & -2 & 4 \\ 6 & -2 & -1 & 3 & -7 \\ 0 & -1 & 4 & 9 & -3 \\ -2 & 3 & 9 & 1 & -5 \\ 4 & -7 & -3 & -5 & 3 \end{bmatrix} \tag{10.23}$$

第10章 行列の固有値問題（**2**）　　181

ソースコード 10.1：ハウスホルダー変換のプログラム

```c
 1  #include <stdio.h>
 2  #include <math.h>
 3
 4  #define N 5 // 次元数
 5
 6  // 符号関数（ただし，0 の場合は 1 を返す）----------------------------------
 7  int sign(double x) {
 8      return (x >= 0.0) ? 1 : -1;
 9  }
10
11  // ハウスホルダー変換による 3 重対角化--------------------------------------
12  void householder_trans(double a[][N]) {
13
14      double s, w, alpha, u[N], p[N], q[N];
15      int i, j, k;
16
17      // i:  反射変換を適用する列（0～N-3 まで）
18      for (i = 0; i < N - 2; i++) {
19
20          // u の構成----------------------------------------------
21          s = 0.0;
22          for (j = i + 1; j < N; j++) {
23              s += a[j][i] * a[j][i];
24          }
25          alpha = -sign(a[i + 1][i]) * sqrt(s);
26
27          for (j = 0; j <= i; j++) u[j] = 0.0;
28          u[i + 1] = a[i + 1][i] - alpha;
29          for (j = i + 2; j < N; j++) {
30              u[j] = a[j][i];
31          }
32
33          w = vector_norm2(u);
34
35          // u がゼロベクトルの場合は変換をスキップ----------------
36          if (w == 0.0) continue;
37
38          // u の正規化--------------------------------------------
39          for (j = i + 1; j < N; j++) u[j] /= w;
40
41          // p = A * u を計算--------------------------------------
42          matrix_vector_product(p, a, u);
43
44          // u^t * p を計算----------------------------------------
45          w = inner_product(u, p);
46
47          // q = 2 * (p - inner * u) を計算-----------------------
48          for (j = 0; j < N; j++) {
49              q[j] = 2.0 * (p[j] - w * u[j]);
50          }
51
52          // A = A - u * q^t - q * u^t を計算---------------------
53          for (j = 0; j < N; j++) {
54              for (k = 0; k < N; k++) {
55                  a[j][k] -= u[j] * q[k] + q[j] * u[k];
56              }
57          }
58      }
59  }
60
61  // メイン関数---------------------------------------------------------------
62  int main(){
```

```
63
64      // 対称行列 A （ハウスホルダー変換の対象）
65      double a[N][N] = {
66          { 2.0, 6.0, 0.0, -2.0, 4.0 },
67          { 6.0, -2.0, -1.0, 3.0, -7.0 },
68          { 0.0, -1.0, 4.0, 9.0, -3.0 },
69          { -2.0, 3.0, 9.0, 1.0, -5.0 },
70          { 4.0, -7.0, -3.0, -5.0, 3.0 }
71      };
72
73      householder_trans(a);
74
75      // 結果出力------------------------------------------------
76      printf("3 重対角化後の行列：\n");
77      int j, k;
78      for (j = 0; j < N; j++) {
79          for (k = 0; k < N; k++) {
80              printf("%12.6lf ", a[j][k]);
81          }
82          printf("\n");
83      }
84
85      return 0;
86  }
```

実行結果を以下に示します．

```
3 重対角化後の行列：
    2.000000    -7.483315    -0.000000    -0.000000    -0.000000
   -7.483315    -6.214286    -5.453421     0.000000     0.000000
   -0.000000    -5.453421    11.222177     5.674653    -0.000000
   -0.000000     0.000000     5.674653     2.370203     6.404897
   -0.000000     0.000000    -0.000000     6.404897    -1.378094
```

10.2 2分法（スツルム法）による固有値の計算

10.2.1 ● 2分法の計算方法

本節では，ハウスホルダー変換などによって得られた3重対角行列の固有値を求める手法として，**スツルムの定理**を用いた2分法を紹介します．第7章で紹介したように，2分法とは解の存在が保証された区間を反復的に絞り込む手法です．ここでは3重対角行列の特性方程式に対して2分法を適用し，その解である固有値を求めます．

まず，対称な3重対角行列 A を以下のように表記します．

$$
A = \begin{bmatrix}
\alpha_1 & \beta_1 & & & & \\
\beta_1 & \alpha_2 & \beta_2 & & & \\
& \beta_2 & \alpha_3 & \beta_3 & & \\
& & \ddots & \ddots & \ddots & \\
& & & \beta_{n-2} & \alpha_{n-1} & \beta_{n-1} \\
& & & & \beta_{n-1} & \alpha_n
\end{bmatrix}
\tag{10.24}
$$

このとき行列 $\lambda I - A$ の k 次の**主座小行列式**は

$$
p_k(\lambda) = \begin{vmatrix} \lambda - \alpha_1 & \beta_1 & & & & \\ \beta_1 & \lambda - \alpha_2 & \beta_2 & & & \\ & \beta_2 & \lambda - \alpha_3 & \beta_3 & & \\ & & \ddots & \ddots & \ddots & \\ & & & \beta_{k-2} & \lambda - \alpha_{k-1} & \beta_{k-1} \\ & & & & \beta_{k-1} & \lambda - \alpha_k \end{vmatrix} \quad (k = 1, \cdots, N) \quad (10.25)
$$

となります．ここで k 次主座小行列とは，行列から $k+1$ 行目以降の行と $k+1$ 列目以降の列を取り除いてできる行列です．またその行列式を主座小行列式といいます．上式を第 k 行で**余因子展開**すると

$$
p_k(\lambda) = (\lambda - \alpha_k)p_{k-1}(\lambda) - \beta_k^2\, p_{k-2}(\lambda) \qquad (k = 3, 4, \cdots, N) \tag{10.26}
$$

となり，主座小行列式に関する漸化式が得られます．なお，$k = 2$ でも漸化式 (10.26) が成立するよう便宜的に $p_0(\lambda) = 1$ と定義します．

続いて，このように定義した主座小行列式の列 $\{p_N(\lambda), p_{N-1}(\lambda), \cdots, p_0(\lambda)\}$ を用いて固有値を求めるために，スツルムの定理を利用します．スツルムの定理とは与えられた区間に含まれる解の個数を調べるための定理です．この定理では次で定義される**スツルム列**と呼ばれる関数列が用いられます．なお，ここではスツルムの定理を主座小行列式の列に適用するために，上述のように $\{p_k\}$ の列の順序を逆順（$N \sim 0$）としています．

定義10.1 ｜ スツルム列

実係数の多項式の列

$$
f_0(x),\ f_1(x),\ \cdots,\ f_N(x) \tag{10.27}
$$

が区間 $[a, b]$ において以下の 4 つの条件を満足するとする．

(1) 区間 $[a, b]$ 内のすべての点 x に対して，隣り合う 2 つの多項式 $f_k(x)$ と $f_{k+1}(x)$ は同時に 0 にはならない．

(2) 区間 $[a, b]$ 内のある点 x_0 において $f_k(x_0) = 0$ ならば，$f_{k-1}(x_0)f_{k+1}(x_0) < 0$，すなわち $f_{k-1}(x_0)$ と $f_{k+1}(x_0)$ は異符号である．

(3) 列の最後の多項式 $f_N(x)$ は区間 $[a, b]$ において一定の符号を持つ．すなわち f_N は $[a, b]$ 内に $f_N(x) = 0$ の解を持たない．

(4) 区間 $[a, b]$ 内のある点 x_0 において $f_0(x_0) = 0$ ならば，$f_0'(x_0)f_1(x_0) > 0$ である．すなわち $f_0'(x_0)$ と $f_1(x_0)$ は同符号である．

このとき，この関数列は区間 $[a, b]$ においてスツルム列をなすという．

スツルム列の性質を利用すると，以下の定理に示すように区間内に含まれる解の個数を求めることができます．

定理10.1｜スツルムの定理

多項式の列 $f_0(x)$, $f_1(x)$, $\cdots$, $f_N(x)$ が区間 $[a,b]$ でスツルム列をなし，$f_0(a) \neq 0$ かつ $f_0(b) \neq 0$ であるとする．また，点 x を固定して得られた関数値の列 $\{f_0(x), f_1(x), \cdots, f_N(x)\}$ を考え，この列を順に見ていったときの符号変化の回数を $N(x)$ とする．ただし $f_k(x) = 0$ の場合は関数値の列から除外して考える．

　このとき，区間 [a,b] 内に存在する $f_0(x) = 0$ の解の個数は $N(a) - N(b)$ で与えられる．

　先に示した主座小行列式 $p_k(\lambda)$ の列は任意の閉区間においてスツルム列をなします．このことは以下のように確認できます．なお，ここでは3重対角行列 A は $\beta_k \neq 0$ $(k = 1, 2, \cdots, n-1)$ であると仮定します．もし $\beta_k = 0$ となる箇所があれば，そこで A を独立した小行列に分割できるため，それぞれに対して新たに $\beta_k \neq 0$ なる固有値問題を考えることができます．

　以下に $\{p_k(\lambda)\}$ が定義 10.1 の（1）〜（4）を満たすことを示します．

条件（1）： ある x，ある k において $p_k(x)$ と $p_{k-1}(x)$ が同時に 0 になったとすると，式 (10.26) より $p_{k-2}(x) = 0$ となります．さらに $p_{k-1}(x) = p_{k-2}(x) = 0$ より，式 (10.26) の k を 1 減じて同様の適用を行うと $p_{k-3}(x) = 0$ となります．これを繰り返すと最終的に $p_0(x) = 0$ となりますが，これは定義 $p_0(x) = 1$ に矛盾します．したがって条件（1）が成立します．

条件（2）： 式 (10.26) で k を 1 増した式に $p_k(x) = 0$ を代入すると

$$p_{k+1}(x) = -\beta^2 p_{k-1}(x) \tag{10.28}$$

となり，$p_{k+1}(x)$ と $p_{k-1}(x)$ は異符号となります．

条件（3）： $p_0 = 1$ より明らかです．

条件（4）： 式 (10.26) を微分すると

$$p_k'(\lambda) = p_{k-1}(\lambda) + (\lambda - \alpha_k)p_{k-1}'(\lambda) - \beta_k^2\, p_{k-2}'(\lambda) \tag{10.29}$$

となります．上式に $p_{k-1}(\lambda)$ を掛けたものから，式 (10.26) に $p_{k-1}'(\lambda)$ を掛けたものを引くと

$$p_k'(\lambda)p_{k-1}(\lambda) - p_k(\lambda)p_{k-1}'(\lambda) = \beta_{k-1}^2 \left(p_{k-1}'(\lambda)p_{k-2}(\lambda) - p_{k-1}(\lambda)p_{k-2}'(\lambda) \right) + p_{k-1}^2(\lambda) \tag{10.30}$$

となります．また，$p_k'(\lambda)p_{k-1}(\lambda) - p_k(\lambda)p_{k-1}'(\lambda)$ は $k = 1$ のとき

$$p_1'(\lambda)p_0(\lambda) - p_1(\lambda)p_0'(\lambda) = 1 \quad > 0 \tag{10.31}$$

となり，これと式 (10.30) から

$$p_k'(\lambda)p_{k-1}(\lambda) - p_k(\lambda)p_{k-1}'(\lambda) > 0, \quad k = 2, 3, \cdots, n \tag{10.32}$$

が得られます．$\lambda = \lambda_0$ のとき $p_n(\lambda_0) = 0$ とすると，上式から

$$p_n'(\lambda_0)p_{n-1}(\lambda_0) > 0 \tag{10.33}$$

第10章　行列の固有値問題（2）　185

となり，条件（4）が成立します．

さて，$p_k(\lambda)$ の列がスツルム列であることを利用すれば，固有値の個数に関して以下の定理が導けます．

> **定理 10.2**
>
> 対称な3重対角行列に対して式 (10.25) の主座小行列式の列 $p_N(x),\ p_{N-1}(x),\ \cdots,\ p_0(x)$ を考える．このとき値 a より大きな固有値の個数は $N(a)$ で与えられる．

証明

各多項式 $p_k(\lambda)\ (k=0,1,\cdots,N)$ において，最高次数である λ^k の係数は1（正の値）なので，十分大きな $b\ (>a)$ を考えるとすべての k に対して $p_k(b)>0$ となり，その結果 $N(b)=0$ となります．また，$x>b$ である任意の x においても同様に $N(x)=0$ となります．

したがって a と任意に大きな x からなる区間 $[a,x]$ を考えると，定理10.1より区間内に存在する固有値の個数は $N(a)-N(x)=N(a)$ となります．よって $N(a)$ は a より大きな固有値の数を表します．**証明終**

この定理を利用して k 番目に大きい固有値を求めるアルゴリズムを以下に示します．

▼ **Step 1**　すべての固有値を含むように初期区間 $[a,b]$ を設定．

▼ **Step 2**　区間の中点 $c=(a+b)/2$ に対し $N(c)$ を計算する．

▼ **Step 3**　$N(c)\geq k$ ならば k 番目の固有値は区間 $[c,b]$ 内に存在するので $a=c$ とする．逆に $N(c)<k$ ならば固有値は区間 $[a,c]$ 内に存在するので $b=c$ とする．

▼ **Step 4**　$|b-a|<\varepsilon$ であれば，中点 $c=(a+b)/2$ を近似固有値として終了．そうでなければ Step 2 へ．

なお，Step 1 において，すべての固有値を含む区間を求める必要がありますが，これにはたとえば前章で紹介したゲルシュゴリンの定理を適用し，

$$a=\min_{1\leq i\leq N}\left(a_{ii}-\sum_{j=1,j\neq i}^{N}|a_{ii}|\right)=\min_{1\leq i\leq N}(\alpha_i-|\beta_i|-|\beta_{i+1}|) \tag{10.34}$$

$$b=\max_{1\leq i\leq N}\left(a_{ii}+\sum_{j=1,j\neq i}^{N}|a_{ii}|\right)=\max_{1\leq i\leq N}(\alpha_i+|\beta_i|+|\beta_{i+1}|) \tag{10.35}$$

（ただし，$\beta_1=\beta_{N+1}=0$ とする）

とすれば，区間 $[a,b]$ はすべての固有値を含みます．

10.2.2 ● 2分法のプログラム作成

図10.3に2分法によりすべての固有値を求める SPD を示します．

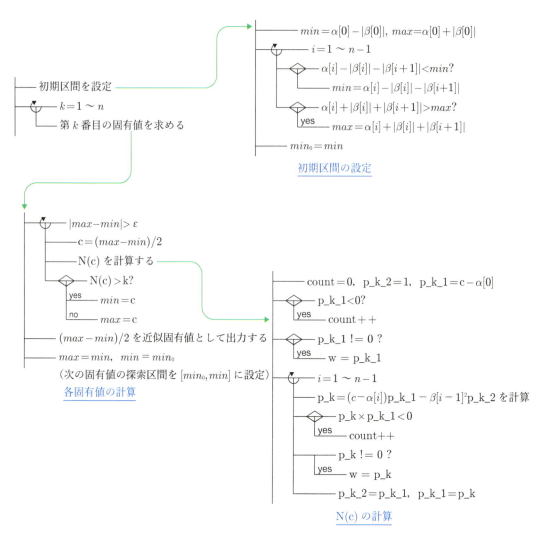

図 10.3：2 分法の SPD

以下の 3 重対角行列 A に対しすべての固有値を求めるプログラムをソースコード 10.2 に示します．

$$A = \begin{bmatrix} 2 & 6 & 0 & 0 & 0 \\ 6 & -2 & -1 & 0 & 0 \\ 0 & -1 & 4 & 9 & 0 \\ 0 & 0 & 9 & 1 & -5 \\ 0 & 0 & 0 & -5 & 3 \end{bmatrix} \tag{10.36}$$

ソースコード 10.2：2 分法のプログラム

```
1  #include <stdio.h>
2  #include <math.h>
3
4  #define N 5       // 行列の次数
5  #define EPS 1e-8  // 収束判定用閾値
6
```

第10章　行列の固有値問題（2）　187

```c
 7    // N(c) の計算----------------------------------------------------------------
 8    int n(const double alpha[], double beta[], double c) {
 9
10        double w, p_k, p_k_2 = 1.0, p_k_1 = c - alpha[0];
11        int i, count = 0;
12
13        if (p_k_1 < 0) count++;
14        if (p_k_1 != 0.0) w = p_k_1;
15
16        for (i = 1; i < N; i++) {
17
18            p_k = (c - alpha[i])*p_k_1 - beta[i-1]*beta[i-1]*p_k_2;
19
20            if (p_k * w < 0) count++;
21            if (p_k != 0.0) w = p_k;
22
23            p_k_2 = p_k_1;
24            p_k_1 = p_k;
25        }
26
27        return count;
28    }
29
30    // 2 分法------------------------------------------------------------------
31    double bisection_eigenvalue(int index, double alpha[], double beta[],
32        double* min, double* max) {
33
34        double c, lower = *min, upper = *max;
35
36        while ( upper - lower > EPS ) {
37
38            c = (upper + lower) / 2.0;
39            if (n(alpha, beta, c) >= index) {
40                lower = c;
41            } else {
42                upper = c;
43            }
44        }
45
46        /* 戻り値をセット */
47        *min = lower; *max = upper;
48        return (upper + lower) / 2.0;
49    }
50
51    // メイン関数------------------------------------------------------------------
52    int main() {
53
54        double alpha[N]={ 2,-2,4,1,3 }, beta[N-1]={ 6,-1,9,-5 },c,w;
55        double min_0, min, max, lambda[N];
56        int i;
57
58        // 初期区間の設定----------------------------------------------
59        min = alpha[0] - fabs(beta[0]);
60        max = alpha[0] + fabs(beta[0]);
61
62        for (i = 1; i < N - 1; i++) {
63            w = fabs(beta[i - 1]) + fabs(beta[i]);
64            if ((alpha[i] - w) < min) {
65                min = alpha[i] - w;
66            }
67            if ((alpha[i] + w) > max) {
68                max = alpha[i] + w;
69            }
70        }
```

```
71      min_0 = min;
72
73      // すべての固有値を 2 分法で求める------------------------------
74      for (i = 1; i <= N; i++) {
75
76          lambda[i - 1] = bisection_eigenvalue(i, alpha, beta,
77              &min, &max);
78          max = min; min = min_0;
79      }
80
81      // 結果出力------------------------------------------------
82      printf("固有値は以下の通り．\n");
83      for (i = 0; i < N; i++) {
84          printf("%10.6lf\n", lambda[i]);
85      }
86  }
```

実行結果を以下に示します.

```
固有値は以下の通り．
 12.820429
  6.333176
  3.222675
 -6.238630
 -8.137650
```

10.3 QR法

10.3.1 ● QR分解の計算方法

　本節では，対称行列でない一般の行列に対して固有値を求める手法として QR 法を紹介します．この手法では固有値を求めたい行列 A に対して，**QR 分解**を用いた相似変換を反復適用します．ここで QR 分解とは，行列 A を直交行列 Q と上三角行列 R の積に分解することをいいます．QR 法ではこの反復計算によって行列 A を上三角行列へと収束させます．そして収束した行列の各対角成分は A の固有値となります.

　具体的な QR 法の計算手順を示すと，まず初期値として $A_1 = A$ を設定し，その後 $i = 1, 2, \cdots$ に対して以下の (1) と (2) の計算を繰り返します.

(1) A_i を QR 分解し，

$$A_i = Q_i R_i \tag{10.37}$$

とする.

(2) $Q_i R_i$ の順序を入れ替えて乗算したものを

$$A_{i+1} = R_i Q_i \tag{10.38}$$

とする.

この反復について式 (10.37) より $Q_i^t A_i = R_i$ であり，また式 (10.38) より

$$A_{i+1} = Q_i^t A_i Q_i$$

$$= Q_i^t Q_{i-1}^t A_{i-1} Q_{i-1} Q_i$$

$$\vdots$$

$$= (Q_1 Q_2 \cdots Q_i)^t A_1 (Q_1 Q_2 \cdots Q_i) \tag{10.39}$$

となります．したがって A_i は A_1 に対する相似変換となっていることがわかります．また，QR 法の収束については，以下の定理に示す条件のもとでは $i \to \infty$ のとき A_i は収束し，A のすべての固有値を求めることができます[*1]．

定理 10.3

A を正則な n 次実行列とし，その固有値 $\lambda_1, \lambda_2, \cdots, \lambda_n$ はすべて実数とする．また，A, λ_i は以下の条件を満たすとする．

(1) $|\lambda_1| > |\lambda_2| > \cdots > |\lambda_n| > 0$

(2) $X^{-1}AX = \Lambda = \begin{bmatrix} \lambda_1 & & \\ & \ddots & \\ & & \lambda_n \end{bmatrix}$ とするとき，$X^{-1} = LU$ と分解可能．ただし，L は対角要素が 1 の下三角行列，U は上三角行列とする．

このとき QR 法による A_k $(k \to \infty)$ は，上三角行列となり，その対角成分は以下のように収束する．

$$\lim_{k \to \infty} a_{ij}^{(k)} = \begin{cases} 0 & (i > j) \\ \lambda_i & (i = j) \\ \text{振動} & (i < j) \end{cases} \tag{10.40}$$

10.3.2 ● Q と R の求め方

ここでは，QR 分解の方法として**グラムシュミットの直交化法**を用いた方法を紹介します．グラムシュミットの直交化法とは一次独立な n 個のベクトルから正規直交基底を作る手法です．具体的には以下の手順によって，正則な n 次行列 A を直交行列 Q と上三角行列 R に分解します．

（1）直交行列 Q の算出方法

列ベクトル $\boldsymbol{a}_i$ を行列 A の第 i 列からなるベクトルとし，$\boldsymbol{a}_i$ $(i = 1, 2, \cdots, n)$ に対して以下に示すグラムシュミットの直交化を行ってベクトル $\boldsymbol{q}_i$ を求めます．

$$\boldsymbol{q}_1 = \frac{\boldsymbol{a}_1}{\|\boldsymbol{a}_1\|_2}, \quad \boldsymbol{u}_1 = \boldsymbol{a}_1 \tag{10.41}$$

$$\boldsymbol{u}_i = \boldsymbol{a}_i - \sum_{j=1}^{i-1} (\boldsymbol{a}_i, \boldsymbol{q}_j) \boldsymbol{q}_j \quad (i = 2, 3, \cdots, n) \tag{10.42}$$

[*1] 証明は文献 [1]，[2] などを参照してください．

$$q_i = \frac{u_i}{\|u_i\|_2} \quad (i = 2, 3, \cdots, n) \tag{10.43}$$

このとき，QR 分解における直交行列は $Q = [q_1, q_2, \cdots, q_n]$ となります．

(2) 上三角行列 R の算出方法

上で与えられる直交行列 Q に対し，次式を満たす上三角行列 R を求めることを考えます．

$$[a_1, \cdots, a_n] = [q_1, \cdots, q_n] \begin{bmatrix} r_{11} & r_{12} & \cdots & r_{1n} \\ & r_{22} & \cdots & r_{2n} \\ & & \ddots & \vdots \\ & & & r_{nn} \end{bmatrix} \tag{10.44}$$

まず，式 (10.44) 中の a_1 に関する部分，すなわち $a_1 = r_{11} q_1$ より，

$$\left(\frac{r_{11}}{\|a_1\|_2} - 1 \right) a_1 = 0 \tag{10.45}$$

が得られます．A の正則性より $a_1 \neq \mathbf{0}$ であることから

$$\frac{r_{11}}{\|a_1\|_2} - 1 = 0 \tag{10.46}$$

$$r_{11} = \|a_1\|_2 = \|u_1\|_2 \tag{10.47}$$

となります．次に式 (10.44) 中の a_2 に関する部分より

$$\begin{aligned} a_2 &= r_{12} q_1 + r_{22} q_2 \\ &= r_{12} \frac{a_1}{\|a_1\|_2} + r_{22} \frac{u_2}{\|u_2\|_2} \end{aligned} \tag{10.48}$$

$$= r_{12} \frac{a_1}{\|a_1\|_2} + r_{22} \frac{a_2 - \displaystyle\sum_{j=1}^{2-1} (a_i, q_j) q_j}{\|u_i\|_2} \tag{10.49}$$

$$= r_{12} \frac{a_1}{\|a_1\|_2} + r_{22} \frac{a_2 - (a_2, q_1) q_1}{\|u_2\|_2} \tag{10.50}$$

となり，次式を得ます．

$$\left(\frac{r_{22}}{\|u_2\|_2 \|a_1\|_2} (r_{12} - (a_2, q_1)) \right) a_1 + \left(\frac{r_{22}}{\|u_2\|_2} - 1 \right) a_2 = 0 \tag{10.51}$$

ここで，a_1, a_2 は一次独立なので，両ベクトルの係数は 0 となります．

$$\frac{r_{22}}{\|u_2\|_2 \|a_1\|_2} (r_{12} - (a_2, q_1)) = 0 \tag{10.52}$$

$$\frac{r_{22}}{\|u_2\|_2} - 1 = 0 \tag{10.53}$$

式 (10.53) より $r_{22} = \|u_2\|_2$ となり，これを式 (10.52) に代入すると $r_{21} = (a_2, q_1)$ となります．a_3 以降も同様に計算でき，結果として R の各要素は次式で求められます．

$$
r_{ij} = \begin{cases} (\boldsymbol{a}_i, \boldsymbol{q}_j) & i < j \\ \|\boldsymbol{u}_i\|_2 & i = j \\ 0 & i > j \end{cases} \tag{10.54}
$$

10.4 ヘッセンベルグ行列に対する QR 分解

10.4.1 ● 回転行列による QR 法の概要

与えられた行列に対して，前節のように直接グラムシュミットの直交化法により QR 分解を行うと多くの計算が必要になります．そのため通常は 10.1 節で紹介したハウスホルダー変換を用いて前処理を行い，より三角行列に近い形へと変形した上で QR 法を適用します．

ただし対称でない一般の行列に対してハウスホルダー変換を行うと 3 重対角行列ではなく，**ヘッセンベルグ行列**となります．ここでヘッセンベルグ行列とは，次に示すように上三角行列において対角成分の 1 つ下の要素まで 0 以外の数字が入った行列です．

$$
\begin{bmatrix}
a_{11} & a_{12} & \cdots & \cdots & a_{1n} \\
a_{21} & a_{22} & & & \vdots \\
 & a_{32} & \ddots & & \vdots \\
 & & \ddots & & \vdots \\
 & & & a_{n-1,n} & a_{nn}
\end{bmatrix} \tag{10.55}
$$

ハウスホルダー変換の計算手順自体は 10.1 節で紹介した通りなので，以下ではヘッセンベルグ行列に変換された後の処理について解説します．

ヘッセンベルグ行列 A の QR 分解には次の回転行列を用います．

$$
P_i = \begin{bmatrix}
1 & & & & & & & & \\
 & \ddots & & & & & & & \\
 & & 1 & & & & & & \\
 & & & \cos\theta_i & \sin\theta_i & & & & \\
 & & & -\sin\theta_i & \cos\theta_i & & & & \\
 & & & & & 1 & & & \\
 & & & & & & \ddots & & \\
 & & & & & & & 1
\end{bmatrix}
\begin{array}{l} \\ \\ \\ i\,行 \\ i+1\,行 \\ \\ \\ \\ \end{array}
\tag{10.56}
$$

i 列　　$i+1$ 列

ここでは行列 A に対して $P_1, P_2, \cdots, P_{n-1}$ を掛けることで，対角成分の 1 つ下の要素を上から順番に消去していき，以下のように上三角行列に変換することを考えます．

$$
P_{n-1}P_{n-2}\cdots P_1 A = R \tag{10.57}
$$

具体的にはまず P_1 を掛けることにより，A の 1 列目の対角成分より下にある要素 a_{21} を 0 にします．$A^{<1>} = P_1 A = [a_{ij}^{<1>}]$ とし，$a_{11}^{<1>}$, $a_{21}^{<1>}$ 成分に関連する部分だけを抜き出すと

$$\begin{bmatrix} a_{11}^{<1>} \\ a_{21}^{<1>} \end{bmatrix} = \begin{bmatrix} \cos\theta_1 & \sin\theta_1 \\ -\sin\theta_1 & \cos\theta_1 \end{bmatrix} \begin{bmatrix} a_{11} \\ a_{21} \end{bmatrix} \tag{10.58}$$

となります．ここで，$a_{21}^{<1>}$ を 0 にするためには

$$-a_{11}\sin\theta_1 + a_{21}\cos\theta_1 = 0 \quad （上式の2行目より） \tag{10.59}$$

となる必要があり，そのためには以下のようにすれば良いことがわかります．

$$\sin\theta_1 = \frac{a_{21}}{\sqrt{a_{11}^2 + a_{21}^2}} \tag{10.60}$$

$$\cos\theta_1 = \frac{a_{11}}{\sqrt{a_{11}^2 + a_{21}^2}} \tag{10.61}$$

$$a_{11}^{<1>} = \sqrt{a_{11}^2 + a_{21}^2} \tag{10.62}$$

この値を使って P_1A を計算すれば，1列目の対角成分より下の要素はすべて 0 となります．なお，この P_1 を掛ける演算では3行目以降の要素は更新されないので，1行目と2行目の列ベクトル部分に対してのみ，回転行列を掛ける演算を行います．

同様にして順次 $P_2, \cdots, P_n$ を掛けることで最終的に上三角行列 R に変形することができます．なお，$A^{<i>} = P_i P_{i-1} \cdots P_1 A = [a_{ij}^{<i>}]$ とおくと P_i を掛ける計算は次式で表されます．

$$\begin{bmatrix} a_{i,j}^{<i>} \\ a_{i+1,j}^{<i>} \end{bmatrix} = \begin{bmatrix} \cos\theta_i & \sin\theta_i \\ -\sin\theta_i & \cos\theta_i \end{bmatrix} \begin{bmatrix} a_{i,j}^{<i-1>} \\ a_{i+1,j}^{<i-1>} \end{bmatrix} \quad (j = i, i+1, \cdots, n) \tag{10.63}$$

ここで各 P_i は直交行列なのでその積 $P_{n-1}P_{n-2}\cdots P_1$ も直交行列となります．$Q^{-1} = P_{n-1}\cdots P_1$ とおくと式 (10.57) より $A = QR$ となり，QR 分解における直交行列 Q は $(P_{n-1}\cdots P_1)^t$ であることがわかります．

なお，QR 法では A_k に対して QR 分解を行った後，$A_{k+1} = R_k Q_k$ を求めますが，A_k がヘッセンベルグ行列であれば A_{k+1} もまたヘッセンベルグ行列となります．そのため再度上で述べた方法で QR 分解が行えます．したがってハウスホルダー変換によってヘッセンベルグ行列に変換する処理は QR 法の最初に一度だけ行えばよいことになります．

10.4.2 ● QR 法のプログラム作成

反復の終了条件は対角成分の1つ下の要素 $a[i][i-1]$ $(i = 1, 2, \cdots, n-1)$ すべてが ε より小さくなることです．ただし，この条件を満たすまですべての計算を実行するのではなく，反復に伴って値が収束した下の行から段階的に計算を終了していく方法をとります．たとえば第 j 行目より下の部分においてすでに三角行列が完成していたとします．このとき j 行目以降の計算においては式 (10.63) の回転行列は単位行列となるため，計算を行ってもその値は変更されません．

そこで，$a[i][i-1]$ が 0 ではない最大の行を m とおき，$m+1$ 行目以降の計算は省略します．また反復ごとに m の値をチェックし，対角成分より1つ下の要素がすべて ε より小さくなったときにプログラムを終了します．

図 10.4 に QR 法の SPD を示します．

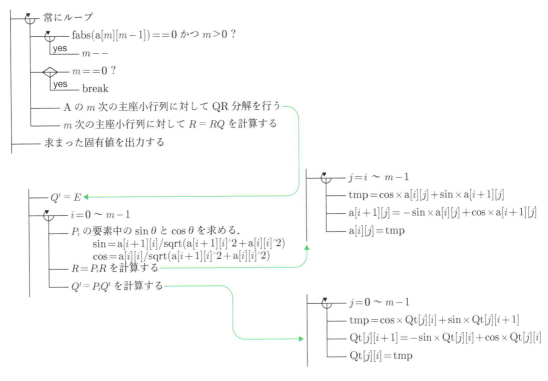

図 10.4：QR 法の SPD

次のヘッセンベルグ行列に対して QR 法により固有値を求めるプログラムをソースコード 10.3 に示します．

$$A = \begin{bmatrix} 16 & -1 & 1 & 2 \\ 2 & 12 & 1 & -1 \\ 0 & 3 & -24 & 2 \\ 0 & 0 & 1 & 20 \end{bmatrix} \tag{10.64}$$

ソースコード 10.3： **QR 法のプログラム**

```c
#include <stdio.h>
#include <stdlib.h>
#include <math.h>

#define N 4 // 行列の次数
#define EPS 1e-8 // 収束判定用閾値
#define MAX_ITER 1000 // 最大反復回数

// QR 法-------------------------------------------------------------------
void qr_method(double a[N][N]) {

    double Qt[N][N], sin_theta, cos_theta, tmp, w, work[N];
    int i, j, k, m = N - 1, iter = 0;

    while (1) {

        // 終了判定 1：対角成分の 1 つ下の要素がすべて 0 になれば終了-------------------
        while (m > 0 && fabs(a[m][m - 1]) <= EPS) m--;
```

```
19          if (m == 0) break;
20
21          // 終了判定 2：反復回数による終了判定----------------------------------
22          if (iter >= MAX_ITER) {
23              printf("反復回数が上限に達しました．\n");
24              exit(1);
25          }
26
27          // Q^t を単位行列で初期化---------------------------------------
28          for (i = 0; i <= m; i++) {
29              for (j = 0; j <= m; j++) Qt[i][j] = 0.0;
30              Qt[i][i] = 1.0;
31          }
32
33          // QR 分解を行う------------------------------------------------
34          for (i = 0; i <= m - 1; i++) {
35
36              w = sqrt(a[i][i] * a[i][i] + a[i+1][i] * a[i+1][i]);
37
38              /* w が 0 の場合は，単位行列とする */
39              if (fabs(w) < EPS) {
40                  sin_theta = 0.0;
41                  cos_theta = 1.0;
42              } else {
43                  sin_theta = -a[i+1][i] / w;
44                  cos_theta = a[i][i] / w;
45              }
46
47              // R = P_i * R--------------------------------------------
48              a[i][i] = w; a[i+1][i] = 0.0;
49              for (j = i+1; j <= m; j++) {
50                  tmp = cos_theta * a[i][j] - sin_theta * a[i+1][j];
51                  a[i+1][j] = sin_theta * a[i][j] + cos_theta * a[i+1][j];
52                  a[i][j] = tmp;
53              }
54
55              // Q = P_i * Q^t------------------------------------------
56              for (j = 0; j <= m; j++) {
57                  tmp = cos_theta * Qt[i][j] - sin_theta * Qt[i+1][j];
58                  Qt[i+1][j] = sin_theta * Qt[i][j] + cos_theta * Qt[i+1][j];
59                  Qt[i][j] = tmp;
60              }
61          }
62
63          // RQ を計算----------------------------------------------------
64          for (i = 0; i <= m; i++) {
65              for (j = 0; j <= m; j++)
66                  work[j] = a[i][j];
67              for (j = 0; j <= m; j++) {
68                  tmp = 0.0;
69                  for (k = 0; k <= m; k++) {
70                      tmp += work[k] * Qt[j][k];
71                  }
72                  a[i][j] = tmp;
73              }
74          }
75
76          iter++;
77      }
78  }
79
80  // メイン関数---------------------------------------------------------
81  int main(void) {
82
```

第10章　行列の固有値問題（2）　195

```
 83        double a[N][N] = {
 84            { 16.0, -1.0, 1.0, 2.0 },
 85            { 2.0, 12.0, 1.0, -1.0 },
 86            { 0.0, 3.0, -24.0, 2.0 },
 87            { 0.0, 0.0, 1.0, 20.0 }
 88        };
 89        int i;
 90
 91        qr_method(a);
 92
 93        // 結果出力-----------------------------------------------------------
 94        printf("固有値は以下の通り．\n");
 95        for (i = 0; i < N; i++) {
 96            printf("%11.6f\n", a[i][i]);
 97        }
 98
 99        return 0;
100    }
```

実行結果を以下に示します．

```
固有値は以下の通り．
 -24.126186
  20.045863
  15.425490
  12.654832
```

10.5　逆反復法による固有ベクトルの計算

10.5.1 ● 逆反復法の計算方法

　前章で紹介したべき乗法では，絶対値最大の固有値に対する固有ベクトルのみを求めることができました．本節では，最大固有値以外に対してもべき乗法を適用する方法について述べます．その前にまず，行列 A の最小固有値を求める方法を示します．まず，A の逆行列の固有値を考えます．$A\boldsymbol{x} = \lambda\boldsymbol{x}$ に対し，両辺の左から A^{-1} を掛け，さらに λ で割ると

$$\frac{1}{\lambda}\boldsymbol{x} = A^{-1}\boldsymbol{x} \tag{10.65}$$

となります．上式より $1/\lambda$ は A^{-1} の固有値であることがわかります．さらに A の最小固有値を $\lambda_{\min}$ とすると，A^{-1} の最大固有値は $1/\lambda_{\min}$ となります．そこで A^{-1} の最大固有値をべき乗法で求め，その逆数をとれば A の最小固有値とそれに対応する固有ベクトルが求まります．

　次に，この方法を応用し，任意の固有値 λ に対する固有ベクトルを求める手法を紹介します．まず，λ の近似固有値を $\tilde{\lambda}$，対応する固有ベクトルを $\boldsymbol{x}$ とします．ここで行列 $A - \tilde{\lambda}I_n$ を考えると

$$(A - \tilde{\lambda}I_n)\boldsymbol{x} = A\boldsymbol{x} - \tilde{\lambda}\boldsymbol{x} = (\lambda - \tilde{\lambda})\boldsymbol{x} \tag{10.66}$$

より，その固有値は $\lambda - \tilde{\lambda}$ となります．式 (10.65) と同様に $A - \tilde{\lambda}I_n$ の逆行列を考えると

$$(A - \tilde{\lambda}I_n)^{-1}\boldsymbol{x} = \frac{1}{\lambda - \tilde{\lambda}}\boldsymbol{x} \tag{10.67}$$

となります．近似固有値の誤差 $\lambda - \tilde{\lambda}$ は十分に小さいと仮定すると，$1/(\lambda - \tilde{\lambda})$ は $(A - \tilde{\lambda}I_n)^{-1}$ の

最大固有値となります．したがって，べき乗法によりこの行列の固有ベクトルを求めると λ に対応する A の固有ベクトルを求めることができます．

以上の手法を逆反復法と呼びます．具体的には適当な $x^{(0)}$ から出発して

$$x^{(i+1)} = (A - \tilde{\lambda} I_n)^{-1} x^{(i)} \tag{10.68}$$

を反復計算します．ただし実際の計算では，計算コストの観点から逆行列 $(A - \tilde{\lambda}_i I_n)^{-1}$ の計算は行いません．代わりに $x^{(i+1)}$ を未知数とした方程式

$$(A - \tilde{\lambda} I_n) x^{(i+1)} = x^{(i)} \tag{10.69}$$

を LU 分解などを使って解くことにより $x^{(i+1)}$ を求めます．

10.5.2 ● 逆反復法のプログラム作成

図 10.5 に逆反復法の最上位の SPD を示します．

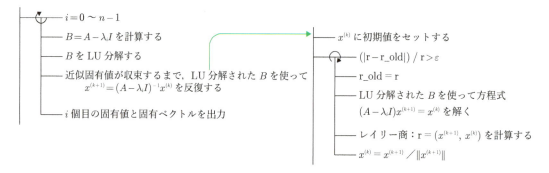

図 10.5：逆反復法の SPD

以下の行列に対し，4 つの近似固有値 $\{10.711, -5.823, 5.372, 2.740\}$ が得られているとします．

$$A = \begin{bmatrix} 3 & -2 & 1 & -6 \\ 3 & 5 & -4 & 3 \\ 7 & -2 & -3 & 1 \\ -4 & 1 & 3 & 8 \end{bmatrix} \tag{10.70}$$

このとき各固有値に対応する固有ベクトルを逆反復法により求めるプログラムをソースコード 10.4 に示します．

ソースコード 10.4：逆反復法のプログラム

```
1  #include <stdio.h>
2  #include <stdlib.h>
3  #include <math.h>
4
5  #define N 4    // 次元数
6  #define EPS 1e-8   // 収束判定用閾値
7
8  // 逆反復法------------------------------------------------
```

第10章 行列の固有値問題（2） 197

```c
 9  void inverse_iteration(const double A[][N], double lambda, double eigenvector[N],
10      double* corrected_lambda) {
11
12      double b[N][N], x[N], x_new[N], r = 0.0, r_old = 0.0,norm;
13      int p[N], i, j;
14
15      // b = A - lambda * I の計算
16      for (i = 0; i < N; i++) {
17          for (j = 0; j < N; j++) {
18              b[i][j] = A[i][j];
19          }
20          b[i][i] -= lambda;
21      }
22
23      // 固有ベクトルに初期値をセット
24      x[0] = 1.0;
25      for (i = 1; i < N; i++) {
26          x[i] = 0.0;
27      }
28
29      // LU 分解
30      lu_decomposition(b, p);
31
32
33      do {
34
35          for (i = 0; i < N; i++) x_new[i] = x[i];
36
37          // 前進代入及び後退代入
38          lu_substitution(b, x_new, p);
39
40          r_old = r;
41          r = inner_product(x_new, x);
42
43          // x_new を正規化する
44          norm = vector_norm2(x_new);
45          for (i = 0; i < N; i++) x[i] = x_new[i] / norm;
46
47      } while (fabs((r - r_old) / r) > EPS);
48
49      // 戻り値のセット------------------------------------------------------
50      *corrected_lambda = lambda + 1.0 / r;
51      for (i = 0; i < N; i++) eigenvector[i] = x[i];
52  }
53
54  // メイン関数-------------------------------------------------------------------
55  int main(void) {
56      int i, k;
57      // 定数行列 A
58      double A[N][N] = {
59          { 3.0, -2.0, 1.0, -6.0 },
60          { 3.0, 5.0, -4.0, 3.0 },
61          { 7.0, -2.0, -3.0, 1.0 },
62          { -4.0, 1.0, 3.0, 8.0 }
63      };
64      double lambda[N] = { 10.711, -5.823, 5.372, 2.740 };
65
66      double eigenvector[N];
67      double corrected_lambda;
68
69      printf("固有値 : 固有ベクトル\n");
70      for (k = 0; k < N; k++) {
71
72          // 逆反復法を実行-------------------------------------------------
```

```
73          inverse_iteration(A, lambda[k], eigenvector, &corrected_lambda);
74
75          // 結果出力-----------------------------------------------------------
76          printf("%10.6lf : [", corrected_lambda);
77          for (i = 0; i < N - 1; i++) {
78              printf("%10.6lf, ", eigenvector[i]);
79          }
80          printf("%10.6lf]\n", eigenvector[N - 1]);
81      }
82
83      return 0;
84 }
```

実行結果を以下に示します.

```
固有値 : 固有ベクトル
 10.711015 : [  0.627117,  -0.239456,   0.305855,  -0.675157]
 -5.822989 : [  0.177676,  -0.434157,  -0.842251,   0.265617]
  5.372211 : [ -0.300309,   0.799275,  -0.469001,  -0.225859]
  2.739763 : [  0.650443,   0.308621,   0.692829,   0.040809]
```

章末問題

問 10.1

QR 法において, A_k は正則なヘッセンベルグ行列とする. このとき QR 分解の反復計算によって得られる A_{k+1} もまたヘッセンベルグ行列となることを示せ.

問 10.2

10.3 節で紹介したグラムシュミットの直交化を用いて QR 分解を行う SPD およびプログラムを作成せよ.

問 10.3

次の対称行列 A に対し, ハウスホルダー法により 3 重対角化を行い, 2 分法を適用して固有値を求め, さらに逆反復法を用いて固有ベクトルを求めるプログラムを作成せよ.

$$A = \begin{bmatrix} 3 & 2 & 0 & 1 \\ 2 & 5 & 2 & 7 \\ 0 & 2 & 2 & 6 \\ 1 & 7 & 6 & 1 \end{bmatrix} \tag{10.71}$$

第11章 関数近似

INTRODUCTION

本章ではある関数 $f(x)$ を別の関数 $g(x)$ で近似する手法を紹介します．ここで被近似関数（近似される関数）は数式などで与えられるか，もしくは離散的なデータ点（x と $f(x)$ の組）の集合として与えられます．このデータ点のことを標本点と呼びます．$f(x)$ が数式などによって連続的に与えられている場合でも，そこから標本点をサンプリングし，離散データとして得られた値をもとに近似を行う場合もあります．また，近似する関数 $g(x)$ は多項式とします．$g(x)$ は $f(x)$ の標本点を通らなくても構いませんが，$f(x)$（またはその標本点）との誤差が最小となるように調整します．

このような近似関数を求める手法として，本章では最小二乗近似を紹介します．

11.1 離散データに対する最小二乗近似

11.1.1 ● 多項式による最小二乗近似

ここでは与えられた m 個の**標本点** $(x_1, y_1), (x_2, y_2), \cdots, (x_m, y_m)$ をもとに，近似関数 $g(x)$ を求める問題を考えます．$g(x)$ は以下の n 次多項式を用います．

$$g(x) = \sum_{i=0}^{n} c_i x^i \tag{11.1}$$

また近似の誤差を測る尺度としては，次式で定義される**二乗誤差**を用います．

$$S = \sum_{k=1}^{m} (y_k - g(x_k))^2 = \sum_{k=1}^{m} \left(y_k - \sum_{i=0}^{n} c_i x^i \right)^2 \tag{11.2}$$

この二乗誤差を最小にする $g(x)$ を求めることを考えます．この場合 $g(x)$ は係数 c_i によって決まるので，S が最小となる c_i の値を求めればよいことになります．上式 (11.2) より，誤差 S は c_i に関して下に凸な 2 次式となります．したがってその最下点においては，S を c_i で偏微分した値は 0 となります．式でいうと

$$\frac{\partial S}{\partial c_i} = \frac{\partial}{\partial c_i} \left\{ \sum_{k=1}^{m} (y_k - \sum_{j=0}^{n} c_j x_k^j)^2 \right\}$$

$$= -\sum_{k=1}^{m} 2 \cdot \left(y_k - \sum_{j=0}^{n} c_j x_k^j \right) \cdot \frac{\partial}{\partial c_i} \left(y_k - \sum_{j=0}^{n} c_j x_k^j \right)$$

$$= 2\left\{\sum_{k=1}^{m} y_k \cdot x_k^i - \sum_{j=0}^{n} c_j \sum_{k=1}^{m} x_k^{i+j}\right\} = 0 \qquad (i = 0, 1, \cdots, n) \tag{11.3}$$

となり，未知数 c_i に関する連立一次方程式が得られます．これを解くことによって各係数 c_i が求まります．なお，これらの方程式を行列形式で表すと以下のようになります．

$$\begin{bmatrix} m & \sum_{k=1}^{m} x_k & \sum_{k=1}^{m} x_k^2 & \cdots & \sum_{k=1}^{m} x_k^n \\ \sum_{k=1}^{m} x_k & \sum_{k=1}^{m} x_k^2 & \sum_{k=1}^{m} x_k^3 & \cdots & \sum_{k=1}^{m} x_k^{n+1} \\ \vdots & \vdots & \vdots & \ddots & \vdots \\ \sum_{k=1}^{m} x_k^n & \sum_{k=1}^{m} x_k^{n+1} & \sum_{k=1}^{m} x_k^{n+2} & \cdots & \sum_{k=1}^{m} x_k^{2n} \end{bmatrix} \begin{bmatrix} c_0 \\ c_1 \\ \vdots \\ c_n \end{bmatrix} = \begin{bmatrix} \sum_{k=1}^{m} y_k \\ \sum_{k=1}^{m} y_k x_k \\ \vdots \\ \sum_{k=1}^{m} y_k x_k^n \end{bmatrix} \tag{11.4}$$

以上の手法を最小二乗法といいます．

例題 11.1

以下の x, y の組に対し，直線（一次多項式）による最小二乗近似を求めよ．

i	1	2	3	4
x_i	0.5	2.0	3.2	5.5
y_i	1.3	5.1	9.2	12.0

表のデータを式 (11.4) に代入すると

$$\begin{bmatrix} 4 & 0.5 + 2.0 + 3.2 + 5.5 \\ 0.5 + 2.0 + 3.2 + 5.5 & 0.5^2 + 2.0^2 + 3.2^2 + 5.5^2 \end{bmatrix} \begin{bmatrix} c_0 \\ c_1 \end{bmatrix}$$

$$= \begin{bmatrix} 1.3 + 5.1 + 9.2 + 12.0 \\ 1.3 \cdot 0.5 + 5.1 \cdot 2.0 + 9.2 \cdot 3.2 + 12.0 \cdot 5.5 \end{bmatrix} \tag{11.5}$$

となり，これを解いて $c_0 = 0.83$, $c_1 = 2.17$ を得ます．よって近似直線は

$$y = 2.17x + 0.83 \tag{11.6}$$

となります．

11.1.2 ●最小二乗近似のプログラム作成

以上に述べた離散データに対する最小二乗近似を求めるプログラムを作成します．手順としては式 (11.4) の連立一次方程式を解くだけなのでアルゴリズム的に難しいところはありません．

図 11.1 に最小二乗近似の SPD チャートを示します．

次に，以下の標本点に対して最小二乗近似を行うプログラムをソースコード 11.1 に示します．

i	1	2	3	4	5	6	7	8
x	0.12	0.25	0.31	0.33	0.51	0.72	0.89	0.91
y	0.43	1.12	3.62	4.57	4.81	6.22	5.11	3.86

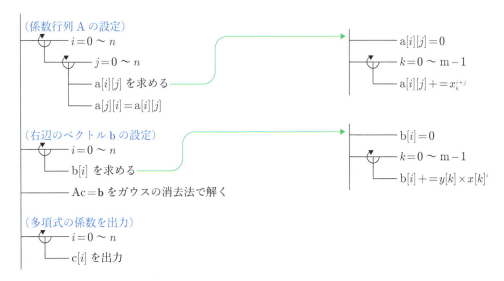

図 11.1：最小二乗近似の SPD

ソースコード 11.1：最小二乗近似のプログラム

```
1   #include <stdio.h>
2   #include <stdlib.h>
3   #include <math.h>
4
5   #define M 8  // データ点数
6   #define N 4  // 多項式の未知係数の数（次数 n + 1）
7
8   // 最小二乗近似----------------------------------------------------
9   void least_squares(double x[], double y[], double c[]) {
10
11      double a[N][N], b[N];
12      int i, j, k;
13
14      // 行列の各成分を計算----------------------------------------
15      for (i = 0; i < N; i++) {
16          for (j = 0; j <= i; j++) {
17              a[i][j] = 0.0;
18              for (k = 0; k < M; k++) {
19                  a[i][j] += pow(x[k], i + j);
20              }
21              a[j][i] = a[i][j];
22          }
23      }
24
25      // 右辺ベクトルを計算----------------------------------------
26      for (i = 0; i < N; i++) {
27          b[i] = 0.0;
28          for (k = 0; k < M; k++) {
29              b[i] += y[k] * pow(x[k], i);
30          }
31      }
32
33      // ガウスの消去法で多項式の係数を求める----------------------
34      pivoted_gauss(a, b, c);
35  }
36
37  // メイン関数----------------------------------------------------
38  int main(void) {
39
```

```
40      double x[M] = { 0.12, 0.25, 0.31, 0.33, 0.51, 0.72, 0.89, 0.91 };
41      double y[M] = { 0.43, 1.12, 3.62, 4.57, 4.81, 6.22, 5.11, 3.86 };
42      double c[N];
43      int i;
44
45      least_squares(x, y, c);
46
47      // 結果出力----------------------------------------------
48      printf("最小二乗近似多項式の係数:\n");
49      for (i = 0; i < N; i++) {
50          printf("c[%d] = %10.6lf\n", i, c[i]);
51      }
52
53      return 0;
54  }
```

実行結果を以下に示します．また，得られた $g(x)$ をグラフにしたものを図 11.2 に示します．

```
最小二乗近似多項式の係数:
c[0] =  -1.696269
c[1] =  15.992133
c[2] =   4.417706
c[3] = -16.185515
```

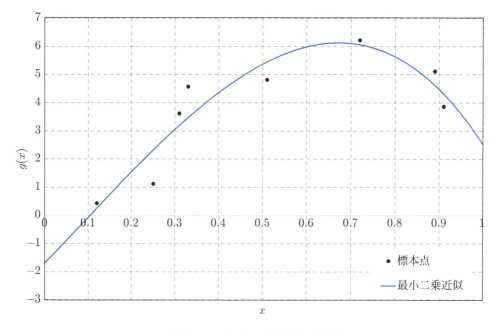

図 11.2：離散データに対する最小二乗近似

11.1.3 ● 一般の関数系による近似

ここでは前項の議論を一般化し，区間 $[a, b]$ 上で連続かつ一次独立な関数系 $\{\varphi_i(x)\}$ （$i = 0, 1, \cdots, n$) によって構成された関数

$$g(x) = \sum_{i=0}^{n} c_i \varphi_i(x) \tag{11.7}$$

を用いて $f(x)$ を近似することを考えます．$\varphi(x)$ の例としては前述の多項式や後述するチェビシェフ多項式やルジャンドル多項式などがあります．なお，関数の一次独立性はベクトルの場合と同様に次で定義されます．

定義 11.1

区間 $[a,b]$ で定義される関数 $u_0(x), u_1(x), \cdots, u_n(x)$ に関して以下が成立するとき，$u_0(x), u_1(x), \cdots, u_n(x)$ は**一次独立**であるという．

$c_i \ (i = 0, 1, \cdots, n)$ を定数とし，任意の $x \in [a,b]$ に対し，

$$c_0 u_0(x) + c_1 u_1(x) + \cdots + c_n u_n(x) = 0 \tag{11.8}$$

ならば

$$c_0 = c_1 = \cdots = c_n = 0 \tag{11.9}$$

となる．

関数 $\{x^i\} (i = 0, 1, 2, \cdots, n)$ が一次独立であることは次のように確認できます．

定義中の条件に対して，その対偶が成り立つことを示します．いま，$c_i \neq 0$ となる定数が 1 つ以上あるとします．このとき，$U(x) = c_0 u_0(x) + c_1 u_1(x) + \cdots + c_n u_n(x)$ は n 次以下の多項式なので，$U(x) = 0$ の解は n 個以下になります．したがって任意の x に対して $U(x) = 0$ が成り立つことはありません．以上から $\{x_i\}$ は一次独立となります．

さて，前項と同様に $\dfrac{\partial S}{\partial c_i} = 0$ を使って c_i を未知数とする方程式を導出します．ここで，式の簡略化のために y_k と $\varphi_j(x_i)$ を

$$\boldsymbol{y} = \begin{bmatrix} y_0 \\ y_1 \\ \vdots \\ y_n \end{bmatrix}, \quad \boldsymbol{\varphi}_i = \begin{bmatrix} \varphi_i(x_0) \\ \varphi_i(x_1) \\ \vdots \\ \varphi_i(x_n) \end{bmatrix} \tag{11.10}$$

のようにベクトル表現すると，前項の式 (11.3) は

$$\frac{\partial S}{\partial c_i} = -2 \left\{ (\boldsymbol{y}, \boldsymbol{\varphi}_i) - \sum_{j=0}^{n} c_j (\boldsymbol{\varphi}_i, \boldsymbol{\varphi}_j) \right\} \tag{11.11}$$

と書けます．したがって，

$$A = \begin{bmatrix} (\boldsymbol{\varphi}_0, \boldsymbol{\varphi}_0) & (\boldsymbol{\varphi}_0, \boldsymbol{\varphi}_1) & \cdots & (\boldsymbol{\varphi}_0, \boldsymbol{\varphi}_n) \\ (\boldsymbol{\varphi}_1, \boldsymbol{\varphi}_0) & (\boldsymbol{\varphi}_1, \boldsymbol{\varphi}_1) & \cdots & (\boldsymbol{\varphi}_1, \boldsymbol{\varphi}_n) \\ \vdots & \vdots & \ddots & \vdots \\ (\boldsymbol{\varphi}_n, \boldsymbol{\varphi}_0) & (\boldsymbol{\varphi}_n, \boldsymbol{\varphi}_1) & \cdots & (\boldsymbol{\varphi}_n, \boldsymbol{\varphi}_n) \end{bmatrix}, \quad \boldsymbol{c} = \begin{bmatrix} c_0 \\ c_1 \\ \vdots \\ c_n \end{bmatrix}, \quad \boldsymbol{b} = \begin{bmatrix} (\boldsymbol{y}, \boldsymbol{\varphi}_0) \\ (\boldsymbol{y}, \boldsymbol{\varphi}_1) \\ \vdots \\ (\boldsymbol{y}, \boldsymbol{\varphi}_n) \end{bmatrix} \tag{11.12}$$

とおくと，連立一次方程式 $Ac = b$ を解くことにより近似関数 $g(x)$ が求まります．

11.2 連続データに対する最小二乗近似

ここまで離散点 x_i における関数値 $f(x_i)$ をもとに $g(x)$ を求める問題を考えました．次に区間 $[a, b]$ 内のすべての点 x における関数値 $f(x)$ をもとに $g(x)$ を求めることを考えます．これはたとえば $f(x)$ が数式で陽に与えられている場合などを想定しています．このとき近似関数 $g(x)$ に対する誤差評価には次式を用います．

$$S = \int_a^b \{f(x) - g(x)\}^2 dx \tag{11.13}$$

上式は 11.1.1 項で用いた離散点に対する誤差評価式 (11.2) の自然な拡張となっています．11.1.1 項の評価式が各離散点における誤差の総和で構成されたのに対して，ここでは連続点に対する誤差の総和という意味において積分が用いられています．

ちなみに関数に対するノルムも第 2 章で紹介したベクトルのノルムを拡張することで定義できます．たとえば n 次元ベクトル $\boldsymbol{x}$ の 2 ノルムが

$$\|\boldsymbol{x}\|_2 = \sqrt{\sum_{i=1}^n x_i^2} \tag{11.14}$$

であったのに対し，区間 $[a, b]$ 上の**関数 $u(x)$ に対する 2 ノルム**（L_2 ノルム）は

$$\|u\|_2 = \sqrt{\int_a^b \{u(x)\}^2 dx} \tag{11.15}$$

で定義されます．

また**関数の最大値ノルム**（一様ノルムともいいます）も n 次元ベクトルでの定義式 $\|\boldsymbol{x}\|_\infty = \max_{1 \le i \le n} |x_i|$ に対して，関数 $u(x)$ では

$$\|u\|_\infty = \max_{a \le x \le b} |u(x)| \tag{11.16}$$

となります．なお先ほどの誤差 S（式 (11.13)）は L_2 ノルムを用いて

$$S = \|f - g\|_2^2 \tag{11.17}$$

と表現することもできます．

さらに関数の内積もノルムと同様，総和を積分に置き換えることで定義されます．具体的には，2 つの関数 $u(x)$, $v(x)$ に対する内積は次式で定義できます．

$$(u, v) = \int_a^b u(x)v(x)dx \tag{11.18}$$

以上に紹介した誤差 S と関数の内積の定義を用いて，11.1.1 項と同様に S を最小にする c_i を求めることを考えます．まず S を c_i で偏微分すると

$$\frac{\partial S}{\partial c_i} = \frac{\partial}{\partial c_i} \int_a^b \left\{ f(x) - \sum_{j=0}^n c_j \varphi_j(x) \right\}^2 dx$$

第11章 関数近似 205

$$
= -\int_a^b 2\left\{ f(x) - \sum_{j=0}^n c_j \varphi_j(x) \right\} \varphi_i(x) dx
$$

$$
= -2\left\{ \int_a^b f(x)\varphi_i(x) dx - \sum_{j=0}^n c_j \int_a^b \varphi_i(x)\varphi_j(x) dx \right\}
$$

$$
= -2\left\{ (f(x), \varphi_i(x)) - \sum_{j=0}^n c_j(\varphi_i(x), \varphi_j(x)) \right\} \tag{11.19}
$$

となります．さらに $\partial S/\partial c_i = 0$ より，離散点での近似のときとまったく同様に

$$
A = \begin{bmatrix} (\varphi_1, \varphi_1) & (\varphi_1, \varphi_2) & \cdots & (\varphi_1, \varphi_n) \\ (\varphi_2, \varphi_1) & (\varphi_2, \varphi_2) & \cdots & (\varphi_2, \varphi_n) \\ \vdots & \vdots & \ddots & \vdots \\ (\varphi_n, \varphi_1) & (\varphi_n, \varphi_2) & \cdots & (\varphi_n, \varphi_n) \end{bmatrix}, \quad \boldsymbol{c} = \begin{bmatrix} c_0 \\ c_1 \\ \vdots \\ c_n \end{bmatrix}, \quad \boldsymbol{b} = \begin{bmatrix} (f, \varphi_0) \\ (f, \varphi_1) \\ \vdots \\ (f, \varphi_n) \end{bmatrix} \tag{11.20}
$$

とおくと，連立一次方程式 $A\boldsymbol{c} = \boldsymbol{b}$ を解くことで $g(x)$ が求まります．

　最小二乗近似においては，一般に近似関数の次数を上げると近似精度の向上が期待できます．また理論的にも，次数を上げると精度は良くなるか変わらないかのどちらかで，悪くなることはありません．ただし実際には，数値計算に伴う誤差の影響で精度が悪化するケースもあるので注意が必要です．よく知られた例としては，区間 $[0,1]$ において n 次多項式近似を行う場合，係数行列 A の要素は

$$
a_{ij} = \int_0^1 x^i x^j dx = \frac{1}{i+j+1} \tag{11.21}
$$

となり，A を書き下すと以下のようになります．

$$
A = \begin{bmatrix} \frac{1}{1} & \frac{1}{2} & \cdots & \frac{1}{n+1} \\ \frac{1}{2} & \frac{1}{3} & \cdots & \frac{1}{n+2} \\ \vdots & \vdots & \ddots & \vdots \\ \frac{1}{n+1} & \frac{1}{n+2} & \cdots & \frac{1}{2n+1} \end{bmatrix} \tag{11.22}
$$

　この行列の n 行目の各値を見るとわかるように，次数 n が大きくなると，n 行目（または n 列目）付近の隣り合う行ベクトル（または列ベクトル）の値が近づいてきます．そのため行列の正則性が弱まり，数値解法に伴う誤差が混入しやすくなります．

11.3 直交多項式による最小二乗近似

　本節では**直交多項式**による近似手法を紹介します．この関数系を用いることで，上で示したような誤差を抑制したり，計算コストを削減することが可能となります．

　関数における直交とはベクトルの直交と同じように，内積が 0 となることをいいます．なおここでは式 (11.18) を拡張した重み付きの内積

$$
(u, v)_w = \int_a^b u_1(x) u_2(x) \omega(x) dx \tag{11.23}
$$

を用います．ただし $w(x)$ は**重み関数**，または**密度関数**と呼ばれ，一般に $w(x) > 0$ となる関数です．また $w(x) = 1$ とおくと式 (11.23) は通常の内積となります．多項式系 $\{p_i(x)\}, (i = 0, 1, 2, \cdots)$ において任意の i, j に対して

$$(p_i, p_j)_w = \lambda_i \delta_{ij}, \quad \lambda_i > 0 \tag{11.24}$$

が成り立つとき，$\{p_i(x)\}$ を直交多項式系といいます．またとくに，すべての i に対して $\lambda_i = 1$ のとき正規直交多項式系といいます．以下にその代表例として，**チェビシェフ多項式**と**ルジャンドル多項式**を紹介します．

チェビシェフ多項式

チェビシェフ多項式 $T_k(x)$ は区間 $[-1, 1]$ において次式で定義される多項式です．

$$T_k(x) = \cos(k\theta), \quad x = \cos\theta \quad k = 0, 1, \cdots \tag{11.25}$$

なお，上の両式をまとめて $T_k(x) = \cos(k \arccos x)$ とも書かれます．ここでは，$T_k(x)$ の漸化式を導いた上で，$T_k(x)$ を x の多項式として表します．まず三角関数の和積の公式

$$\cos\alpha + \cos\beta = 2\cos\frac{\alpha + \beta}{2}\cos\frac{\alpha - \beta}{2} \tag{11.26}$$

において $\alpha = (n+1)\theta, \beta = (n-1)\theta$ とおくと

$$\cos(n+1)\theta + \cos(n-1)\theta = 2\cos n\theta \cos\theta \tag{11.27}$$

となります．これより $T_k(x)$ に関し以下の漸化式が得られます．

$$T_{k+1} = 2xT_k(x) - T_{k-1}(x) \tag{11.28}$$

次に $T_0(x) = 1, T_1(x) = x$ をもとに順次漸化式を適用することで，チェビシェフ多項式の各項を求めると

$$T_2(x) = 2x^2 - 1, \quad T_3(x) = 4x^3 - 3x, \quad T_4(x) = 8x^4 - 8x^2 + 1, \quad \cdots \tag{11.29}$$

となります．これらの関数の概形は図 11.3 のようになります．

チェビシェフ多項式を用いる場合，ノルムと内積は以下を用います．

$$\|u\|_w = \left[\int_{-1}^{1}\{u(x)\}^2 w(x)dx\right]^{\frac{1}{2}}, \quad w(x) = \frac{1}{\sqrt{1-x^2}} \tag{11.30}$$

$$(u, v)_w = \int_{-1}^{1} u(x)v(x)w(x)dx \tag{11.31}$$

この内積に対し，

$$\int_{-1}^{1} T_n(x)T_m(x)\frac{dx}{\sqrt{1-x^2}} = \int_{\pi}^{0} \cos(n\theta)\cos(m\theta)\frac{1}{\sin\theta}(-\sin\theta)d\theta$$
$$= \begin{cases} 0 & (n \neq m) \\ \frac{\pi}{2} & (n = m \neq 0) \\ \pi & (n = m = 0) \end{cases} \tag{11.32}$$

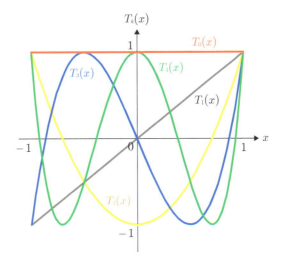

図 11.3：チェビシェフ多項式

となることから，$\{T_k(x)\}$ は直交関数系となることがわかります．

ルジャンドル多項式

ルジャンドル多項式は次式で定義される多項式です．

$$P_0(x) = 1, \quad P_n(x) = \frac{1}{2^n n!} \frac{d^n}{dx^n}(x^2-1)^n \quad (n=1,2,\cdots) \tag{11.33}$$

定義域はチェビシェフ多項式と同じ $[-1,1]$ です．上式にしたがって P_n を求めると

$$P_1(x) = x, \quad P_2 = \frac{1}{2}(3x^2-1), \quad P_3(x) = \frac{1}{2}(5x^3-3x), \quad P_4 = \frac{1}{8}(35x^4-30x^2+3), \quad \cdots \tag{11.34}$$

が得られます．図 11.4 にこれらの関数の概形を示します．ノルムと内積は式 (11.30), (11.31) において $w(x)=1$ とおいたものを用います．したがって式 (11.15), (11.18) と同じになります．また直交性について，式の導出は省略しますが以下の結果が得られます．

$$\int_{-1}^{1} P_n(x) P_m(x) dx = \begin{cases} 0 & (n \neq m) \\ \frac{2}{2n+1} & (n=m) \end{cases} \tag{11.35}$$

これによりルジャンドル多項式も直交関数系であることがわかります．

直交多項式による最小二乗近似

以上の直交多項式系を用いることで，最小二乗近似の各項の係数 c_i を求めることが簡単になります．というのも c_i を求めるための連立一次方程式 (11.20) において行列 A の非対角成分はすべて 0 になるからです．したがって各係数は単に

$$c_i = \frac{(f, \varphi_i)}{\|\varphi_i\|^2} \tag{11.36}$$

で求まります．たとえばチェビシェフ多項式の場合

$$c_i = \begin{cases} \dfrac{1}{\pi} \int_{-1}^{1} \dfrac{f(x)}{\sqrt{1-x^2}} dx & (i=0) \\ \dfrac{2}{\pi} \int_{-1}^{1} \dfrac{f(x) T_i(x)}{\sqrt{1-x^2}} dx & (i>0) \end{cases} \tag{11.37}$$

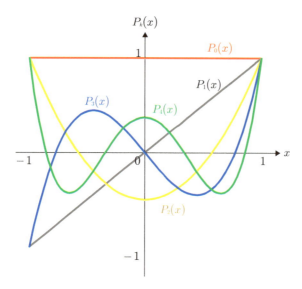

図 11.4：ルジャンドル多項式

ルジャンドル多項式の場合は

$$c_i = \frac{2n+1}{2} \int_{-1}^{1} f(x) P_i(x) dx \tag{11.38}$$

となります．

> **章末問題**
>
> **問 11.1**
> $y = \sin(x), 0 \leq x \leq 1$ に対し，5 次多項式で最小二乗近似を行うプログラムを作成せよ．ただし x の区間 [0,1] を 100 等分して得られる標本点に対して最小二乗近似を行うこと．
>
> **問 11.2**
> チェビシェフ多項式 T_2, T_3, T_4 を x の式で表せ．ただし漸化式は用いず直接導出すること．
>
> **問 11.3**
> $y = x^2 \sin(3x) + 1, -1 \leq x \leq 1$ に対し，10 次のチェビシェフ多項式で最小二乗近似を行うプログラムを作成せよ．ただし関数の積分には次章で説明するシンプソン公式を用いること．

第12章　補間

INTRODUCTION

　　本章では与えられた標本点に対してその間を埋める補間について考えます．ここで与えられた標本点は何らかの関数 $f(x)$ をサンプリングして得られたものだとすると，補間関数 $g(x)$ は $f(x)$ の近似と見なせます．その意味では補間も関数近似の一種ですが，前章で紹介した関数近似との違いは，前章の場合近似関数は標本点を通る必要はなかったのに対して，補間の場合近似関数はすべての標本点を通らなければならないという点です．

　　なお近似関数 $g(x)$ は前章と同様にべき多項式と直交関数系を用います．べき多項式による補間についてはラグランジュ補間とスプライン補間を紹介します．また直交関数系ではチェビシェフ多項式による補間を解説します．

12.1　ラグランジュ補間

12.1.1 ● ラグランジュ補間の計算方法

　本節では，関数 $f(x)$ に関して $n+1$ 個の点 x_i $(i = 0, 1, \cdots, n)$ と，$y_i = f(x_i)$ が与えられたとき，すべての標本点 (x_i, y_i) を通る近似多項式

$$P_n = \sum_{i=0}^{n} c_i x^i \tag{12.1}$$

を求めることを考えます．ここで $P_n(x)$ をラグランジュ補間多項式といいます．たとえば 2 つの標本点を補間するラグランジュ補間多項式は 1 次多項式，すなわち直線となり，また 3 つの標本点を補間する場合は 2 次多項式になります．このような多項式は係数 c_i を未知数とし，式 (12.1) に各点を代入した連立一次方程式

$$y_i = \sum_{j=0}^{n} c_j x_i^j \tag{12.2}$$

を解くことによって求められます．行列形式で表現すると

$$V = \begin{bmatrix} 1 & x_0 & x_0^2 & \cdots & x_0^n \\ 1 & x_1 & x_1^2 & \cdots & x_1^n \\ \vdots & \vdots & \vdots & \ddots & \vdots \\ 1 & x_N & x_N^2 & \cdots & x_N^n \end{bmatrix}, \quad \boldsymbol{c} = \begin{bmatrix} c_0 \\ c_1 \\ \vdots \\ c_n \end{bmatrix}, \quad \boldsymbol{y} = \begin{bmatrix} y_0 \\ y_1 \\ \vdots \\ y_n \end{bmatrix} \tag{12.3}$$

に対し $V\boldsymbol{c} = \boldsymbol{y}$ となります．ここで V の行列式は**ヴァンデルモンドの行列式**と呼ばれ，

$$\det V = \prod_{0 \leq i < j \leq n}(x_j - x_i) \tag{12.4}$$

で表されます．上式において標本点はすべて異なるので右辺は非零，つまり $\det V \neq 0$ となります．したがって係数 c_i は一意に決まります．

またこの方法とは別に，方程式を解くことなく解析的に $P_n(x)$ を求める方法を以下に示します．まず，P_n が与えられた点をすべて通るようにするために次の関数を導入します．

$$l_i(x) = \prod_{j=1, i \neq j}^{n} \frac{x - x_j}{x_i - x_j} \tag{12.5}$$

この関数は n 次多項式であり，また標本点 $x_j \ (j=0,1,\cdots,n)$ においては

$$l_i(x_j) = \delta_{ij} = \begin{cases} 1 & (i=j) \\ 0 & (i \neq j) \end{cases} \tag{12.6}$$

の値をとります．ここで各 $l_i(x)$ に $f(x_i)$ を組み合わせ

$$P_n(x) = \sum_{i=1}^{n} l_i(x) f(x_i) \tag{12.7}$$

なる関数を考えると，各標本点 $x_j \ (j=0,1,\cdots,n)$ に対して

$$\begin{aligned} P_n(x_j) &= 0 \cdot f(x_0) + \cdots + 0 \cdot f(x_{j-1}) + 1 \cdot f(x_j) + 0 \cdot f(x_{j+1}) + \cdots + 0 \cdot f(x_n) \\ &= f(x_i) \ (i=1,2,\cdots,n) \end{aligned} \tag{12.8}$$

となります．したがって $P_n(x)$ はすべての点を通る n 次多項式であることがわかります．

12.1.2 ● ラグランジュ補間のプログラム作成

ラグランジュ補間では，標本点のデータが与えられれば式 (12.7) に値を代入するだけなので，近似関数は簡単に求まります．本項ではこの式を用いつつ，近似区間における関数値を出力するプログラムを作成します．最上位の SPD は図 12.1 のようになります．ここでは近似対象の区間 $[x_0, x_n]$ を m 等分し，$m+1$ 個の分点における $P_n(x)$ の値を出力します．

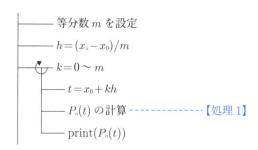

図 12.1：ラグランジュ補間の概要

図 12.1 中，【処理 1】の「$P_n(t)$ の計算」をブレイクダウンしたものを図 12.2 と図 12.3 に示します．この計算は $\sum$ と $\prod$ の 2 重ループになっています．第 2 章で紹介したように，このような数式は機械的かつ比較的容易にプログラムに変換できます．そのため SPD も 2 重ループを 1 つの図にまとめてしまって構いませんが，ここではよりわかりやすくするために 2 つに分けて記載します．

図 12.2：$P_i(x)$ の計算 　　　　　　　図 12.3：$l_j(x)$ の計算

次に，表 12.1 のデータ点に対してラグランジュ補間を行うプログラムをソースコード 12.1 に示します．

表 12.1：ラグランジュ補間の標本点

i	1	2	3	4	5	6	7	8	9	10	11
x_i	1.0	2.0	3.0	4.5	5.2	6.1	7.4	8.2	9.3	10.0	11.5
y_i	3.5	5.9	6.5	5.0	4.1	3.2	3.0	4.3	9.5	8.3	8.2

ソースコード 12.1：ラグランジュ補間のプログラム

```
1  #include <stdio.h>
2
3  #define N 11 // 標本点数
4
5  // ラグランジュ補間----------------------------------------------------
6  double lagrange(double sample_x[], double sample_y[],int n, double x) {
7
8      double s = 0.0, p;
9      int i, j;
10
11     // Σ f(x)*l(x) のループ-----------------------------------------
12     for (i = 0; i < n; i++) {
13
14         // Π (x-x_j)/(x_i-x_j) のループ----------------------------
15         p = sample_y[i];
16         for (j = 0; j < i; j++) {
17             p *= (x - sample_x[j]) / (sample_x[i] - sample_x[j]);
18         }
19         for (j = i+1; j < n; j++) {
20             p *= (x - sample_x[j]) / (sample_x[i] - sample_x[j]);
21         }
22         s += p;
23     }
24
25     return s;
26 }
27
28 // メイン関数---------------------------------------------------------
29 int main(void) {
30
31     // 標本点の定義
32     double sample_x[N] = { 1.0, 2.7, 3.0, 4.5, 5.2,
33                            6.1, 7.4, 8.2, 9.3, 10.0, 11.5 };
```

```
34      double sample_y[N] = { 3.5, 5.9, 6.5, 5.0, 4.1,
35                             3.2, 3.0, 4.3, 9.5, 8.3, 8.2 };
36      double x, y, m = 100, k;
37      double h = (sample_x[N - 1] - sample_x[0]) / m;
38
39      // 補間と結果出力----------------------------------------------
40      printf(" x y\n");
41      printf("--------------------------------\n");
42      for (k = 0; k <= m; k++) {
43          x = sample_x[0] + k * h;
44          y = lagrange(sample_x, sample_y, N, x);
45          printf("%10.6lf\t%10.6lf\n", x, y);
46      }
47
48      return 0;
49  }
```

実行結果を図 12.4 に示します．近似関数はすべてのデータ点を通っていますが，この例では区間の両端においてデータ点から大きく逸脱する形で補間が行われています．

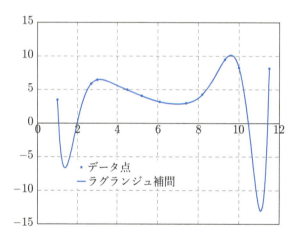

図 12.4：ラグランジュ補間

12.1.3 ● ラグランジュ補間の誤差

ラグランジュ補間の誤差は次で表されます．

> **定理 12.1**
> $f(x)$ を区間 $[a,b]$ で C^{n+1} 級の関数とし，$n+1$ 個の標本点 $x_i \in [a,b]$, $(i=0,1,\cdots,n)$ に対するラグランジュ補間を $P_n(x)$ とする．このとき，$x \in [a,b]$ における補間誤差は次式で表される．
>
> $$f(x) - P_n(x) = \frac{(x-x_0)(x-x_1)\cdots(x-x_n)}{(n+1)!} f^{(n+1)}(\xi), \quad x_0 < \xi < x_n \tag{12.9}$$

第12章 補間 213

証明

$\pi(x) = (x - x_0)(x - x_1) \cdots (x - x_n)$ とおくと，$x = x_i$ のとき，$\pi(x_i) = 0$ より式 (12.9) の右辺は 0 となります．また $f(x_i) = P(x_i)$ より式の左辺も 0 です．したがって式 (12.9) が成立します．

次に $x \neq x_i$ の場合を考えます．まず，$\alpha \in [a, b]$ を任意に選び，以下に示す t の関数

$$Q(t) = f(t) - P_n(t) - \pi(t)\frac{f(\alpha) - P_n(\alpha)}{\pi(\alpha)} \tag{12.10}$$

を考えます．この関数は $Q(x_i) = 0$ $(i = 0, 1, \cdots, n)$ かつ $Q(\alpha) = 0$ となるので少なくとも $n + 2$ 個の**零点**を持ちます．なお，関数 Q の零点とは $Q(x) = 0$ となる点 x のことです．このことから**ロルの定理**を適用すると，$Q'(t)$ は区間 $[a, b]$ に少なくとも $n + 1$ 個の零点を持ちます．なおロルの定理とは導関数の零点に関する以下の定理です．

定理12.2 | ロルの定理

関数 $f(x)$ が区間 $[a, b]$ 上で連続，かつ開区間 (a, b) 上で微分可能とする．このとき $f(a) = f(b)$ ならば $f'(c) = 0$ となる点 c が (a, b) 上に存在する．

またさらに $Q'(t)$ に対してロルの定理を適用すると $Q''(t)$ は n 個の零点を持つことになります．これを繰り返すと，

$$Q^{(n+1)}(t) = f^{(n+1)}(t) - P_n^{(n+1)}(t) - \pi^{(n+1)}(t)\frac{f(\alpha) - P_n(\alpha)}{\pi(\alpha)} \tag{12.11}$$

は少なくとも 1 個の零点を持ちます．この点を ξ とします．$P_n(t)$ は n 次多項式なので $P_n^{(n+1)}(t) = 0$，また，$\pi(t)$ は $n + 1$ 次多項式でかつ，その最高次の係数は 1 であることから $\pi^{(n+1)}(t) = (n+1)!$ となります．これらを式 (12.11) に代入すると

$$f(\alpha) - P_n(\alpha) = \frac{\pi(\alpha)}{(n+1)!}f^{(n+1)}(\xi) \tag{12.12}$$

となります．α は $[a, b]$ 内の任意の値だったので，結局式 (12.9) が成立します．**証明終**

12.2 直交多項式補間

本節では直交多項式 $p_0(x), p_1(x), \cdots, p_n(x)$ による補間について説明します．ここで直交多項式 $p_i(x)$ は区間 $[a, b]$ において直交の条件式 (11.24) を満たしているとします．

前節のラグランジュ補間では標本点を任意にとることができましたが，ここで紹介する直交多項式による補間では決められた標本点を用います．具体的には，標本点 $x_1, x_2, \cdots, x_n$ を $p_n(x)$ の零点（$p_n(x) = 0$ となる点）にとります．

このとき直交多項式による補間は次式によって与えられます[*1]．

$$f_n(x) = \sum_{i=0}^{n-1} c_i p_i(x) \tag{12.13}$$

---

*1 補間式の導出については文献 [3] などを参照してください．

$$c_k = \frac{1}{\lambda_k} \sum_{j=0}^{n} w_j p_k(x_j) f(x_j) \tag{12.14}$$

$$w_j = \frac{\mu_n \lambda_{n-1}}{\mu_{n-1} p_{n-1}(x_j) \, p_n'(x_j)} \tag{12.15}$$

ここで $\mu_k \ (k = 0, 1, \cdots, n)$ は $p_k(x)$ における x^k の係数とします.

直交多項式補間の具体例として，**チェビシェフ補間**について説明します.

チェビシェフ補間

$n-1$ 次のチェビシェフ補間の標本点 $x_j, \, j = 1, 2, \cdots, n$ は $T_n(x) = \cos n\theta = 0$ より

$$x_j = \cos \frac{(2j-1)\pi}{2n} \quad (j = 1, 2, \cdots, n) \tag{12.16}$$

となります. これらの点に関して式 (12.14) の c_i を求めることで補間多項式が得られます. まず同式右辺の λ_k については

$$\lambda_k = \int_{-1}^{1} \frac{T_k^2(x)}{\sqrt{1-x^2}} dx = \begin{cases} \dfrac{\pi}{2} & (k \neq 0) \\ \pi & (k = 0) \end{cases} \tag{12.17}$$

となります. また式 (12.15) 中の μ_k についてはチェビシェフ多項式の漸化式 (11.28) を用いて求めます. $T_k(x)$ の最高次の係数 μ_k の値を α とすると, 同式より $\mu_{k+1} = 2\alpha$ となり, $\mu_{k+1}/\mu_k = 2$ をもとに

$$\mu_k = 2^{k-1} \quad (k \geq 1) \tag{12.18}$$

が得られます. 次に式 (12.15) の $p_n'(x_j)$ に関しては

$$T_n'(x) = \frac{d \cos(n \, \arccos x)}{dx} = \frac{n \, \sin n\theta}{\sin \theta} \tag{12.19}$$

より

$$\begin{aligned} w_j &= \frac{\mu_n \lambda}{\mu_{n-1} T_{n-1}(x_j) T_n'(x_j)} \\ &= \frac{\pi \sin \theta_j}{n \, \sin n\theta_j \, \cos (n-1)\theta_j} = \frac{\pi}{n} \end{aligned} \tag{12.20}$$

となります. 以上を式 (12.14) に代入すると以下の**チェビシェフ補間公式**が得られます.

$$f_n(x) = \sum_{k=0}^{n-1} c_k T_k(x) \tag{12.21}$$

$$\begin{cases} c_0 = \dfrac{1}{n} \sum_{j=1}^{n} f(x_j) \\ c_k = \dfrac{2}{n} \sum_{j=1}^{n} T_k(x_j) f(x_j) \quad (k = 1, 2, \cdots, n) \end{cases} \tag{12.22}$$

例として $f(x) = 1/(1 + 25x^2)$ に対し, 17 個の標本点をもとにチェビシェフ補間を行った結果を図 12.5 に示します. また比較として同じ個数の標本点を等間隔に取ったときのラグランジュ補間の結果もあわせて示します. 等間隔のラグランジュ補間では次数を大きくするにしたがって逆に誤差が拡大する現象がみられ, これは**ルンゲの現象**と呼ばれています.

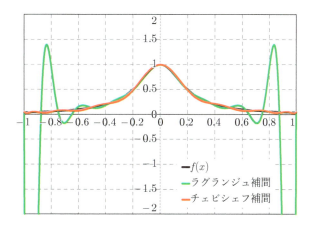

図 12.5：チェビシェフ補間とラグランジュ補間の比較

12.3 スプライン補間

12.3.1 ● スプライン補間の計算方法

　ラグランジュ補間では，図 12.4 で見たように近似区間の端の部分で関数値が大きく振動することがあります．このような補間性能の悪化を防ぐ手法の一つとして，定義域を分割し，各領域ごとに別の関数で近似するという方法が考えられます．たとえば近似区間を標本点 n 点ごとに分割し，それぞれに $n-1$ 次のラグランジュ補間を適用します．ただしこの方法だと隣接区間との境界（節点）において隣り合う 2 つの曲線が滑らかに接続されず折れ曲がってしまいます．そこで隣の関数との節点において，関数値だけでなく微分値も等しいという条件を追加し滑らかな近似曲線を求める方法があります．このような手法を**スプライン補間**と呼びます．

　具体的には n 次のスプライン補間では，分割された各区間における近似関数として n 次多項式が用いられます．さらに隣接する 2 つの多項式は両者の節点において，関数値と微分値（1 階微分から $n-1$ 階微分の値）が等しいという条件を課します．

　以下では 3 次のスプライン補間を考えます．まず，$n+1$ 個の標本点 x_i $(i=0,1,\cdots,n)$ と関数値 $y_i = f(x_i)$ が与えられているとします．区間 $[x_{i-1}, x_i]$ $(i=1,2,\cdots,n)$ における 3 次スプライン関数 $S_i(x)$ を

$$S_i(x) = a_i(x-x_{i-1})^3 + b_i(x-x_{i-1})^2 + c_i(x-x_{i-1}) + d_i \tag{12.23}$$

とします．この n 個のスプライン関数に関し，滑らかに接続される条件をもとに連立一次方程式を作り，それを解くことで各係数 a_i, b_i, c_i, d_i を求めます．以下に接続の条件を示します．

　条件 1：各節点において，近似関数が連続となる．

$$S_i(x_{i-1}) = y_{i-1} \quad (i=1,2,\cdots,n) \tag{12.24}$$

$$S_i(x_i) = y_i \quad (i=1,2,\cdots,n) \tag{12.25}$$

　条件 2：各節点において，1 階導関数と 2 階導関数が連続となる．

$$S_i'(x_i) = S_{i+1}'(x_i) \quad (i=1,2,\cdots,n-1) \tag{12.26}$$

$$S_i''(x_i) = S_{i+1}''(x_i) \quad (i = 1, 2, \cdots, n-1) \tag{12.27}$$

これらの条件をもとに係数を求めるわけですが，変数が $4n$ 個（a_i, b_i, c_i, d_i の係数 4 個 × n 区間）あるのに対し，上記の方程式は $4n-2$ 個であり 2 個足りません．そこで近似区間の端点における 2 階微分の値に以下の条件を追加します．

条件 3： $$s_0''(x_0) = 0, \quad s_n''(x_n) = 0 \tag{12.28}$$

なお，この端点における 2 階微分値を 0 とおく条件を**自然スプライン条件**といいます．

さて，以上の式 (12.24)〜(12.28) を連立させて方程式を解けば各係数が求まります．具体的には，

$$a_i h_i^3 + b_i h_i^2 + c_i h_i + y_{i-1} = y_i \quad (i = 1, 2, \cdots, n-1) \qquad (\text{(12.24)},(12.25) \text{ より}) \tag{12.29}$$

$$3a_i h_i^2 + 2b_i h_i + c_i = c_{i+1} \quad (i = 1, 2, \cdots, n) \qquad (\text{(12.26) より}) \tag{12.30}$$

$$3a_i h_i + b_i = b_{i+1} \quad (i = 1, 2, \cdots, n-1) \qquad (\text{(12.27) より}) \tag{12.31}$$

$$b_1 = 0 \qquad (\text{(12.28) より}) \tag{12.32}$$

$$6h_n a_n + 2b_n = 0 \qquad (\text{(12.28) より}) \tag{12.33}$$

となります．ここで $h_i = x_i - x_{i-1}$ とおきました．また式 (12.30) において $i = n$ のとき，定義されていない未知数 c_{n+1} が出てきますが，これは後に行う式変形を簡単化するために新たな未知数を追加したものです．

上式をそのまま解くことも可能ですが，ここでは計算量を減らすため，変数消去によって c_i のみの連立一次方程式に変形します．まず，式 (12.29)〜(12.31) を用いて a_i を消去すると

$$b_i h_i^2 + 2c_i h_i + c_{i+1} h_i = 3y_i - 3y_{i-1} \qquad (\text{(12.29)} \times 3 - \text{(12.30)} \times h) \tag{12.34}$$

$$b_i h_i - b_{i+1} + c_i - c_{i+1} = 0 \qquad (\text{(12.30)} - \text{(12.31)} \times h) \tag{12.35}$$

となります．次にこれらの式から b_i を消去すると

$$-b_{i+1} h_i^2 + c_i h_i + 2c_{i+1} h_i = 0 \qquad (\text{(12.34)} - \text{(12.35)} \times h) \tag{12.36}$$

を得ます．さらにこの式の b_{i+1} を消去するために，i の添え字を 1 減じた上で式 (12.34) との和をとると

$$h_i c_{i-1} + 2(h_{i-1} + h_i)c_i + h_{i-1}c_{i+1} = \frac{3h_i}{h_{i-1}}(y_{i-1} - y_{i-2}) + \frac{3h_{i-1}}{h_i}(y_i - y_{i-1}) \tag{12.37}$$

が得られます．次に係数 a_i, b_i を c_i の式で表します．まず b_i は式 (12.36) より，

$$b_i = \frac{1}{h_i}\left\{-2c_i - c_{i+1} + \frac{3(y_i - y_{i-1})}{h_i}\right\} \tag{12.38}$$

となり，a_i は式 (12.30) より

$$a_i = \frac{1}{h_i^2}\left\{c_i + c_{i+1} - \frac{2(y_i - y_{i-1})}{h_i}\right\} \tag{12.39}$$

となります．最後に自然スプライン条件，式 (12.32) に式 (12.38) を，また式 (12.33) に式 (12.38) と式 (12.39) を代入することで

$$2h_1 c_1 + h_1 c_2 = 3(y_1 - y_0) \tag{12.40}$$

$$h_n c_n + 2h_n c_{n+1} = 3(y_n - y_{n-1}) \tag{12.41}$$

が得られます．

以上，連立一次方程式 (12.37), (12.40), (12.41) を解くことで c_i が求まります．また他の係数については得られた c_i をもとに，a_i は式 (12.39) から，b_i は式 (12.38) から求まります．d_i は式 (12.25) から $d_i = y_{i-1}$ となり，これで $S_i(x)$ のすべての係数が得られます．

12.3.2 ● スプライン補間のプログラム作成

次式に示すように c_i に関する連立一次方程式を行列表現するとその係数行列は 3 重対角となり，非対角成分の多くが 0 になります．そのため，ガウスの消去法や LU 分解に若干の修正を加えることで効率的に解を求めることが可能となります．

$$A\boldsymbol{c} = \boldsymbol{\delta}, \quad A = \begin{bmatrix} \alpha_1 & \beta_1 & & & & \\ \gamma_2 & \alpha_2 & \beta_2 & & & \\ & \gamma_3 & \alpha_3 & \beta_3 & & \\ & & \ddots & \ddots & \ddots & \\ & & & \gamma_n & \alpha_n & \beta_n \\ & & & & \gamma_{n+1} & \alpha_{n+1} \end{bmatrix}, \quad \boldsymbol{c} = \begin{bmatrix} c_1 \\ c_2 \\ c_3 \\ \vdots \\ c_n \\ c_{n+1} \end{bmatrix}, \quad \boldsymbol{\delta} = \begin{bmatrix} \delta_1 \\ \delta_2 \\ \delta_3 \\ \vdots \\ \delta_n \\ \delta_{n+1} \end{bmatrix} \tag{12.42}$$

ここで係数行列の各要素は，1 行目から順に，

$$\alpha_1 = 2h_1, \quad \beta_1 = h_1, \quad \delta_1 = 3(y_1 - y_0) \tag{12.43}$$

$$\alpha_i = 2(h_{i-1} + h_i), \quad \beta_i = h_{i-1}, \quad \gamma_i = h_i,$$
$$\delta_i = \frac{3h_i}{h_{i-1}}(y_{i-1} - y_{i-2}) + \frac{3h_{i-1}}{h_i}(y_i - y_{i-1}) \quad (i = 2, 3, \cdots, n) \tag{12.44}$$

$$\alpha_{n+1} = 2h_n, \quad \gamma_{n+1} = h_n, \quad \delta_n = 3(y_n - y_{n-1}) \tag{12.45}$$

となります．なお，プログラムでは行列 A を 2 次元配列として持つのではなく，$\alpha_i, \beta_i, \gamma_i$ をそれぞれ 1 次元配列として持つことにします．また，本文中の添え字とプログラムの添え字を合わせるために，各配列の要素を必要数より 1 個から 2 個多めに定義します．たとえば配列 c は「double c[n+2]」と宣言し，本文中と同じ c[n+1] まで使えるようにします．逆に c[0] は未使用とします．

次にスプライン補間の SPD を示します．処理概要は図 12.6 のようになります．

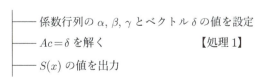

図 12.6：スプライン補間の処理概要

図中【処理 1】の連立一次方程式の解法について，その詳細を図 12.7 に示します．処理内容はガ

ウスの消去法そのものですが，行列 A は3重対角行列であるため大幅に簡略化されています．具体的には，ガウスの消去法の前進消去では対角要素より下にある成分をすべて0にする必要があり，このために3重ループによって処理が構成されていました．これに対して3重対角行列では行列の左下と右上の部分が0であるため，これらの部分に対する2つのループ処理が必要なくなり，結果的に1重ループで構成されます．ループ中の行列成分の更新式はガウスの消去法と同じです．

また後退代入においても通常は2重ループで構成されますが，行列の右上部分が0であるため，ループが1つ減って1重ループとなります．

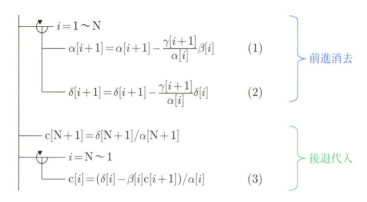

図 12.7：【処理1】3重対角行列に対するガウスの消去法

次に，12.1節のラグランジュ補間の実行例と同じデータ点に対してスプライン補間を行うプログラムをソースコード12.2に示します．

ソースコード 12.2：スプライン補間のプログラム

```
1  #include <stdio.h>
2
3  #define N 11 // 標本点数
4
5  // スプライン補間------------------------------------------------
6  double spline(double sample_x[], double sample_y[], int n, double x) {
7
8      double h[N], w;
9      double a[N], b[N], c[N+1], d[N];
10     double alpha[N+1], beta[N], gamma[N+1], delta[N+1];
11
12     int i, j, k;
13
14     // 各区間幅 h[i] の計算------------------------------------------
15     for (i = 1; i < N; i++) {
16         h[i] = sample_x[i] - sample_x[i - 1];
17     }
18
19     // c[i] を求めるための係数行列の設定------------------------------
20     // 1 行目の係数をセット
21     alpha[1] = 2 * h[1];
22     beta[1] = h[1];
23     delta[1] = 3 * (sample_y[1] - sample_y[0]);
24
25     // 2～n 行目の係数をセット
26     for (i = 2; i < N; i++) {
```

```c
27          alpha[i] = 2 * (h[i - 1] + h[i]);
28          beta[i] = h[i - 1];
29          gamma[i] = h[i];
30          delta[i] = 3 * (h[i] / h[i-1] * (sample_y[i-1] - sample_y[i-2])
31                       + h[i-1] / h[i] * (sample_y[i] - sample_y[i-1]));
32      }
33
34      // n+1 行目の係数をセット
35      alpha[N] = 2 * h[N-1];
36      gamma[N] = h[N-1];
37      delta[N] = 3 * (sample_y[N-1] - sample_y[N-2]);
38
39      // 前進消去--------------------------------------------------------
40      for (i = 1; i < N; i++) {
41          w = gamma[i + 1] / alpha[i];
42          alpha[i + 1] -= w * beta[i];
43          delta[i + 1] -= w * delta[i];
44      }
45
46      // 後退代入--------------------------------------------------------
47      c[N] = delta[N] / alpha[N];
48      for (i = N - 1; i >= 1; i--) {
49          c[i] = (delta[i] - beta[i] * c[i + 1]) / alpha[i];
50      }
51
52      // a,b,d の各係数を計算--------------------------------------------
53      for (i = 1; i < N; i++) {
54          a[i] = (1.0 / (h[i]*h[i])) * (c[i] + c[i+1]
55                  - 2.0 * (sample_y[i] - sample_y[i-1]) / h[i]);
56          b[i] = (1.0 / h[i]) * (-2.0*c[i] - c[i+1]
57                  + 3.0 * (sample_y[i] - sample_y[i-1]) / h[i]);
58          d[i] = sample_y[i-1];
59      }
60
61      // x がどの区間に含まれるかチェック-------------------------------
62      j = 1;
63      while (sample_x[j] < x && j < N-1) j++;
64
65      // S(x) を計算----------------------------------------------------
66      w = x - sample_x[j-1];
67      return a[j] * w * w * w + b[j] * w * w + c[j] * w + d[j];
68  }
69
70  // メイン関数------------------------------------------------------------
71  int main() {
72
73      // 標本点の定義
74      double sample_x[N] = { 1.0, 2.7, 3.0, 4.5, 5.2,
75                        6.1, 7.4, 8.2, 9.3, 10.0,11.5 };
76      double sample_y[N] = { 3.5, 5.9, 6.5, 5.0, 4.1,
77                        3.2, 3.0, 4.3, 9.5, 8.3, 8.2 };
78      int n = 100;
79      double x, y, h = (sample_x[N - 1] - sample_x[0]) / n;
80
81      // 結果出力-------------------------------------------------------
82      printf(" x y\n");
83      printf("--------------------------------\n");
84      for (int i = 0; i <= n; i++) {
85          x = sample_x[0] + i * h;
86          y = spline(sample_x, sample_y, N, x);
87          printf("%10.6lf\t%10.6lf\n", x, y);
88      }
89
90      return 0;
```

```
 91  }
```

　図 12.8 にスプライン補間の実行結果をグラフ化したものを示します．また比較のために前述のラグランジュ補間の結果も表示しています．スプライン補間ではデータ点から大きく逸脱することなく，より自然な形で補間が行われていることが確認できます．

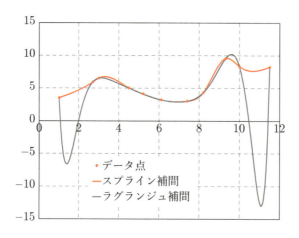

図 12.8：スプライン補間とラグランジュ補間

> **章末問題**
>
> **問 12.1**
> ルジャンドル多項式による補間公式を示せ．
>
> **問 12.2**
> $f(x) = \tan(x)$ に対して 5 次のルジャンドル多項式により補間を行う SPD とプログラムを作成せよ．なおルジャンドル多項式の零点は DKA 法を用いて求めることとする．
>
> **問 12.3**
> ルンゲの現象で紹介した関数
>
> $$f(x) = 1/(1 + 25x^2) \tag{12.46}$$
>
> に対する補間に関し，等間隔に分点をとるのではなくチェビシェフ補間の分点を用い，式 (12.7) のラグランジュ補間を行うとどうなるか．ラグランジュ補間のプログラムを実行して確認せよ．

第13章 数値積分

INTRODUCTION

本章では，定積分の値を数値的に求める手法について解説します．定積分を行う際，被積分関数の原始関数がわかっているのであれば積分値は簡単に求められます．ただし一般に原始関数を求めるのが困難な問題も多く存在します．このような場合，数値積分などの近似的手法を用いることになります．

数値積分の基本となる手法は区分求積法です．これは積分区間を複数の小区間に分割し，それぞれの区間で近似的に積分値を求め，その総和をとることで全体の積分値を求める方法です．その際，各小区間における積分値を求めるために，前章で紹介した関数補間が用いられます．原始関数がわからない被積分関数の代わりに，解析的に積分できる補間関数を用いることにより近似的に積分値を求めます．たとえばラグランジュ補間であれば補間関数はべき多項式なので容易に原始関数を求めることができます．このように補間関数で近似して積分値を求めるための公式を補間型積分公式といいます．

本章ではラグランジュ補間を用いたニュートン・コーツ公式と直交多項式を用いたガウス型積分公式を紹介します．また，応用的な手法として台形公式を利用したロンバーグ積分についても触れます．

13.1 ニュートン・コーツ公式

ニュートン・コーツ公式とは，等間隔の分点を用いたラグランジュ補間を用いて区間 $[a, b]$ の定積分

$$I = \int_a^b f(x)dx \tag{13.1}$$

の値を近似的に求める手法です．具体的には，区間 $[a, b]$ 上の $n+1$ 個の分点に対するラグランジュ補間 $P_n(x)$ を $f(x)$ の代わりとして用い，次の積分

$$I_{n+1} = \int_a^b P_n(x)dx \tag{13.2}$$

により近似値を求めます．ここで I の添え字 $n+1$ は標本点数を表しています．前章式 (12.7), (12.5) の $P_n(x)$ を再掲すると

$$P_n(x) = \sum_{i=1}^n l_i(x)f(x_i), \quad l_i(x) = \prod_{j=1, i \neq j}^n \frac{x - x_j}{x_i - x_j} \tag{13.3}$$

であり，これを用いて式 (13.2) は

$$I_{n+1} = \int_a^b P_n(x)dx = \sum_{k=0}^n f(x_k) \int_a^b l_k(x)dx = \sum_{k=0}^n \alpha_k f(x_k), \quad \alpha_k = \int_a^b \prod_{j=0,k\neq j}^n \frac{x-x_j}{x_k-x_j}dx \tag{13.4}$$

と書けます．これをニュートン・コーツ公式といいます．

13.1.1 ● 中点公式

ニュートン・コーツ公式において，$n=0$ とおき区間 $[a,b]$ の中点に標本点 $x_0 = (a+b)/2$ をとったものを中点公式，または中点則といいます．この場合標本点数は 1 つなので，ラグランジュ補間は $P_0(x) = f(x_0)$ の定数関数となります．したがって積分値は

$$I_1 = (b-a)f(x_0) \tag{13.5}$$

となります．中点公式は図 13.1 に示すように，$f(x)$ の定積分を青色の矩形部分の面積で近似したものになります．

中点公式のように積分区間の端点 a および b に標本点を取らない公式を開公式といいます．具体的には，開公式では標本点を s 個とる場合，区間 $[a,b]$ を $s+1$ 等分し，両端の a,b を除く s 個の分点を標本点とし，ラグランジュ補間を行います．これに対し，両端点も標本点として利用する公式を閉公式といいます．具体的には標本点を s 個とる場合，区間を $s-1$ 等分し a,b を含む s 個の分点を標本点とします．

複合中点公式

図 13.1 からもわかるように，積分区間の幅が大きい場合 1 つの矩形によって積分値を近似するには無理があります．そのため実際の計算では図 13.2 に示すように積分区間 $[a,b]$ を m 等分し，それぞれの小区間に対して中点公式を適用して積分値を求め，その総和をとります．そのようにして得られる公式を複合中点公式といいます．具体的には，m 等分した小区間の幅を $h = (b-a)/m$，分点を $x_i = a + (2i-1)\frac{h}{2}$ $(i=1,2,\cdots,m)$ とすると複合中点公式は

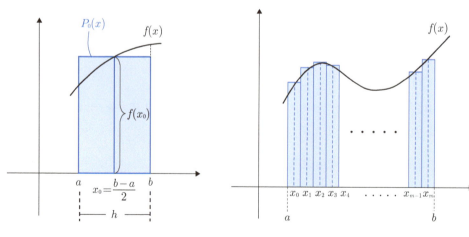

図 13.1：中点公式　　　　　　　　図 13.2：複合中点公式

$$\int_a^b f(x)dx \simeq h\sum_{k=1}^n f_k \qquad (13.6)$$

となります．なお式の簡略化のため $f(x_i)$ を f_i と表記しました．また前述のように実際の計算では複合公式が用いられるため，複合中点公式を単に中点公式と呼ぶ場合もあります．

13.1.2 ● 台形公式

ニュートン・コーツ公式において，$n=1$ とおいたものを台形公式といいます．ラグランジュ補間 P_1 の分点を $x_0=a$, $x_1=b$, 区間幅を $h=b-a$ とすると，

$$\alpha_0 = \int_a^b l_0(x)dx = \int_a^b \frac{x-x_1}{x_0-x_1}dx = -\frac{1}{h}\left[\frac{x^2}{2}-bx\right]_a^b = \frac{1}{2h}(b-a)^2 = \frac{h}{2} \qquad (13.7)$$

$$\alpha_1 = \int_a^b l_1(x)dx = \int_a^b \frac{x-x_0}{x_1-x_0}dx = \frac{1}{h}\left[\frac{x^2}{2}-ax\right]_a^b = \frac{1}{2h}(b-a)^2 = \frac{h}{2} \qquad (13.8)$$

となります．これを式 (13.4) に代入すると，以下の台形公式が得られます．

$$I_1 = \frac{h}{2}(f_0+f_1) \qquad (13.9)$$

この式は図 13.3 に示すように，f_0 を上底，f_1 を下底，h を高さとしたときの台形の面積を表しています．

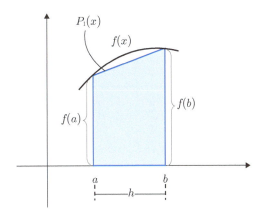

図 13.3：台形公式

複合台形公式

台形公式による数値積分の誤差は，図 13.3 でいうと関数 $f(x)$ と台形の間にある隙間部分の面積になります．この隙間を減らすために，複合中点公式と同様に積分区間 $[a,b]$ を m 等分し，それぞれの小区間に対して台形公式を適用して積分値を求め，総和をとります．具体的には，m 等分した小区間の幅を $h=(b-a)/m$，分点を $x_i = a+ih$ $(i=0,1,\cdots,m)$ とすると複合台形公式は

$$\int_a^b f(x)dx = \sum_{i=0}^{m-1}\int_{x_i}^{x_{i+1}} f(x)dx$$

$$\simeq \sum_{i=0}^{m-1}\frac{h}{2}(f_i+f_{i+1}) = \frac{h}{2}\left(f_0+f_m+2\sum_{k=1}^{m-1}f_k\right) \qquad (13.10)$$

となります．

13.1.3 ● シンプソン公式

ニュートン・コーツ公式において $n=2$ とします．この場合，$h=(b-a)/2$, $x_0=a$, $x_1=a+h$, $x_2=a+2h=b$ として

$$\alpha_0 = \int_a^b \frac{(x-x_1)(x-x_2)}{(x_0-x_1)(x_0-x_2)}dx = \frac{h}{3} \tag{13.11}$$

$$\alpha_1 = \int_a^b \frac{(x-x_0)(x-x_2)}{(x_1-x_0)(x_1-x_2)}dx = \frac{4}{3}h \tag{13.12}$$

$$\alpha_2 = \int_a^b \frac{(x-x_0)(x-x_1)}{(x_2-x_0)(x_2-x_1)}dx = \frac{h}{3} \tag{13.13}$$

となります．これより以下のシンプソン公式が得られます．

$$I_2 = \frac{h}{3}(f_0 + 4f_1 + f_2) \tag{13.14}$$

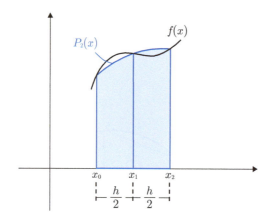

図 13.4：シンプソン公式

複合シンプソン公式

台形公式のときと同様にシンプソン公式においても，通常は複合公式を用います．シンプソン公式で用いる2次のラグランジュ補間では積分区間の両端点とその中点を標本点として用いました．複合公式では積分区間 $[a.b]$ に対して m 個の小区間を考え，それぞれにシンプソン公式を適用するため，$2m$ 等分した分点を用います．

この $2m$ 等分された小区間の幅を h，分点を $x_i = a+ih$ $(i=0,1,\cdots,2m)$ とすると複合シンプソン公式は次式で表されます．

$$\begin{aligned}\int_a^b f(x)dx &= \sum_{k=0}^{m-1}\int_{x_{2k}}^{x_{2k+2}} f(x)dx \\ &\simeq \sum_{k=0}^{m-1}\frac{h}{3}(f_{2k}+4f_{2k+1}+f_{2k+2}) = \frac{h}{3}\left\{f_0+4f_1+\sum_{k=1}^{m-1}(2f_{2k}+4f_{2k+1})+f_{2m}\right\}\end{aligned} \tag{13.15}$$

13.1.4 ● 台形公式・シンプソン公式のプログラム作成

台形公式とシンプソン公式のSPDを図13.5，図13.6に示します．両公式とも分点における関数値 $f(x_i)$ を定数倍し，それらの総和をとるだけなのでプログラムも1重ループの簡単なものとなります．

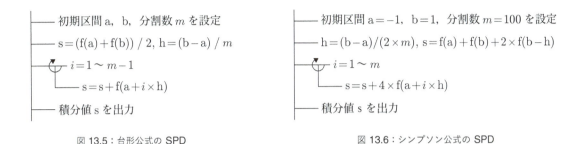

図13.5：台形公式のSPD　　　　　　　図13.6：シンプソン公式のSPD

次式の積分値を求めるプログラムをソースコード13.1に示します．

$$\int_{-1}^{1} x + \cos x \, dx \tag{13.16}$$

ソースコード 13.1：台形公式とシンプソン公式のプログラム

```c
#include <stdio.h>
#include <math.h>

// 関数の定義------------------------------------------------------------
double func(double x) {
    return x + cos(x);
}

// 台形公式--------------------------------------------------------------
double trapezoidal(double (*f)(double), double a, double b, int n) {

    double s, h = (b - a) / n;
    int i;

    s = f(a) + f(b);
    for (i = 1; i < n; i++) {
        s += 2.0 * f(a + i * h);
    }

    return s * h / 2.0;
}

// シンプソン公式--------------------------------------------------------
double simpson(double (*f)(double), double a, double b, int n) {

    double s, h = (b - a) / (2.0 * n);
    int i;

    s = f(a) + 4.0*f(a + (2*n - 1)*h) + f(b);
    for (i = 1; i < n; i++) {
        s += 4.0 * f(a + (2*i-1)*h) + 2.0 * f(a + 2*i*h);
    }

    return s * h / 3.0;
```

```
35    }
36
37    // メイン関数----------------------------------------------------------
38    int main() {
39
40        double a = -1, b = 1;
41        int n = 100;
42
43        // 台形公式
44        printf("台形公式        : %12.10lf\n", trapezoidal(func, a, b, n));
45        // シンプソン公式
46        printf("シンプソン公式 : %12.10lf\n", simpson(func, a, b, n));
47
48        return 0;
49    }
```

実行結果を以下に示します.

```
台形公式        : 1.6828858712
シンプソン公式  : 1.6829419697
```

真の値は

$$\int_{-1}^{1} x + \cos x \, dx = \left[\frac{x^2}{2} + \sin x \right]_{-1}^{1} = 1.682941969615793 \tag{13.17}$$

であることから,台形公式よりもシンプソン公式の方が精度が良いことがわかります.

13.2 ガウス型積分公式

13.2.1 ● ガウス型積分公式の概要

本節ではガウス型積分公式を紹介します.前節では被積分関数 $f(x)$ の代わりにラグランジュ補間関数 $P_n(x)$ を積分しました.ガウス型積分公式では $f(x)$ の代わりにチェビシェフ多項式やルジャンドル多項式などの直交関数系を用いて積分を行います.本節では以下の積分

$$I = \int_{a}^{b} f(x)w(x)dx \tag{13.18}$$

を考えます.ただし $w(x)$ は第 11 章で述べた密度関数とします.ここで直交多項式系 $\{p_j(x)\}$ ($j = 0, 1, \cdots, n$) を考えると,$f(x)$ の補間関数 $f_n(x)$ は

$$f_n(x) = \sum_{j=0}^{n-1} \frac{1}{\lambda_j} \left\{ \sum_{k=1}^{n} w_k p_j(x_k) f(x_k) \right\} p_j(x) \tag{13.19}$$

と表されます.ただし x_i ($i = 1, 2, \cdots, n$) は $p_n(x)$ の零点,λ_j, w_k はそれぞれ式 (11.24), (12.15) で定義される値です.

前節と同じように式 (13.18) の $f(x)$ を上式 (13.19) の $f_n(x)$ で置き換えると,

$$I_n = \int_{a}^{b} f_n(x)w(x) \, dx$$

$$= \sum_{j=0}^{n-1} \frac{1}{\lambda_j} \left\{ \sum_{k=1}^{n} w_k p_j(x_k) f(x_k) \right\} \int_a^b p_j(x) w(x) dx \tag{13.20}$$

となります.なお $\{p_j(x)\}$ の直交性から

$$\int_a^b p_j(x) w(x) dx = \int_a^b \frac{1}{\mu_0} \mu_0 \ p_j(x) w(x) dx = \frac{1}{\mu_0} (p_0, p_j) = \begin{cases} \dfrac{\lambda_0}{\mu_0} & (j = 0) \\ 0 & (j \neq 0) \end{cases} \tag{13.21}$$

となります.ただし $p_0(x) = \mu_0$(定数)です.さらに上式を式 (13.20) に代入すると,n 次のガウス型公式

$$I_n = \sum_{k=1}^{n} w_k f(x_k) \tag{13.22}$$

が得られます.

なお,密度関数 $w(x)$ を用いない通常の積分値をガウス型積分公式を使って求めたい場合は $g(x) = f(x)/w(x)$ とおき,$g(x)$ に対してガウス型積分を適用する方法もあります.

13.2.2 ● ガウス・チェビシェフ積分公式のプログラム作成

ここではガウス型積分公式の具体例として,ガウス・チェビシェフ積分公式を計算するプログラムを作成します.まず,分点 x_i はチェビシェフ多項式 $T_n(x)$ の零点

$$x_i = \cos \frac{(2i-1)\pi}{2n} \quad (i = 1, 2, \cdots, n) \tag{13.23}$$

を用います.また,$w_i = \pi/n$ として式 (13.22) に代入して積分値を計算します.

この計算の SPD を図 13.7 に示します.

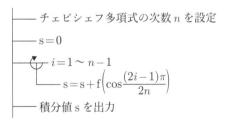

図 13.7:ガウス・チェビシェフ積分公式の SPD

前節のソースコード 13.1 と同じ例題に対し,ガウス・チェビシェフ積分を行うプログラムをソースコード 13.2 に示します.

ソースコード 13.2：ガウス・チェビシェフ積分のプログラム

```c
1  #include <stdio.h>
2  #define _USE_MATH_DEFINES // Visual Studio などで M_PI を使う場合必要
3  #include <math.h>
4
5  #define N 100 // 標本点数
6
7  // 関数の定義------------------------------------------------------------
8  double func(double x) {
9      return x + cos(x);
10 }
11
12 // ガウス・チェビシェフ積分公式--------------------------------------------
13 double gauss_chebyshev(double (*f)(double), int n) {
14
15     double s = 0.0, theta;
16     int i;
17
18     for (i = 1; i <= n; i++) {
19         theta = (2.0 * i - 1.0) * M_PI / (2.0 * n);
20         s += f( cos(theta) ) * sin( theta );
21     }
22
23     return M_PI / n * s;
24 }
25
26 // メイン関数------------------------------------------------------------
27 int main() {
28
29     printf("ガウス・チェビシェフ積分公式: %12.10lf\n", gauss_chebyshev(func, N));
30
31     return 0;
32 }
```

実行結果を以下に示します．

ガウス・チェビシェフ積分公式 ： 1.6829864030

前節の台形公式やシンプソン公式では複合公式を用いましたが，この例では区間分割を行わず積分区間 $[-1, 1]$ に対して，1 つのチェビシェフ多項式で $f(x)$ を近似しています．それでも積分値の相対誤差は -2.64022×10^{-5} となっており，一定程度の精度が得られています．

13.3 ロンバーグ積分法

13.3.1 ● ロンバーグ積分の計算方法

ロンバーグ積分は複合公式における区間分割数を倍々に増やしていったときに生じる積分値の変化を利用して，高精度な積分値を求める手法です．ここでは台形公式を対象とし，分割数を上げていった際に得られる積分値をより早く真の値に収束させることを考えます．

まず，ロンバーグ積分では以下に示す**オイラー・マクローリンの公式**を用います．

$$\int_a^b f(x)dx = h\left\{\frac{1}{2}f(a) + \sum_{k=1}^{n-1} f(a+kh) + \frac{1}{2}f(b)\right\}$$

$$-\sum_{r=1}^{m} \frac{h^{2r}B_{2r}}{(2r)!}\left\{f^{(2r-1)}(b) - f^{(2r-1)}(a)\right\} + R_m \tag{13.24}$$

$$R_m = \frac{h^{2m+1}}{(2m)!}\int_0^1 B_{2m}(t)\left\{\sum_{k=9}^{n-1} f^{(2m)}(a+kh+ht)\right\}dt \tag{13.25}$$

ここで $B_m(x)$ は**ベルヌーイ多項式**と呼ばれるものです．なお，ロンバーグ積分を実行する上で，ベルヌーイ多項式が具体的にどのような形をしているのかについて知る必要はありませんが，以下にその具体形を簡単に示しておきます．

ベルヌーイ多項式は関数 $se^{xs}/(e^s-1)$ の $|s| < 2\pi$ におけるテイラー展開

$$\frac{se^{xs}}{(e^s-1)} = \sum_{n=0}^{\infty} \frac{B_n(x)}{n!}s^n \tag{13.26}$$

において $s^n/n!$ の係数部分となる多項式です．その具体形を示すと

$$B_n(x) = \sum_{k=0}^{m}\binom{n}{k}B_k x^{m-k} \tag{13.27}$$

となります．ここで B_k は**ベルヌーイ数**と呼ばれる値で，式 (13.26) において $x=0$ とおいた

$$\frac{s}{(e^s-1)} = \sum_{n=0}^{\infty}\frac{B_n}{n!}s^n \tag{13.28}$$

によって求められます．いくつかの値を示すと

$$B_0 = 1, \quad B_1 = -\frac{1}{2}, \quad B_2 = \frac{1}{6}, \quad B_3 = 0, \quad B_4 = -\frac{1}{30}, \quad B_5 = 0, \quad \cdots \tag{13.29}$$

となります．なお添え字が 3 以上の奇数の場合は $B_k = 0$ となります．この値をもとに式 (13.28) よりベルヌーイ多項式の具体例を示すと

$$B_0(x) = 1, \quad B_1(x) = x - \frac{1}{2}, \quad B_2(x) = x^2 - x + \frac{1}{6}, \cdots \tag{13.30}$$

となります．

以上の準備のもと，ロンバーグ積分について説明します．まず積分区間を N 分割し，台形公式により積分値を求めます．その後，分割数を倍々に増やしていきます．具体的には $k = 0, 1, 2, \cdots$ に対して

$$h_k = \frac{b-a}{2^k N}, \quad x_j = a + jh \quad (j = 0, 1, \cdots, 2^k N) \tag{13.31}$$

として台形公式を適用し

$$T_k^{(0)} = h_k\left\{\frac{f(a)+f(b)}{2} + \sum_{j=1}^{2^k N-1} f(x_j)\right\} \tag{13.32}$$

とします．オイラー・マクローリンの公式より

$$T_k^{(0)} = I + \frac{B_2}{2!}\{f'(b) - f'(a)\}h_k^2 + \frac{B_4}{4!}\{f^{(3)}(b) - f^{(3)}(a)\}h^4 + \cdots$$
$$= I + \alpha_1^{(0)}h_k^2 + \alpha_2^{(0)}h_k^4 + \cdots + \alpha_m^{(0)}h_k^{2m} + o(h_k^{2m}) \tag{13.33}$$

となります．ここで表記の簡略化のために

$$\alpha_i^{(0)} = \frac{B_{2i}}{2i!}\{f^{(2i-1)}(b) - f^{(2i-1)}(a)\} \tag{13.34}$$

とおきました．また，α_i の右肩の数字は α_i が更新された回数を表します．

次に $h_{k+1} = h_k/2$ に対して，オイラー・マクローリンの公式を用いると

$$T_{k+1}^{(0)} = I + \alpha_1^{(0)}\left(\frac{h_k}{2}\right)^2 + \alpha_2^{(0)}\left(\frac{h_k}{2}\right)^4 + \cdots + \alpha_m^{(0)}\left(\frac{h_k}{2}\right)^{2m} + o\left(\left(\frac{h_k}{2}\right)^{2m}\right) \tag{13.35}$$

を得ます．ここで式 (13.33) と式 (13.35) を用いて両式の右辺第 2 項の誤差項（h^2 の項）を消去し，整理すると

$$I = \frac{4T_{k+1}^{(0)} - T_k^{(0)}}{3} + \alpha_2^{(1)}h_k^4 + \cdots + \alpha_m^{(1)}h_k^{2m} + o(h_k^{2m})$$
$$\text{ただし，} \alpha_i^{(1)} = \frac{4 - 4^i}{3 \cdot 4^i}\alpha_i^{(0)} \quad (2 \le i \le m) \tag{13.36}$$

となります．したがって上式より

$$T_{k+1}^{(1)} = \frac{4T_{k+1}^{(0)} - T_k^{(0)}}{3} \tag{13.37}$$

とおくと

$$I = T_{k+1}^{(1)} + O(h_k^4) \tag{13.38}$$

となります．以上から，$\alpha_1^{(0)} \ne 0$ かつ k が十分に大きい場合，$T_k^{(0)}$ と $T_{k+1}^{(0)}$ を用いて新たな積分値を計算することで，より良い近似値 $T_{k+1}^{(1)}$ を得ることができます．

次に，さらに区間幅を半分（$h_k/4$）にして台形公式を適用した $T_{k+2}^{(0)}$ を求めます．ここで $T_{k+1}^{(0)}$ と $T_{k+2}^{(0)}$ を用いて先ほどと同様に

$$T_{k+2}^{(1)} = \frac{4T_{k+2}^{(0)} - T_{k+1}^{(0)}}{3} \tag{13.39}$$

とおいて h_k^2 の誤差項を消去すれば

$$I = T_{k+2}^{(1)} + \alpha_2^{(1)}h_k^4 + \cdots + \alpha_m^{(1)}h_k^{2m} + o(h_k^{2m}) \tag{13.40}$$

を得ます．さらに式 (13.36) と式 (13.40) を用いれば，同様の計算によって，h_k^4 の誤差項も消去することが可能となり，結果として

$$I = T_{k+2}^{(2)} + O(h_k^6) \tag{13.41}$$

が得られます．

以上のように区間の細分化と誤差項の打ち消し操作を繰り返しながら精度を高めていく方法がロ

ンバーグ積分法です．

この手法の具体的なアルゴリズムを以下に示します．

(1) $T_0^{(0)}$ を計算．$k = 1$ とする．
(2) $T_k^{(0)}$ を台形公式により計算する．
(3) $j = 1, 2, \cdots, k$ に対して次式を計算する．

$$T_{k+1}^{(j)} = \frac{4^j T_{k+1}^{(j-1)} - T_k^{(j-1)}}{4^j - 1} \tag{13.42}$$

(4) $k = k + 1$ として，(2) に戻る．

このアルゴリズムにおいて各 $T_k^{(j)}$ を計算する順序を図 13.8 に示します．この図は**ロンバーグの T 表**と呼ばれます．図中の上の行から下の行に向かって計算し，また同じ行内では左から右に向かって計算します．

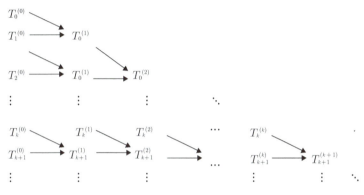

図 13.8：ロンバーグの T 表

13.3.2 ● ロンバーグ積分のプログラム作成

ロンバーグ積分の SPD を図 13.9 に示します．反復の終了条件は，他の反復法と同様に積分値の更新量が ε 以下になったらとします．

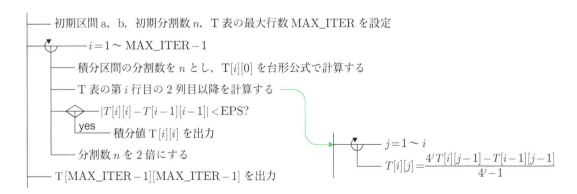

図 13.9：ロンバーグ積分の SPD

前節のソースコード 13.2 と同じ例題に対し，ロンバーグ積分を行うプログラムをソースコード 13.3 に示します．

ソースコード 13.3：ロンバーグ積分のプログラム

```c
1  #include <stdio.h>
2  #include <math.h>
3
4  #define EPS 1e-8 // 収束判定用閾値
5  #define MAX_ITER 20 // 最大反復回数
6
7  // 関数の定義-----------------------------------------------------------------
8  double func(double x) {
9      return x + cos(x);
10 }
11
12 // ロンバーグ積分-------------------------------------------------------------
13 double romberg(double (*f)(double), double a, double b, int n) {
14
15     double T[MAX_ITER][MAX_ITER], s, h = (b - a) / n;
16     int i, j;
17
18     T[0][0] = trapezoidal(f, a, b, n);
19
20     for (i = 1; i < MAX_ITER; i++) {
21
22
23         // 刻み幅を半分にした際の面積を台形公式で計算----------------------------
24         h /= 2.0;
25         s = 0.0;
26         for (int k = 1; k <= n; k++) {
27             s += f(a +(2*k -1)*h);
28         }
29         T[i][0] = 0.5*T[i-1][0] + h*s;
30
31         // T 表の i 行目を右に向かって計算する------------------------------------
32         for (j = 1; j <= i; j++) {
33             T[i][j] = (pow(4.0,j)*T[i][j-1] - T[i-1][j-1]) / (pow(4,j) - 1.0);
34         }
35
36         // 収束判定------------------------------------------------------------
37         if (fabs(T[i][i] - T[i-1][i-1]) < EPS) {
38             return T[i][i];
39         }
40
41         // 次の反復における分点の増加分を計算
42         n = 2 * n;
43     }
44     return T[MAX_ITER - 1][MAX_ITER - 1];
45 }
46
47 // メイン関数-----------------------------------------------------------------
48 int main() {
49
50     double a = -1.0, b = 1.0;
51
52     printf("ロンバーグ積分による積分値: %20.18lf\n", romberg(func, a, b, 10));
53
54     return 0;
55 }
```

実行結果を以下に示します.

ロンバーグ積分による積分値: 1.682941969615794120

出力結果の相対誤差は 10^{-15} 程度となり，高い精度が得られています.

章末問題

問 13.1

ルジャンドル多項式を用いたガウス型積分を用いて

$$\int_{-1}^{1} x + \cos x \ dx \tag{13.43}$$

を求める SPD とプログラムを作成せよ.

問 13.2

複合台形公式を用いて式 (13.43) を求める SPD とプログラムを作成せよ.

問 13.3

複合台形公式およびロンバーグ積分に関し，分点の間隔 h を

$$h = \left(\frac{1}{2}\right)^{n} h_0, \quad n = 0, 1, 2, \cdots \tag{13.44}$$

と変えて式 (13.43) を計算した際の収束速度の違いを比較せよ. ただし h_0 は初期時点での分点間隔とする.

問 13.4

数値積分を 2 重ループ化することにより，以下の重積分の値を計算する SPD とプログラムを作成せよ.

$$\int_{0}^{1} \int_{0}^{1} (x^2 y + x + 1) \ dydx \tag{13.45}$$

ただし，数値積分はシンプソン公式を用いることとする.

第14章　常微分方程式（1）

INTRODUCTION　微分方程式は理工学系の問題に限らず社会科学系を含めた幅広い分野において，現象をモデル化し解析するための手段として用いられます．これらの実問題から導出される数理モデルの多くは解析的に解くことが困難な微分方程式となり，一般には数値計算を利用して解を求めることになります．微分方程式の数値解法では，前章の数値積分や関数補間などと同様に対象とする x の区間を分割し，離散化された各分点において微分方程式を近似的に満たすように計算を行います．

本章では常微分方程式の初期値問題を対象とし，その代表的手法であるオイラー法，ホイン法，ルンゲ・クッタ法などについて解説します．

14.1　初期値問題の数値解法

本章では以下の**初期値問題**

$$y' = f(x, y), \quad a \le x \le b \tag{14.1}$$

$$y(a) = y_0 \tag{14.2}$$

を考えます．この問題に対し，区間 $[a, b]$ を n 等分した分点 $x_i = a + ih \quad (i = 0, 1, \cdots, n)$ における $y(x_i)$ の近似解 Y_i を数値計算によって求めます．ただし h は分割された区間幅で $h = (b - a)/n$ です．

本章では以下の公式によって数値解を求める手法を対象とします．

$$Y_0 = y_0 \tag{14.3}$$

$$Y_{i+1} = Y_i + h\Phi(x_i, Y_i) \tag{14.4}$$

ここで関数 Φ の具体的な形はオイラー法，ホイン法など手法によって異なります．またこれは1つ前の分点での近似解を利用して次の近似解を計算する公式で1段法と呼ばれます．一方2つ以上前の近似解の値も使って次の解を求める方法を多段法といいますが，これについては次章で詳説します．

公式の精度と誤差

公式の精度は以下に示す次数によって表されます．式 (14.1), (14.2) の解 $y(x)$ において $y_i = y(x_i)$ とし，公式 (14.4) の Y_i に y_i を代入すると

$$y_{i+1} = y_i + h\Phi(x_i, y_i) + O(h^{p+1}) \tag{14.5}$$

となるとき、公式 (14.4) は p 次の精度を持つといいます。また誤差に関しては

$$\tau_{i+1} = \frac{y_{i+1} - y_i}{h} - \Phi(x_i, y_i) \tag{14.6}$$

を**局所離散化誤差**といいます。

14.2 オイラー法

微分方程式 (14.1) において左辺の y' を前進差分で近似し、$x = x_i$ とおくと

$$\frac{y(x_{i+1}) - y(x_i)}{h} \simeq f(x_i, y(x_i)) \tag{14.7}$$

となります。さらに $y(x_{i+1}), y(x_i)$ をそれぞれ数値解 Y_{i+1}, Y_i で置き換えて整理すると公式

$$Y_{i+1} = Y_i + hf(x_i, Y_i) \tag{14.8}$$

が作られます。これをオイラー法といいます。これは式 (14.4) において $\Phi(x_i, Y_i) = f(x_i, Y_i)$ とおいた公式です。図で説明すると図 14.1 のように、オイラー法は区間 $[x_i, x_{i+1}]$ における $y(x)$ を接線 $y = y_i + y'(x_i)(x - x_i)$ で直線近似することによって y_{i+1} を求めたものです。

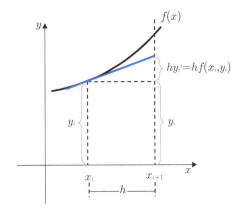

図 14.1：オイラー法

オイラー法の次数に関しては、$y(x)$ をテイラー展開すると

$$\begin{aligned} y(x_{i+1}) &= y(x_i) + hy'(x_i) + \frac{h^2}{2} y''(\xi) \quad (x_i < \xi < x_i + h) \\ &= y(x_i) + hf(x_i, y_i) + O(h^2) \end{aligned} \tag{14.9}$$

が得られます。したがって右辺第 3 項 $O(h^2)$ より、オイラー法は 1 次の精度を持つことがわかります。

14.3 ホイン法

ここでは、オイラー法より高い精度を持つホイン法を紹介します。まず、区間 $[x_i, x_{i+1}]$ における

$y(x)$ の傾きの平均値を y'_{avg} とします．すなわち

$$y'_{avg} := \frac{y(x_{i+1}) - y(x_i)}{h} = \lim_{m \to \infty} \frac{\sum_{j=0}^{m} y'\left(x_i + j\frac{h}{m}\right)}{m} \tag{14.10}$$

とします．上式は $[x_i, x_{i+1}]$ を m 分割した点における $y'(x)$ の平均値を求め，その極限をとったものです．次に式 (14.1) の両辺を区間 $[x_i, x_{i+1}]$ で積分し，さらに積分の定義を用いると

$$\begin{aligned} y(x_{i+1}) - y(x_i) &= \int_{x_i}^{x_{i+1}} y'(x) dx \\ &= h \cdot \lim_{m \to \infty} \frac{\sum_{j=0}^{m} y'\left(x_i + j\frac{h}{m}\right)}{m} \\ &= h\, y'_{avg} \end{aligned} \tag{14.11}$$

となります．この式と式 (14.4) を比較すると，$\Phi(x_i, Y_i)$ は平均の傾き y'_{avg} の近似であることがわかります．したがって図 **14.2** に示すように，区間 $[x_i, x_{i+1}]$ 内の複数の点で曲線 $y(x)$ の傾きを求め，それらの平均をとることによって精度を向上させることができます．ちなみにオイラー法では，$\Phi(x_i, Y_i)$ として $f(x_i, Y_i)$ が用いられており，x_i の 1 点のみで y'_{avg} を近似しています．これに対してホイン法では，2 点 $x_i, x_i + h$ における y の傾きを求め，それらの平均をとることで y'_{avg} の近似としています．ただし，$x_i + h$ における傾きは

$$y'(x_i + h) = f(x_i, y(x_i + h)) \tag{14.12}$$

であり，最終的に求めたいはずの $y(x_i + h)$ の値が必要となります．そのためこの値を直接的に求めることはできません．そこで，オイラー法を使って近似的に $y(x_i + h)$ を求め，さらにその値を使って上式 (14.12) を計算します．すなわち

$$y'(x_i + h) \simeq f(x_i, y(x_i) + hf(x_i, y_i)) \tag{14.13}$$

となります．以上より式 (14.11) の近似として

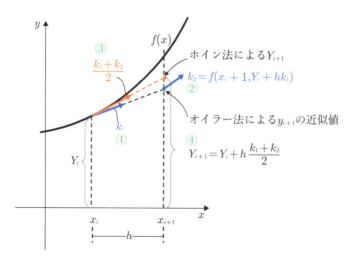

図 **14.2**：ホイン法

第14章 常微分方程式(1) 237

$$y_{i+1} - y_i \simeq h\, \frac{f(x_i, y_i) + f(x_i + h, y_i + hf(x_i, y_i))}{2} \tag{14.14}$$

が得られます．ここで y_i を数値解 Y_i で置き換えると，公式

$$Y_{i+1} = Y_i + \frac{h}{2}\{f(x_i, Y_i) + f(x_i + h, Y_i + hf(x_i, Y_i))\} \tag{14.15}$$

が得られます．これをホイン法といいます．

　また，前章の数値積分との関係性について説明すると，ホイン法は台形公式を利用した手法とみなせます．具体的には，式 (14.11) から

$$y(x_{i+1}) = y(x_i) + \int_{x_i}^{x_{i+1}} y'(x)dx \tag{14.16}$$

となりますが，右辺第 2 項の積分に台形公式を適用すると

$$\begin{aligned}
y(x_{i+1}) &\simeq y(x_i) + \frac{h}{2}\{y'(x_i) + y'(x_{i+1})\} \\
&= y(x_i) + \frac{h}{2}\{f(x_i, y_i) + f(x + h, y(x + h))\}
\end{aligned} \tag{14.17}$$

となります．先ほどと同様に $y(x + h)$ の値をオイラー法で近似的に求めて上式に代入するとホイン法の公式となります．

14.4 中点法

　区間 $[x_i, x_{i+1}]$ における平均の傾き y'_{avg} を，区間の中点における微分値で代表する方法を**中点法**（または**修正オイラー法**）といいます．第 6 章の数値微分において，前進差分よりも中心差分の方が精度が良いことを示しました．オイラー法では前進差分を用いて公式を導出しましたが中点法では，より精度の良い中心差分を用います．幾何学的な説明をすると，まず，平均の傾き y'_{avg} は式 (14.10) より，図 14.3 中の緑色の破線の傾きとなります．第 6 章の中心差分ではこの傾きをもって，中点での微分値（黄色の線の傾き）を近似しましたが，ここでは逆に中点の傾きをもって緑色の破線の傾きを近似します．これにより以下の近似式が得られます．

$$\begin{aligned}
y(x_{i+1}) &\simeq y(x_i) + hy'\left(x_i + \frac{h}{2}\right) \\
&= y(x_i) + hf\left(x_i + \frac{h}{2}, y_i + \frac{h}{2}f(x_i, y_i)\right)
\end{aligned} \tag{14.18}$$

この式において y_i を Y_i とすると中点法の公式

$$Y_{i+1} = Y_i + hf\left(x_i + \frac{h}{2}, Y_i + \frac{h}{2}f(x_i, Y_i)\right) \tag{14.19}$$

が得られます．

　また前節と同様に積分公式との対応という観点から説明すると，前章で紹介した積分の中点公式を適用することで

$$y(x_{i+1}) = y(x_i) + \int_{x_i}^{x_{i+1}} y'(x)dx$$

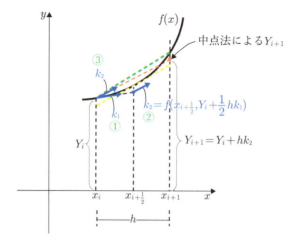

図 14.3：中点法

$$\simeq y(x_i) + hy'\left(x_i + \frac{h}{2}\right) \tag{14.20}$$

となり，式 (14.18) を経由して中点法の公式 (14.19) が得られます．

14.5 ルンゲ・クッタ法

本節ではオイラー法やホイン法に比べ，より一般化された手法であるルンゲ・クッタ法について説明します．

14.5.1 ● 2次のルンゲ・クッタ法

ここではあらかじめ2次の精度を持つ公式を作ることを目的として，公式の導出を行います．まず，完成した公式が2次の精度を持つために式 (14.5) より

$$y_{i+1} = y_i + h\Phi(x_i, y_i) + O(h^3) \tag{14.21}$$

となることが必要です．ここで $\Phi(x_i, y_i)$ は $\lambda_1, \lambda_2, \theta, \alpha$ を定数とし，

$$\Phi(x_i, Y_i) = \lambda_1 k_1 + \lambda_2 k_2 \tag{14.22}$$
$$k_1 = f(x_i, Y_i) \tag{14.23}$$
$$k_2 = f(x_i + \theta h, Y_i + \alpha h k_1) \tag{14.24}$$

の形を持つものを考え，その上で式 (14.21) を満足するよう適切なパラメータ $\lambda_1, \lambda_2, \theta, \alpha$ を求めることを考えます．

そこでまず，$y(x+h)$ をテイラー展開すると

$$\begin{aligned}
y(x_{i+1}) &= y(x_i) + hy'(x_i) + \frac{h^2}{2}y''(x_i) + \frac{h^3}{3!}y^{(3)}(\xi) \quad (x < \xi < x+h) \\
&= y(x_i) + hy'(x_i) + \frac{h^2}{2}y''(x_i) + O(h^3) \\
&= y(x_i) + hf(x_i, y_i) + \frac{h^2}{2}\{f_x(x_i, y_i) + f_y(x_i, y_i) \cdot f(x_i, y_i)\} + O(h^3)
\end{aligned} \tag{14.25}$$

となります. 一方, 今作ろうとしている公式の右辺の Y_i に y_i を代入して得られる値を z とすると

$$z = y(x_i) + h\{\lambda_1 f(x_i, y_i) + \lambda_2 f(x_i + \theta h, y_i + \alpha h f(x_i, y_i))\} \tag{14.26}$$

となります. また, 関数 f に対する 2 変数のテイラー展開

$$f(x_i + \theta h, y_i + \alpha h f(x_i, y_i)) = f(x_i, y_i) + \theta h f_x(x_i, y_i) + \alpha h f(x_i, y_i) f_y(x_i, y_i) + O(h^2) \tag{14.27}$$

を式 (14.26) に代入して整理すると以下を得ます.

$$\begin{aligned}
z &= y_i + h\lambda_1 f(x_i, y_i) + h\lambda_2 \left\{ f(x_i, y_i) + \theta h f_x(x_i, y_i) + \alpha h f(x_i, y_i) f_y(x_i, y_i) + O(h^2) \right\} \\
&= y_i + (\lambda_1 + \lambda_2) h f(x_i, y_i) + h^2 \left\{ \lambda_2 \theta f_x(x_i, y_i) + \lambda_2 \alpha f_y(x_i, y_i) f(x_i, y_i) \right\} + O(h^3) \tag{14.28}
\end{aligned}$$

ここで

$$y_{i+1} - z = O(h^3) \tag{14.29}$$

となれば式 (14.21) が成立します. そのためには式 (14.25) と式 (14.28) の 2 式を比較した際, 右辺の $O(h^2)$ 以外の各項が等しくなる必要があります. したがってそのように条件付けすると

$$\lambda_1 + \lambda_2 = 1 \tag{14.30}$$
$$\theta \lambda_2 = \alpha \lambda_2 = \frac{1}{2} \tag{14.31}$$

を得ます. この条件式では, 変数 4 つに対して方程式が 3 つなので自由度が 1 つ残ります. この自由度を使い, さまざまなパラメータ値を取ることによって得られる解法を 2 次のルンゲ・クッタ法といいます.

たとえば $\theta = 1$ とすると

$$\alpha = 1, \quad \lambda_1 = \frac{1}{2}, \quad \lambda_2 = \frac{1}{2} \tag{14.32}$$

となり, 得られる公式は

$$Y_{i+1} = Y_i + \frac{h}{2}(f(x_i, Y_i) + f(x_i + h, Y_i + h f(x_i, Y_i))) \tag{14.33}$$

となります. これは前節のホイン法と同じ式であり, この点においてホイン法は 2 次のルンゲ・クッタ法の一例といえます.

また $\theta = 1/2$ とすると $\alpha = 1/2$, $\lambda_1 = 0$, $\lambda_2 = 1$ となり, 以下のように中点法の公式が得られます.

$$Y_{i+1} = Y_i + h f\left(x_i + \frac{h}{2}, Y_i + \frac{h}{2} f(x_i, Y_i)\right) \tag{14.34}$$

14.5.2 ●3次のルンゲ・クッタ法

3 次のルンゲ・クッタ法も 2 次の場合と同様に公式を導出することができます. まず, $\Phi(x, y)$ は $\lambda_1, \lambda_2, \lambda_3, \theta_1, \theta_2, \alpha_1, \beta_1, \beta_2$ を定数とし,

$$\Phi(x_i, Y_i) = \lambda_1 k_1 + \lambda_2 k_2 + \lambda_3 k_3 \tag{14.35}$$

$$k_1 = f(x_i, Y_i) \tag{14.36}$$
$$k_2 = f(x_i + \theta_1 h, Y_i + \alpha_1 h k_1) \tag{14.37}$$
$$k_3 = f(x_i + \theta_2 h, Y_i + \beta_1 h k_1 + \beta_2 h k_2) \tag{14.38}$$

の形を持つものを考え，前項と同様に次の2式を比較することでパラメータの条件式を導きます．

$$y(x_{i+1}) = y(x_i) + hy'(x_i) + \frac{h^2}{2}y''(x_i) + \frac{h^3}{3!}y^{(3)}(x_i) + O(h^4) \tag{14.39}$$
$$z = y(x_i) + h\{\lambda_1 k_1 + \lambda_2 k_2 + \lambda_3 k_3\} \tag{14.40}$$

ここで，式 (14.39) は $y(x+h)$ を3次の項までテイラー展開したもの，式 (14.40) は式 (14.35) に基づく公式です．詳しい導出過程は省略しますがこれをもとに最終的に以下の条件式が導かれます．

$$\alpha_1 = \theta_1, \quad \beta_1 + \beta_2 = \theta_2, \quad \lambda_1 + \lambda_2 + \lambda_3 = 1,$$
$$\lambda_2 \theta_1 + \lambda_3 \beta_2 = \frac{1}{2}, \quad \lambda_2 \theta_1^2 + \lambda_3 \beta_2^2 = \frac{1}{3}, \quad \lambda_3 \beta_2 \theta_1 = \frac{1}{6} \tag{14.41}$$

これら6個の条件式に対してパラメータは8個なので自由度が2つ残ります．一例として自由度を持つパラメータを $\theta_1 = 1/2$, $\theta_2 = 1$ と選ぶと上の条件式より

$$\lambda_1 = \frac{1}{6}, \quad \lambda_2 = \frac{2}{3}, \quad \lambda_3 = \frac{1}{6}, \quad \alpha_1 = \frac{1}{2}, \quad \beta_1 = -1, \quad \beta_2 = 2 \tag{14.42}$$

となります．これより以下の公式（3次のルンゲ・クッタ法）が得られます．

$$\begin{aligned}
Y_{i+1} &= Y_i + \frac{h}{6}(k_1 + 4k_2 + k_3) \\
k_1 &= f(x_i, Y_i) \\
k_2 &= f(x_i + \frac{h}{2}, Y_i + \frac{h}{2}k_1) \\
k_3 &= f(x_i + h, Y_i - hk_1 + 2hk_2)
\end{aligned} \tag{14.43}$$

これは x_i, $x_i + \frac{h}{2}$, x_{i+1} の3点を用い，$y'(x)$ の積分の近似としてシンプソン公式を適用したものと解釈できます．また，幾何学的な説明を図 14.4 に示します．①〜④の順に各点における傾き k_i

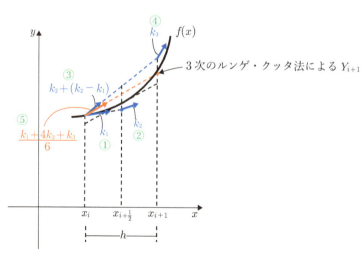

図 14.4：3次のルンゲ・クッタ法

を見積もり，⑤でそれらの加重平均をとっています．

14.5.3 ● 4次のルンゲ・クッタ法

ルンゲ・クッタ法の中でもっとも多く用いられるのが4次の公式です．この公式の導出はこれまでと同様に行えます．$\lambda_i \ (i=1,\cdots,4), \theta_i \ (i=1,\cdots,4), \alpha_1, \beta_i \ (i=1,2), \gamma_i \ (i=1,2,3)$ を定数とし，$\Phi(x,y)$ を

$$\Phi(x_i, Y_i) = \lambda_1 k_1 + \lambda_2 k_2 + \lambda_3 k_3 + \lambda_4 k_4 \tag{14.44}$$

$$k_1 = f(x_i, Y_i) \tag{14.45}$$

$$k_2 = f(x_i + \theta_1 h, Y_i + \alpha_1 h k_1) \tag{14.46}$$

$$k_3 = f(x_i + \theta_2 h, Y_i + \beta_1 h k_1 + \beta_2 h k_2) \tag{14.47}$$

$$k_4 = f(x_i + \theta_3 h, Y_i + \gamma_1 h k_1 + \gamma_2 h k_2 + \gamma_3 k_3) \tag{14.48}$$

とします．この公式が $y(x+h)$ のテイラー展開における h^4 のオーダーまで近似するようにパラメータの条件式を求め，その値を決定します．導出過程は省略しますが，たとえば 1/6 公式と呼ばれる以下の公式がもっともよく用いられます．

$$\begin{aligned} Y_{i+1} &= Y_i + \frac{h}{6}(k_1 + 2k_2 + 2k_3 + k_4) \\ k_1 &= f(x_i, Y_i) \\ k_2 &= f(x_i + \frac{h}{2}h, Y_i + \frac{h}{2}k_1) \\ k_3 &= f(x_i + \frac{h}{2}h, Y_i + \frac{h}{2}k_2) \\ k_4 &= f(x_i + h, Y_i + hk_3) \end{aligned} \tag{14.49}$$

幾何学的な説明を図 **14.5** に示します．また他には 1/8 公式があり，これは

$$\begin{aligned} Y_{i+1} &= Y_i + \frac{h}{8}(k_1 + 3k_2 + 3k_3 + k_4) \\ k_1 &= f(x_i, Y_i) \end{aligned}$$

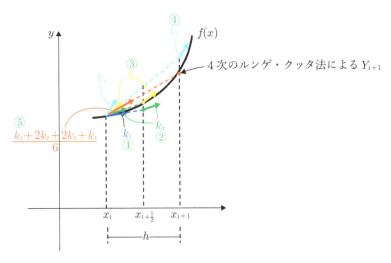

図 **14.5**：4次のルンゲ・クッタ法

$$k_2 = f(x_i + \frac{h}{3}h, Y_i + \frac{h}{3}k_1)$$
$$k_3 = f(x_i + \frac{2h}{3}h, Y_i + hk_2 - \frac{h}{3}k_1)$$
$$k_4 = f(x_i + h, Y_i + hk_3 - hk_2 + h_k1) \tag{14.50}$$

と定義されます．

14.6 1段法のプログラム作成

これまでに紹介した各手法をまとめた SPD を図 14.6 に示します．なお，4 次のルンゲ・クッタ法は 1/6 公式を記載しています．

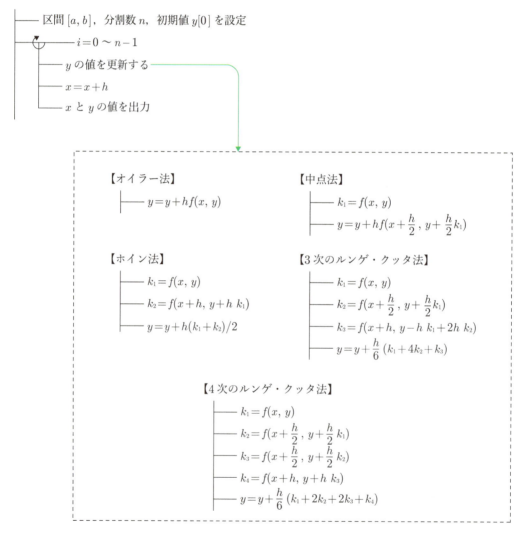

図 14.6：各種 1 段法の SPD

各種の 1 段法を用いて以下の初期値問題を解くプログラムをソースコード 14.1 に示します．

$$y' = 8xy \quad (0 \le x \le 1) \tag{14.51}$$

$$y(0) = 1 \tag{14.52}$$

ソースコード 14.1：各種 1 段法のプログラム

```c
1  #include <stdio.h>
2
3  #define N 10 // 分割数
4
5  // 微分方程式 dy/dx = f(x, y) を定義----------------------------------
6  double f(double x, double y) {
7
8      return 8 * x * y;
9  }
10
11 // オイラー法------------------------------------------------------
12 void euler(double a, double b, double y[], int n,
13                             double (*f) (double, double)) {
14     double x = a, h = (b - a) / n;
15
16     for (int i = 0; i < n; i++) {
17         y[i+1] = y[i] + h * f(x, y[i]);
18         x = x + h;
19     }
20 }
21
22 // ホイン法--------------------------------------------------------
23 void heun(double a, double b, double y[], int n,
24                             double (*f) (double, double)) {
25     double k1, k2, x = a, h = (b - a) / n;
26
27     for (int i = 0; i < n; i++) {
28         k1 = f(x, y[i]);
29         k2 = f(x + h, y[i] + h * k1);
30
31         y[i+1] = y[i] + h * (k1 + k2) / 2.0;
32         x = x + h;
33     }
34 }
35
36 // 中点法----------------------------------------------------------
37 void mid_point(double a, double b, double y[], int n,
38                             double (*f) (double, double)) {
39     double k1, k2, x = a, h = (b - a) / n;
40
41     for (int i = 0; i < n; i++) {
42         k1 = f(x, y[i]);
43         k2 = f(x + h / 2.0, y[i] + (h / 2.0) * k1);
44
45         y[i+1] = y[i] + h * k2;
46         x = x + h;
47     }
48 }
49
50 // 3 次のルンゲ・クッタ法------------------------------------------
51 void runge_kutta_3(double a, double b, double y[], int n,
52                             double (*f) (double, double)) {
53     double k1, k2, k3, x = a, h = (b - a) / n;
54
55     for (int i = 0; i < n; i++) {
56         k1 = f(x, y[i]);
```

```
57        k2 = f(x + h / 2.0, y[i] + h * k1 / 2.0);
58        k3 = f(x + h, y[i] - h*k1 + 2.0*h*k2);
59
60        y[i+1] = y[i] + h * (k1 + 4.0*k2 + k3) / 6.0;
61        x = x + h;
62    }
63 }
64
65 // 4 次のルンゲ・クッタ法--------------------------------------------
66 void runge_kutta_4(double a, double b, double y[], int n,
67                                  double (*f) (double, double)) {
68    double k1, k2, k3, k4, x = a, h = (b - a) / n;
69
70    for (int i = 0; i < n; i++) {
71        k1 = f(x, y[i]);
72        k2 = f(x + h / 2.0, y[i] + h / 2.0 * k1);
73        k3 = f(x + h / 2.0, y[i] + h / 2.0 * k2);
74        k4 = f(x + h, y[i] + h * k3);
75
76        y[i+1] = y[i] + h * (k1 + 2.0*k2 + 2.0*k3 + k4) / 6.0;
77        x = x + h;
78    }
79 }
80
81 // 結果出力-------------------------------------------------------
82 void print_results(double a, double b, double n, double y[]) {
83    double h = (b - a) / n;
84    int i;
85
86    printf(" x    y \n");
87    printf("--------------------\n");
88
89    for (i = 0; i <= n; i++) {
90        printf("%5.2lf %8.5lf\n", i*h, y[i]);
91    }
92 }
93
94 // メイン関数-----------------------------------------------------
95 int main() {
96
97    double a = 0.0, b = 1.0, y[N+1];
98
99    // オイラー法実行
100    y[0] = 1.0;
101    euler(a, b, y, N, f);
102    printf(" [オイラー法の結果] \n");
103    print_results(a, b, N, y);
104
105    // ホイン法実行
106    y[0] = 1.0;
107    heun(a, b, y, N, f);
108    printf("\n [ホイン法の結果] \n");
109    print_results(a, b, N, y);
110
111    // 中点法実行
112    y[0] = 1.0;
113    mid_point(a, b, y, N, f);
114    printf("\n [中点法の結果] \n");
115    print_results(a, b, N, y);
116
117    // 3 次ルンゲ・クッタ法実行
118    y[0] = 1.0;
119    runge_kutta_3(a, b, y, N, f);
120    printf("\n [3 次ルンゲ・クッタ法の結果] \n");
```

```
121        print_results(a, b, N, y);
122
123        // 4次ルンゲ・クッタ法実行
124        y[0] = 1.0;
125        runge_kutta_4(a, b, y, N, f);
126        printf("\n ［4次ルンゲ・クッタ法の結果］\n");
127        print_results(a, b, N, y);
128
129        return 0;
130    }
```

実行結果をグラフにしたものを図 14.7 に示します．この初期値問題の解析解は図中破線で表示した $y = e^{4x^2}$ です．なお，ここでは各手法の違いが明確になるように分点間の幅 h を大きくとっています．1 次精度のオイラー法から，2 次の中点法およびホイン法，3 次のルンゲ・クッタ法，4 次のルンゲ・クッタ法の順に，次数に応じて精度が向上していくことが確認できます．

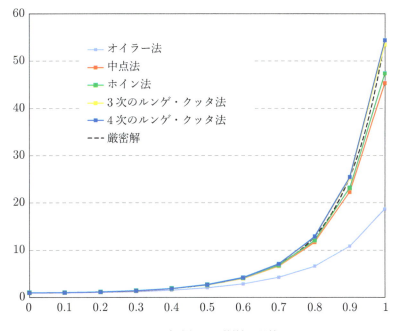

図 14.7：各手法による数値解の比較

14.7 1段法の収束

本章で紹介した初期値問題の解法では離散化された x_i に対し，初期点からスタートして順次 Y_i を求めていきます．その際 1 ステップごとに発生する誤差は計算を進めるごとに累積していきます．このような大域的な誤差を評価する定理として以下のものがあります．

定理 14.1
初期値問題 (14.1), (14.2) に対する m 次の 1 段法

$$Y_0 = y_0, \quad Y_{i+1} = Y_i + h\Phi(x_i, Y_i) \quad (i = 0, 1, \cdots, n-1) \tag{14.53}$$

において，$\Phi(x, y)$ が以下のリプシッツ条件

$$|\Phi(x, y) - \Phi(x, z)| \leq L|y - z|, \quad L > 0 \tag{14.54}$$

を満たすとする．このとき，適当な正定数 C に対して

$$\max_{1 \leq i \leq n} |y_i - Y_i| \leq Ch^m \tag{14.55}$$

が成立する．

証明

式 (14.53) と式 (14.5) より

$$y_{i+1} - Y_{i+1} = y_i - Y_i + h\{\Phi(x_i, y_i) - \Phi(x_i, Y_i)\} + O(h^{m+1}) \tag{14.56}$$

が得られます．この両辺の絶対値をとれば

$$|y_{i+1} - Y_{i+1}| \leq |y_i - Y_i| + hL|y_i - Y_i| + Ah^{m+1} \tag{14.57}$$

となります．ただし A は適当な正定数です．ここで $e_i = y_i - Y_i$ とおくと

$$
\begin{aligned}
|e_{i+1}| &\leq (1 + hL)\, |e_i| + Ah^{m+1} \\
&\leq (1 + hL)\{(1 + hL)\, |e_{i-1}| + Ah^{m+1}\} + Ah^{m+1} \\
&\leq \cdots \\
&\leq (1 + hL)^{i+1}|e_0| + \{(1 + hL)^i + (1 + hL)^{i-1} + \cdots + 1\}Ah^{m+1} \\
&= \frac{Ah^m}{L}\{(1 + hL)^{i+1} - 1\} \quad (|e_0| = 0 \text{ より})
\end{aligned} \tag{14.58}
$$

となります．上式において添え字を 1 ずらして $i+1$ を i とおき，不等式 $1 + hx < e^{hx}$ を用いると

$$|e_i| \leq \frac{Ah^m}{L}\{(1 + hL)^i - 1\} < \frac{A(e^{L(b-a)} - 1)}{L}h^m \tag{14.59}$$

となり，式 (14.55) が成立します．**証明終**

式 (14.55) が成立するとき，その公式は m 次収束するといいます．関数 $f(x, y)$ がリプシッツ条件を満足するならば，オイラー法を含め，m 次のルンゲ・クッタ法における $\Phi(x, y)$ はリプシッツ条件を満たします．したがって定理 14.1 より，これらの公式は m 次収束します．

章末問題

問 14.1

ソースコード 14.1 で用いた例題

$$y' = 8xy \quad (0 \leq x \leq 1) \tag{14.60}$$

$$y(0) = 1 \tag{14.61}$$

に対し，分点間隔を変化させた際の各種手法（オイラー法，ホイン法，3 次のルンゲ・クッタ法，4 次のルンゲ・クッタ法）の誤差を調べよ．具体的には分点間隔 h_i を

$$h_i = \left(\frac{1}{2}\right)^i h_0, \quad i = 0, 1, 2, \cdots, \quad h_0: \text{初期の分点間隔} \tag{14.62}$$

とし，終点 $x = 1$ における各近似解の誤差を対数グラフで示せ．

問 14.2

中点法と同種の手法にリープ・フロッグ（蛙とび）法がある．これは中心差分

$$y'(x_n) \simeq \frac{y(x_{n+1}) - y(x_{n-1})}{2h} \tag{14.63}$$

を用い

$$y(x_{n+1}) \simeq y(x_{n-1}) - 2hy'(x_n) = y(x_{n-1}) - 2hf(x_n, Y_n) \tag{14.64}$$

と変形することで得られる以下の反復式を用いる手法である．

$$Y_{n+1} = Y_{n-1} - 2hf(x_n, Y_n) \tag{14.65}$$

この手法を用いて問 14.1 を解くプログラムを作成せよ．ただし，この反復式の計算を開始するには Y_1 の値が必要となる．この値はオイラー法により求めることとする．

問 14.3

リープ・フロッグ法は 2 次の精度を持つことを示せ．

第15章　常微分方程式(2)

INTRODUCTION

　本章の前半では初期値問題の解法における多段法について説明します. 多段法とはすでに求められた複数個手前の近似解の情報を用いて次の近似解を求める手法です. 具体的には, ニュートン・コーツ公式を利用した多段法であるアダムス・バッシュフォース法やアダムス・ムルトン法を紹介します. また, 本章の後半では境界値問題に対する数値解法を紹介します. 境界値問題は初期値問題に比べると, より解くことが困難な問題です. 初期値問題の解法では, 与えられた初期値に対し決められた処理手順を実行すれば近似解を得ることができました. これに対して境界値問題では微分方程式を解くという問題に加えて, 候補となる解曲線の中から境界条件を満足するものを探し出すという困難さも加わります. そのためガウスの消去法やニュートン法などを利用して方程式を解くことにより解を求めることになります. 本章では2点境界値問題の解法として, シューティング法と差分法を紹介します.

15.1　多段法

　本節では前章と同じ初期値問題 (14.1), (14.2) を対象とします. 多段法の公式は次のようになります.

$$Y_0 = y_0 \tag{15.1}$$

$$Y_{i+1} = \alpha_0 Y_i + \alpha_1 Y_{i-1} + \cdots + \alpha_{k-1} Y_{i-k+1}$$
$$+ h\Phi(x_i, x_{i-1}, \cdots, x_{i-k+1}, Y_{i+1}, Y_i, \cdots, Y_{i-k+1}, h) \quad (i \geq 0) \tag{15.2}$$

ここで α_i は定数とします.

　この場合, k 回前までに求めた近似解を使っているので k **段法**と呼びます. なお, Y_1 から Y_{k-1} は上の公式を適用できないので, 何らかの別の方法により近似解を求めておく必要があります. また, 式 (15.2) の右辺の Φ に Y_{i+1} が含まれる場合を**陰公式** (または**陰解法**) といい, 含まれない場合を**陽公式** (または**陽解法**) といいます.

　公式の精度は1段法の場合と同じように, 次に示す次数によって表されます. 式 (14.1), (14.2) の解 $y(x)$ に関し, 公式 (15.2) の Y_i に y_i を代入すると

$$y_{i+1} = \alpha_0 y_i + \alpha_1 y_{i+1} + \cdots + \alpha_{k-1} y_{i-k+1}$$
$$+ h\Phi(x_i, x_{i-1}, \cdots, x_{i-k+1}, y_{i+1}, y_i, \cdots, y_{i-k+1}, h) + O(h^{p+1}) \tag{15.3}$$

となるとき，公式 (15.2) は p **次の精度**を持つといいます．また，

$$\tau_{i+1} = \frac{y_{i+1} - (\alpha_0 y_i + \cdots + \alpha_{k-1} y_{i-k+1})}{h} \\ - \Phi(x_i, \cdots, x_{i-k+1}, y_{i+1}, \cdots, y_{i-k+1}, h) \tag{15.4}$$

を**局所離散化誤差**といいます．

15.2 アダムスの公式

以下では，多段法の代表的な手法としてアダムス・バッシュフォース法とアダムス・ムルトン法を紹介します．まずはアダムス・バッシュフォース法についてです．前章でも示したように式 (14.1) の両辺を区間 $[x_i, x_{i+1}]$ で定積分すると

$$y(x_{i+1}) = y(x_i) + \int_{x_i}^{x_{i+1}} f(x, y) dx \tag{15.5}$$

となります．ここで右辺第 2 項の $f(x,y)$ の値がわかれば $y(x_{i+1})$ を計算することができるわけですが，積分区間である $[x_i, x_{i+1}]$ における $y(x)$ の値が求められていないため，$f(x,y)$ の値も不明となります．

前章の 1 段法では，区間 $[x_i, x_{i+1}]$ 内の点（たとえば $x_i + h/2$ や $x_i + h$ といった点）における y の値を近似的に予測し，それをもとに $f(x,y)$ を求め式 (15.5) の第 2 項の積分を近似的に行いました．

これに対し多段法では図 15.1 に示すように，すでに求められている $y_{i-1}, y_{i-2}, \cdots$ の値を用いてラグランジュ補間を行うことで，$[x_i, x_{i+1}]$ における $f(x,y)$ を近似的に求めます．たとえば 3 次のラグランジュ補間で $f(x,y)$ を近似する場合，直近の 4 点 (x_{i-3}, f_{i-3}), (x_{i-2}, f_{i-2}), (x_{i-1}, f_{i-1}), (x_i, f_i) を用いて

$$P_3(x) = \sum_{k=i-3}^{i} l_k(x) f_k, \quad l_k(x) = \prod_{j=i-3, j \neq k}^{i} \frac{x - x_j}{x_k - x_j} \tag{15.6}$$

とします．ここで式 (15.5) の $f(x,y)$ を $P_n(x)$ で置き換えることにより，以下の公式が得られます．

$$Y_{i+1} = Y_i + \int_{x_i}^{x_{i+1}} P_3(x) dx \tag{15.7}$$

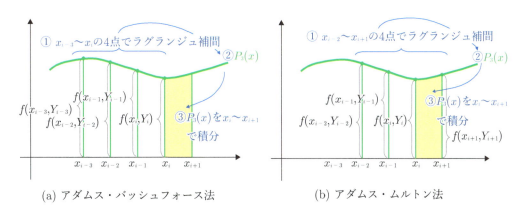

(a) アダムス・バッシュフォース法   (b) アダムス・ムルトン法

図 15.1：各手法の標本点の取り方の違い

上式を用いて近似解を求める方法をアダムス・バッシュフォース法といいます．この式の積分値を計算すると

$$
\begin{aligned}
\int_{x_i}^{x_{i+1}} P_3(x)dx = &-\frac{f_{i-3}}{6h^3}\int_{x_i}^{x_{i+1}}(x-x_{i-2})(x-x_{i-1})(x-x_i)dx \\
&+\frac{f_{i-2}}{2h^3}\int_{x_i}^{x_{i+1}}(x-x_{i-3})(x-x_{i-1})(x-x_i)dx \\
&-\frac{f_{i-1}}{2h^3}\int_{x_i}^{x_{i+1}}(x-x_{i-3})(x-x_{i-2})(x-x_i)dx \\
&+\frac{f_i}{6h^3}\int_{x_i}^{x_{i+1}}(x-x_{i-3})(x-x_{i-2})(x-x_{i-1})dx \\
= &\ h\left(-\frac{9}{24}f_{i-3}+\frac{37}{24}f_{i-2}-\frac{59}{24}f_{i-1}+\frac{55}{24}f_i\right)
\end{aligned}
\tag{15.8}
$$

となります．よって 4 段のアダムス・バッシュフォース法の公式は

$$
Y_{i+1} = Y_i + h\left(-\frac{9}{24}f_{i-3}+\frac{37}{24}f_{i-2}-\frac{59}{24}f_{i-1}+\frac{55}{24}f_i\right)
\tag{15.9}
$$

となります．なお，上式において f の添え字は 0 以上である必要があるので，この公式は Y_1, Y_2, Y_3 の計算には使えません．これらの値については別の手法，たとえば 4 次のルンゲ・クッタ法などにより求める必要があります．

15.2.1 ● アダムス・ムルトン法

アダムス・バッシュフォース法では図 15.1(a) に示したように，$[x_i, x_{i+1}]$ の区間における $f(x, y)$ を求めるためにその区間の外側にある標本点 x_{i-1}, x_{i-2}, x_{i-3} を用いてラグランジュ補間を行いました．しかし，一般に標本点の外部では内部に比べると近似の精度が悪くなります．そこで次に紹介するアダムス・ムルトン法では標本点が置かれている区間の中に $[x_i, x_{i+1}]$ が含まれるようにします．たとえば先ほど同様に 3 次のラグランジュ補間を用いる場合，標本点として (x_{i-2}, f_{i-2}), (x_{i-1}, f_{i-1}), (x_i, f_i), (x_{i+1}, f_{i+1}) の 4 点を用います．

この場合，先ほどの式 (15.8) と同様に積分値を計算すると

$$
\int_{x_i}^{x_{i+1}} P_3(x)dx = h\left(\frac{1}{24}f_{i-2}-\frac{5}{24}f_{i-1}+\frac{19}{24}f_i+\frac{9}{24}f_{i+1}\right)
\tag{15.10}
$$

となります．したがって近似解を求める公式は

$$
Y_{i+1} = Y_i + h\left(\frac{1}{24}f_{i-2}-\frac{5}{24}f_{i-1}+\frac{19}{24}f_i+\frac{9}{24}f_{i+1}\right)
\tag{15.11}
$$

となります．これをアダムス・ムルトン公式といいます．なお，この公式は右辺に f_{i+1} があり陰公式となっています．この値を計算するには Y_{i+1} の値が必要となるため，アダムス・バッシュフォース法のように直接的に Y_{i+1} を計算することができません．このようなケースでは，右辺に値を代入して左辺の Y_{i+1} を求めるのではなく，次項で示すように式 (15.11) の Y_{i+1} を未知数とした方程式を解く必要があります．

15.2.2 ● 予測子修正子法

ここでは，アダムス・ムルトン公式 (15.11) を満たす解 Y_{i+1} を反復法を用いて求めることを考え

ます．その手順としては，まず陽公式であるアダムス・バッシュフォース法を用いて Y_{i+1} を計算します．次にこの値をアダムス・ムルトン公式の右辺の Y_{i+1} に代入し，再計算します．これによってより精度の良い Y_{i+1} を得ることが期待できます．さらにこの代入計算は反復的に行うことができるので，アダムス・ムルトン公式を漸化式として用い，$k = 0, 1, \cdots$ に対して

$$Y_{i+1}^{(k+1)} = Y_i + h \left(\frac{1}{24} f_{i-2} - \frac{5}{24} f_{i-1} + \frac{19}{24} f_{i+1} + \frac{9}{24} f(x_{i+1}, Y_{i+1}^{(k)}) \right) \tag{15.12}$$

を反復計算することで解の精度を上げていくことが可能です．

これにより得られる点列 $\{Y_{i+1}^{(k)}\}$ が収束すれば，アダムス・ムルトン公式 (15.11) を満たす解が求められたことになります．このように陽公式を用いて Y_{i+1} の値を予測し，陰公式を用いてそれを修正する手法を予測子修正子法といいます．

なお，実際の計算では収束条件として

$$|Y_{i+1}^{(k+1)} - Y_{i+1}^{(k)}| < \varepsilon \quad \text{または} \quad |Y_{i+1}^{(k+1)} - Y_{i+1}^{(k)}| < \varepsilon |Y_{i+1}^{(k)}| \tag{15.13}$$

を用います．

15.2.3 ● 予測子修正子法のプログラム作成

予測子修正子法を用いて以下の初期値問題を解くプログラムをソースコード 15.1 に示します．

$$y' = 8xy \quad (0 \leq x \leq 1) \tag{15.14}$$

$$y(0) = 1 \tag{15.15}$$

ソースコード 15.1：予測子修正子法のプログラム

```c
 1  #include <stdio.h>
 2  #include <math.h>
 3
 4  #define N 100 // 分割数
 5  #define MAX_ITER 10 // 最大反復数
 6  #define EPS 1e-6 // 収束判定用閾値
 7
 8  // 微分方程式の右辺を定義-------------------------------------------------
 9  double f(double x, double y) {
10
11      return 8*x*y;
12  }
13
14  // ルンゲ・クッタ法（1 ステップ実行）-----------------------------------
15  double runge_kutta_1_step(double x, double y, double h,
16                            double (*f)(double, double)) {
17      double k1, k2, k3, k4;
18
19      k1 = f(x, y);
20      k2 = f(x + h / 2.0, y + h / 2.0 * k1);
21      k3 = f(x + h / 2.0, y + h / 2.0 * k2);
22      k4 = f(x + h, y + h * k3);
23
24      return y + h / 6.0 * (k1 + 2.0 * k2 + 2.0 * k3 + k4);
25  }
26
```

```c
27  // 予測子修正子法--------------------------------------------------------
28  void predictor_corrector_method(double a, double b, int n, double y[],
29                                  int num_iter[], double (*f)(double, double)) {
30
31      double y_new, y_old, h = (b-a)/n;
32      double f_i[5] ;
33      int i, j, iter=0;
34
35      // ルンゲ・クッタ法により最初の 3 点を求める--------------------------------
36      f_i[0] = f(a , y[0]);
37      for (i = 1; i < 4; i++) {
38          y[i] = runge_kutta_1_step(a+(i-1)*h, y[i-1], h, f);
39          f_i[i] = f(a + i * h, y[i]);
40      }
41
42      // アダムスの方法で 4 点目以降を求める--------------------------------------
43      for (i = 4; i <= n; i++) {
44
45          // アダムス・バッシュフォース法----------------------------------
46          y_old = y[i-1] + h * (-9.0*f_i[0] + 37.0*f_i[1]
47                          - 59.0*f_i[2] + 55.0*f_i[3]) / 24.0;
48
49          // アダムス・ムルトン法で反復改良--------------------------------
50          iter = 0;
51          do {
52              f_i[4] = f(a+i*h, y_old);
53              y_new = y[i-1] + h / 24.0 * (f_i[1] - 5.0 * f_i[2]
54                                  + 19.0 * f_i[3] + 9.0 * f_i[4]);
55              if (fabs(y_new - y_old) < EPS) break;
56              y_old = y_new;
57              iter++;
58          } while (iter < MAX_ITER);
59
60          // 収束しない場合はメッセージを表示------------------------------
61          if (iter == MAX_ITER) {
62              printf("第%d ステップ：収束しませんでした．\n", i);
63          }
64
65          for (j = 0; j < 3; j++) f_i[j] = f_i[j + 1];
66          y[i] = y_new;
67          f_i[3] = f(a + i * h, y[i]);
68
69          num_iter[i] = iter;
70      }
71  }
72
73  // メイン関数----------------------------------------------------------
74  int main() {
75
76      double a = 0, b = 1, y[N+1];
77      int i, num_iter[N + 1] = { 0 };
78
79      y[0] = 1.0;
80      predictor_corrector_method(a, b, N, y, num_iter, f);
81
82      // 結果出力--------------------------------------------------------
83      printf(" x y 反復回数\n");
84      printf("----------------------------\n");
85      for (i = 0; i <= N; i++) {
86          printf("%5.2lf %8.5lf %d\n", (b-a)/N*i, y[i], num_iter[i]);
87      }
88
89      return 0;
90  }
```

実行結果をグラフにしたものを図 15.2 に示します．図 15.2(a) より，x が 1 に近づくにしたがって y の値が急速に大きくなっていることがわかります．これに伴い誤差も大きくなるため，反復回数が増加していることがわかります（図 15.2(b)）．

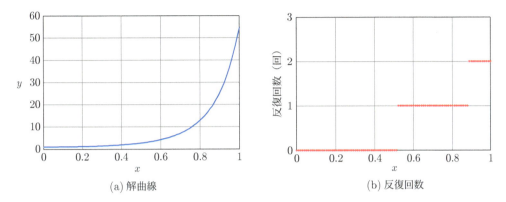

図 15.2：予測子修正子法による近似解と反復回数

15.3 高階微分方程式・多変数微分方程式

15.3.1 ● 連立微分方程式による記述

本節では次の n 元連立微分方程式の初期値問題を考えます．

$$\begin{cases} \dfrac{dy_1}{dx} = f_1(x, y_1, y_2, \cdots, y_n) \\ \dfrac{dy_2}{dx} = f_2(x, y_1, y_2, \cdots, y_n) \\ \quad\vdots \\ \dfrac{dy_n}{dx} = f_n(x, y_1, y_2, \cdots, y_n) \\ y_1(a) = \alpha_1,\ y_2(a) = \alpha_2,\ \cdots,\ y_n(a) = \alpha_n \end{cases} \tag{15.16}$$

この問題は，これまでに紹介した 1 段法や多段法の各種公式を n 次元ベクトルに拡張することで解くことができます．まず，上式をベクトル形式で表現すると

$$\begin{cases} \dfrac{d\boldsymbol{y}}{dx} = \boldsymbol{f}(x, \boldsymbol{y}) \\ \boldsymbol{y}(a) = \boldsymbol{y}_0 \end{cases} \tag{15.17}$$

$$\boldsymbol{y}(x) = \begin{bmatrix} y_1(x) \\ y_2(x) \\ \vdots \\ y_n(x) \end{bmatrix}, \quad \boldsymbol{f}(x, \boldsymbol{y}) = \begin{bmatrix} f_1(x, y_1, y_2, \cdots, y_n) \\ f_2(x, y_1, y_2, \cdots, y_n) \\ \vdots \\ f_n(x, y_1, y_2, \cdots, y_n) \end{bmatrix}, \quad \boldsymbol{y}_0 = \begin{bmatrix} \alpha_1 \\ \alpha_2 \\ \vdots \\ \alpha_n \end{bmatrix} \tag{15.18}$$

となります．これに対して前節までの公式を n 次元ベクトルに拡張して適用します．たとえばルンゲ・クッタ法の場合，ベクトル $\boldsymbol{y}(x_i)$ の近似解を $\boldsymbol{Y}^{(i)} = [Y_1^{(i)}, Y_2^{(i)}, \cdots, Y_n^{(i)}]^t$ とし，次式によっ

て x_{i+1} における近似解 $\boldsymbol{Y}^{(i+1)}$ を計算します.

$$\boldsymbol{Y}^{(i+1)} = \boldsymbol{Y}^{(i)} + \frac{1}{6}(\boldsymbol{k}_1 + 2\boldsymbol{k}_2 + 2\boldsymbol{k}_3 + \boldsymbol{k}_4) \tag{15.19}$$

$$\boldsymbol{k}_1 = \boldsymbol{f}(x_i, \boldsymbol{Y}^{(i)}) \tag{15.20}$$

$$\boldsymbol{k}_2 = \boldsymbol{f}(x_i + \frac{h}{2}, \boldsymbol{Y}^{(i)} + \frac{h}{2}\boldsymbol{k}_1) \tag{15.21}$$

$$\boldsymbol{k}_3 = \boldsymbol{f}(x_i + \frac{h}{2}, \boldsymbol{Y}^{(i)} + \frac{h}{2}\boldsymbol{k}_2) \tag{15.22}$$

$$\boldsymbol{k}_4 = \boldsymbol{f}(x_i + h, \boldsymbol{Y}^{(i)} + h\boldsymbol{k}_3) \tag{15.23}$$

高階の微分方程式

n 階 $(n \geq 2)$ の微分方程式

$$y^{(n)} = f(x, y, y', \cdots, y^{(n-1)}) \tag{15.24}$$

$$y(a) = \alpha_1, y'(a) = \alpha_2, \cdots, y^{(n-1)}(a) = \alpha_n \tag{15.25}$$

に対しては,各 $y^{(i)}$ を新たな変数とおくことによって n 元連立微分方程式に変換できます.具体的には新たな変数 u_i を以下のように定義します.

$$u_1(x) = y(x), \quad u_2(x) = y'(x), \quad \cdots, \quad u_n(x) = y^{(n-1)}(x) \tag{15.26}$$

この変換によって式 (15.24) は

$$u_1'(x) = u_2(x)$$
$$u_2'(x) = u_3(x)$$
$$\vdots$$
$$u_{n-1}'(x) = u_n(x)$$
$$u_n'(x) = f(x, u_1, u_2, \cdots, u_n) \tag{15.27}$$

となり,1 階の連立微分方程式となります.また初期値についても

$$u_1(a) = \alpha_1, \quad u_2(a) = \alpha_2, \quad \cdots, \quad u_n(a) = \alpha_n \tag{15.28}$$

とします.これに対し上で述べたルンゲ・クッタ法などの手法を適用することで高階微分方程式を解くことが可能となります.

15.3.2 ● ルンゲ・クッタ法（多変数）のプログラム作成

多変数版のルンゲ・クッタ法のアルゴリズムは 1 変数のときとほとんど同じなので SPD は省略し,プログラムのみを記載します.

ルンゲ・クッタ法を用いて以下の初期値問題を解くことを考えます.

$$y'' + y' - 2y = 2e^{-x} \quad (0 \leq x \leq 1) \tag{15.29}$$

$$y(0) = 1, \quad y'(0) = -1 \tag{15.30}$$

上式を連立の常微分方程式に変換すると

$$y_1' = y_2 \tag{15.31}$$

$$y_2' = -y_2 + 2y_1 + 2e^{-x} \tag{15.32}$$

$$y_1(0) = 1, \quad y_2(0) = -1 \tag{15.33}$$

となります．これを解くプログラムをソースコード 15.2 に示します．

ソースコード 15.2：ルンゲ・クッタ法（多変数）のプログラム

```c
#include <stdio.h>
#include <math.h>

#define N_DIM 2 // 次元数
#define N_DIV 100 // 分割数

// 微分方程式の右辺の関数定義----------------------------------------
void f(double x, double y[], double r[]) {

    r[0] = y[1];
    r[1] = -y[1] + 2 * y[0] + 2 * exp(-x);
}

// 多変数ルンゲ・クッタ法---------------------------------------------
void runge_kutta_system(double a, double b, int n, double y[],
                        void (*f)(double, double [], double [])) {
    int i, j;
    double x = a, h = (b - a) / n;
    double k1[N_DIM], k2[N_DIM], k3[N_DIM], k4[N_DIM], tmp[N_DIM];

    // 見出しと 1 行目を出力------------------------------------
    printf(" x ");
    for (j = 0; j < N_DIM; j++) printf("y[%d] ", j);
    printf("\n");

    printf("%7.3lf ", x);
    for (j = 0; j < N_DIM; j++) printf("%10.5lf ", y[j]);
    printf("\n");

    for (i = 0; i < n; i++) {

        // k1 を計算 -----------------------------------------
        f(x, y, k1);

        // k2 を計算 -----------------------------------------
        for (j = 0; j < N_DIM; j++) tmp[j] = y[j] + h*k1[j] / 2.0;
        f(x + h / 2.0, tmp, k2);

        // k3 を計算 -----------------------------------------
        for (j = 0; j < N_DIM; j++) tmp[j] = y[j] + h*k2[j] / 2.0;
        f(x + h / 2.0, tmp, k3);

        // k4 を計算 -----------------------------------------
        for (j = 0; j < N_DIM; j++) tmp[j] = y[j] + h*k3[j];
        f(x + h, tmp, k4);

        // y を計算 -----------------------------------------
        for (j = 0; j < N_DIM; j++)
            y[j] = y[j] + h / 6.0
                * (k1[j] + 2.0 * k2[j] + 2.0 * k3[j] + k4[j]);

        x += h;

```

```
54          // 結果出力 ----------------------------------------------------------------
55          printf("%7.3lf ", x);
56          for (j = 0; j < N_DIM; j++) printf("%10.5lf ", y[j]);
57          printf("\n");
58      }
59  }
60
61  // メイン関数--------------------------------------------------------------------------
62  int main() {
63
64      double y_0[N_DIM] = { 1.0, -1.0 };
65
66      runge_kutta_system(0.0, 1.0, N_DIV, y_0, f);
67
68      return 0;
69  }
```

実行結果を次に示します．なお，この問題の解析解は

$$y(x) = \frac{2}{3}e^x + \frac{4}{3}e^{-2x} - e^{-x} \tag{15.34}$$

となります．各分点における絶対誤差の最大値は 5.33993×10^{-10} となり，精度の良い数値解が得られています．

```
    x        y         y'
  0.000   1.00000   -1.00000
  0.010   0.99025   -0.95045
  0.020   0.98099   -0.90177
  0.030   0.97221   -0.85396
  0.040   0.96391   -0.80698
  0.050   0.95607   -0.76082
            ⋮
```

15.4 シューティング法

15.4.1 ●シューティング法の計算方法

以下に示す2階常微分方程式の**2点境界値問題**を考えます．

$$y'' = f(x, y, y'), \quad a \le x \le b \tag{15.35}$$

$$y(a) = y_a, \quad y(b) = y_b \tag{15.36}$$

ここで，始端 $x = a$ における $y(x)$ の傾きを調整し，終端 $x = b$ において $y(b) = y_b$ となるような解を見つけることができれば，境界値問題が解けたことになります．具体例として

$$y'' = y' - y^3 + 1, \quad 0 \le x \le 3 \tag{15.37}$$

$$y(0) = 1, \quad y(3) = 3 \tag{15.38}$$

に対して，$y'(0)$ をさまざまに変えて初期値問題を解いた結果を図 15.3 に示します．上式 (15.37)，(15.38) を解くには，これらの中から $y(3) = 3$ となるような $y'(0)$ の値を求めることになります．こ

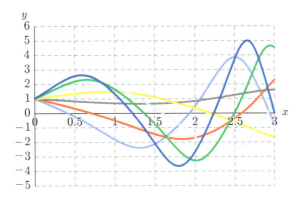

図 15.3：初期値 $y'(a)$ に対する解の変化

のように初期値問題を解くことによって，終端における境界条件を満たす解を求める方法をシューティング法といいます．

適切な $y'(0)$ の値を求めるには，2 分法などを用いて解となる $y(0)$ の存在範囲を絞り込むこともできますが，ここではより効率的な方法としてニュートン法を用いた手法を紹介します．

まず，初期値問題 $y(a) = y_a, y'(a) = \alpha$ を考えます．その際，初期値問題を数値的に解く必要があるため前節で紹介したように，2 階の微分方程式を以下に示す多変数の微分方程式に変換しておきます．

$$y_1'(x) = y_2(x) \tag{15.39}$$
$$y_2'(x) = f(x, y_1, y_2) \tag{15.40}$$
$$y_1(a) = y_a, \quad y_1(b) = \alpha \tag{15.41}$$

また，この初期値問題の解を $y_i(x) = \varphi_i(x, \alpha), (i = 1, 2)$ とします．次に境界条件 $y_1(b) = y_b$ を満たす α を求めるために方程式

$$F(\alpha) = \varphi_1(b, \alpha) - y_b = 0 \tag{15.42}$$

を考えます．これに対してニュートン法を適用すると以下の反復式が得られます．

$$\alpha_{n+1} = \alpha_n - \left\{\frac{dF(\alpha_n)}{d\alpha}\right\}^{-1} F(\alpha_n) \tag{15.43}$$

ここで $\frac{dF(\alpha_n)}{d\alpha}$ は次式で表されます．

$$\frac{dF(\alpha_n)}{d\alpha} = \frac{\partial \varphi_1(b, \alpha_n)}{\partial \alpha} \tag{15.44}$$

次に，上式の右辺の値を求めるために関数 $\frac{\partial \varphi_1(x, \alpha)}{\partial \alpha}$ を求めることを考えます．まず，関数 $\varphi_1(x, \alpha)$ は微分方程式 (15.39), (15.40) を満たすので

$$\varphi_1'(x, \alpha) = \varphi_2(x, \alpha) \tag{15.45}$$
$$\varphi_2'(x, \alpha) = f(x, \varphi_1(x, \alpha), \varphi_2(x, \alpha)) \tag{15.46}$$

が成り立ちます．上式 (15.45), (15.46) の両辺を α で偏微分し，微分の順序を入れ替えると

$$\frac{d}{dt}\frac{\partial \varphi_1(x,\alpha)}{\partial \alpha} = \frac{\partial \varphi_2(x,\alpha)}{\partial \alpha} \tag{15.47}$$

$$\frac{d}{dt}\frac{\partial \varphi_2(x,\alpha)}{\partial \alpha} = \frac{\partial f(x,y_1,y_2)}{\partial y_1}\frac{\partial \varphi_1(x,\alpha)}{\partial \alpha} + \frac{\partial f(x,y_1,y_2)}{\partial y_2}\frac{\partial \varphi_2(x,\alpha)}{\partial \alpha} \tag{15.48}$$

となります．また $\varphi_i(x,\alpha)$ の始端 $x = x_0$ における関係式

$$\varphi_1(a,\alpha) = y_a, \quad \varphi_2(a,\alpha) = \alpha \tag{15.49}$$

に対しても α で偏微分すると

$$\frac{\partial \varphi_1(a,\alpha)}{\partial \alpha} = 0, \quad \frac{\partial \varphi_2(a,\alpha)}{\partial \alpha} = 1 \tag{15.50}$$

となります．ここで，式 (15.48) と式 (15.50) は $\frac{\partial \varphi_i(x,\alpha)}{\partial \alpha}$ に関する微分方程式の初期値問題となります．したがってこれを数値的に解くことにより $\frac{\partial \varphi_1(b,\alpha)}{\partial \boldsymbol{\alpha}}$ が求まります．

以上，この値を用いてニュートン法の反復式を計算することにより，$y(b) = y_b$ となる $y'(a)$ の値を求めることができます．

例題 15.1

境界値問題 (15.37), (15.38) に対し，$\frac{\partial \varphi_i}{\partial \alpha}$, $(i = 1, 2)$ が満たす微分方程式 (15.47), (15.48) を具体的に表せ．

まず，表記の簡単化のため

$$y_3(x) = \frac{\partial \varphi_1}{\partial \alpha} \tag{15.51}$$

$$y_4(x) = \frac{\partial \varphi_2}{\partial \alpha} \tag{15.52}$$

とおきます．2 階の微分方程式 (15.37) を 2 変数連立微分方程式に変換すると

$$y_1' = f_1(x,y_1,y_2) = y_2 \tag{15.53}$$

$$y_2' = f_2(x,y_1,y_2) = y_2 - y_1^3 + 1 \tag{15.54}$$

となります．したがって $y_3(x)$, $y_4(x)$ が満たす微分方程式は

$$y_3' = y_4 \tag{15.55}$$

$$y_4' = -3y_1^2 y_3 + y_4 \tag{15.56}$$

となります． □

実際にニュートン法を用いて上記例題の境界値問題を解いた結果を図 15.4 に示します．なお，$F(\alpha)$ と $\frac{dF}{d\alpha}$ は，y_1, y_2 に関する初期値問題 (15.39)〜(15.41) と，y_3, y_4 に関する初期値問題 (15.55), (15.56), (15.50) を連立させ，4 次のルンゲ・クッタ法で求めました．反復にしたがって ① → ② → ③ → ④ の順に収束しています（③ と ④ はほとんど重なっています）．

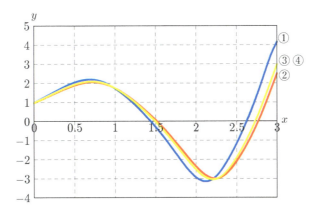

図 15.4：シューティング法による解の収束

以下では上述の手法を**周期境界条件**などにも適用できるよう，より一般化した形で定式化しておきます．まず，$\boldsymbol{y}(x) = [y_1(x), y_2(x), \cdots, y_n(x)]^t$ における境界値問題

$$\frac{d\boldsymbol{y}}{dx} = \boldsymbol{f}(x, \boldsymbol{y}) \tag{15.57}$$

$$\boldsymbol{r}\ (\boldsymbol{y}(a), \boldsymbol{y}(b)) = \boldsymbol{0} \tag{15.58}$$

を考えます．ここで $r(\boldsymbol{y}(a), \boldsymbol{y}(b))$ は境界条件を表し，たとえば周期境界条件 $\boldsymbol{y}(b) = \boldsymbol{y}(a)$ の場合

$$\boldsymbol{r}(\boldsymbol{y}(a), \boldsymbol{y}(b)) = \boldsymbol{y}(b) - \boldsymbol{y}(a) = \boldsymbol{0} \tag{15.59}$$

となります．また，微分方程式 (15.57) において $\boldsymbol{y}(a) = \boldsymbol{\alpha} = [\alpha_1, \alpha_2, \cdots, \alpha_n]^t$ としたときの解を

$$\boldsymbol{y}(x) = \boldsymbol{\varphi}(x, \boldsymbol{\alpha}) \tag{15.60}$$

とし，終端での y の値を $\boldsymbol{y}(b) = \boldsymbol{\varphi}(b, \boldsymbol{\alpha}) = \boldsymbol{\beta}$ とします．

このとき，$\boldsymbol{y}(b) = \boldsymbol{\varphi}(b, \boldsymbol{\alpha})$ なので，境界条件を満足するためには $\boldsymbol{r}(\boldsymbol{\alpha}, \boldsymbol{\varphi}(b, \boldsymbol{\alpha})) = \boldsymbol{0}$ となるような初期値 $\boldsymbol{\alpha}$ を求めればよいということになります．そこで，関数 $F : \mathbb{R}^n \to \mathbb{R}^n$ を

$$\boldsymbol{F}(\boldsymbol{\alpha}) = \boldsymbol{r}(\boldsymbol{\alpha}, \boldsymbol{\varphi}(b, \boldsymbol{\alpha})) \tag{15.61}$$

とおき，方程式 $\boldsymbol{F}(\boldsymbol{\alpha}) = \boldsymbol{0}$ を解くことを考えます．n 次元のニュートン法の反復式を構成するためにはヤコビ行列

$$\frac{\partial \boldsymbol{F}}{\partial \boldsymbol{\alpha}} = \begin{bmatrix} \frac{\partial F_1}{\partial \alpha_1} & \frac{\partial F_1}{\partial \alpha_2} & \cdots & \frac{\partial F_1}{\partial \alpha_n} \\ \frac{\partial F_2}{\partial \alpha_1} & \frac{\partial F_2}{\partial \alpha_2} & \cdots & \frac{\partial F_2}{\partial \alpha_n} \\ \vdots & & \ddots & \vdots \\ \frac{\partial F_n}{\partial \alpha_1} & \frac{\partial F_n}{\partial \alpha_2} & \cdots & \frac{\partial F_n}{\partial \alpha_n} \end{bmatrix} \tag{15.62}$$

が必要になるため，以下ではこの求め方について説明します．まず，式 (15.61) を $\boldsymbol{\alpha}$ で偏微分すると

$$\frac{\partial \boldsymbol{F}(\boldsymbol{\alpha})}{\partial \boldsymbol{\alpha}} = \frac{\partial \boldsymbol{r}(\boldsymbol{\alpha}, \boldsymbol{\beta})}{\partial \boldsymbol{\alpha}} + \frac{\partial \boldsymbol{r}(\boldsymbol{\alpha}, \boldsymbol{\beta})}{\partial \boldsymbol{\beta}} \frac{\partial \boldsymbol{\varphi}(b, \boldsymbol{\alpha})}{\partial \boldsymbol{\alpha}} \tag{15.63}$$

が得られます．次に上式の右辺第 2 項の $\frac{\partial \boldsymbol{\varphi}(x, \boldsymbol{\alpha})}{\partial \boldsymbol{\alpha}}$ の求め方を述べます．$\boldsymbol{\varphi}(x, \boldsymbol{\alpha})$ は微分方程式 (15.57)

を満たすので

$$\frac{d\boldsymbol{\varphi}(x,\boldsymbol{\alpha})}{dx} = \boldsymbol{f}(x,\boldsymbol{\varphi}(x,\boldsymbol{\alpha})) \tag{15.64}$$

となります．この両辺を $\boldsymbol{\alpha}$ で偏微分し，微分の順序を入れ替えると

$$\frac{d}{dx}\frac{\partial\boldsymbol{\varphi}(x,\boldsymbol{\alpha})}{\partial\boldsymbol{\alpha}} = \frac{\partial\boldsymbol{f}(x,\boldsymbol{\varphi}(x,\boldsymbol{\alpha}))}{\partial\boldsymbol{y}}\frac{\partial\boldsymbol{\varphi}(x,\boldsymbol{\alpha})}{\partial\boldsymbol{\alpha}} \tag{15.65}$$

となります．また $\boldsymbol{\varphi}(x,\boldsymbol{\alpha})$ の始端 $x=a$ における関係式

$$\boldsymbol{\varphi}(a,\boldsymbol{\alpha}) = \boldsymbol{\alpha} \tag{15.66}$$

に対して $\boldsymbol{\alpha}$ で偏微分すると

$$\frac{\partial\boldsymbol{\varphi}(a,\boldsymbol{\alpha})}{\partial\boldsymbol{\alpha}} = I_n \tag{15.67}$$

となります．以上から $\dfrac{\partial\boldsymbol{\varphi}(x,\boldsymbol{\alpha})}{\partial\boldsymbol{\alpha}}$ に関する初期値問題として式 (15.65), (15.67) が得られます．これを数値的に解くことにより $\dfrac{\partial\boldsymbol{\varphi}(b,\boldsymbol{\alpha})}{\partial\boldsymbol{\alpha}}$ が求まります．さらにこの値を式 (15.63) に代入することで $\dfrac{\partial\boldsymbol{F}(\boldsymbol{\alpha})}{\partial\boldsymbol{\alpha}}$ が得られます．

15.4.2 ● シューティング法のプログラム作成

以下の周期境界値問題に対し，シューティング法を適用します．

$$y'' = -0.1y' - y^3 + 0.3\cos x, \quad 0 \le x \le \pi \tag{15.68}$$

$$y(0) = y(\pi), \quad y'(0) = y'(\pi) \tag{15.69}$$

上式を 2 元連立微分方程式に変換すると

$$y_1' = f_1(x,y_1,y_2) = y_2 \tag{15.70}$$

$$y_2' = f_2(x,y_1,y_2) = -0.1y_2 - y_1^3 + 0.3\cos x \tag{15.71}$$

$$y_1(b) = y_1(a), \quad y_2(a) = y_2(b) \tag{15.72}$$

となります．次に

$$\frac{\partial\boldsymbol{\varphi}}{\partial\boldsymbol{\alpha}} = \begin{bmatrix} y_3(x) & y_5(x) \\ y_4(x) & y_6(x) \end{bmatrix} \tag{15.73}$$

とおくと式 (15.65) より

$$\frac{d}{dx}\begin{bmatrix} y_3 \\ y_4 \end{bmatrix} = \begin{bmatrix} 0 & 1 \\ -3y_1^2 & -0.1 \end{bmatrix}\begin{bmatrix} y_3 \\ y_4 \end{bmatrix}, \quad \begin{bmatrix} y_3(a) \\ y_4(a) \end{bmatrix} = \begin{bmatrix} 1 \\ 0 \end{bmatrix} \tag{15.74}$$

$$\frac{d}{dx}\begin{bmatrix} y_5 \\ y_6 \end{bmatrix} = \begin{bmatrix} 0 & 1 \\ -3y_1^2 & -0.1 \end{bmatrix}\begin{bmatrix} y_5 \\ y_6 \end{bmatrix}, \quad \begin{bmatrix} y_5(a) \\ y_6(a) \end{bmatrix} = \begin{bmatrix} 0 \\ 1 \end{bmatrix} \tag{15.75}$$

が得られます．この初期値問題と式 (15.70)～(15.72) を合わせ，6 元連立の微分方程式として解く

ことにより，$F(\alpha)$ と $\varphi(b, \alpha)$ が求まります．

また，式 (15.63) より，ニュートン法に用いるヤコビ行列は

$$\frac{\partial F(\alpha)}{\partial \alpha} = \begin{bmatrix} y_3(b, \alpha) - 1 & y_5(b, \alpha) \\ y_4(b, \alpha) & y_6(b, \alpha) - 1 \end{bmatrix} \tag{15.76}$$

となります．

以上を用いて解を求めるプログラムをソースコード 15.3 に示します．

ソースコード 15.3：シューティング法のプログラム

```c
 1  #include <stdio.h>
 2  #define _USE_MATH_DEFINES
 3  #include <math.h>
 4  #include <stdlib.h>
 5
 6  #define DIM_Y 2 // y の次元数
 7  #define DIM_Z (DIM_Y + DIM_Y*DIM_Y) // ヤコビ行列も含めた次元数
 8  #define N_DIV 100 // ルンゲ・クッタ法の分割数
 9  #define EPS 1.0e-8 // ニュートン法の収束判定用閾値
10  #define MAX_ITER 50 // ニュートン法の最大反復回数
11
12  // 微分方程式の右辺を定義-----------------------------------------------------
13  void f(double x, double y[], double r[]) {
14
15      r[0] = y[1];
16      r[1] = -0.1 * y[1] - y[0] * y[0] * y[0] + 0.3 * cos(x);
17      r[2] = y[3];
18      r[3] = -3.0 * y[0] * y[0] * y[2] - 0.1 * y[3];
19      r[4] = y[5];
20      r[5] = -3.0 * y[0] * y[0] * y[4] - 0.1 * y[5];
21  }
22
23  // シューティング法----------------------------------------------------------
24  void shooting(double a, double b, double y_a[],
25                void (*func)(double, double[], double[]), int* r) {
26
27      double F[DIM_Y], dF[DIM_Y][DIM_Y], dy[DIM_Y], z[DIM_Z];
28      int iter = 0;
29
30      // ニュートン法を実行------------------------------------------------
31      while (iter++ < MAX_ITER ) {
32
33          // 各関数の初期値をセット
34          z[0] = y_a[0];
35          z[1] = y_a[1];
36          z[2] = 1; z[3] = 0;
37          z[4] = 0; z[5] = 1;
38
39          // ルンゲ・クッタ法で y(b) とヤコビ行列 dφ(b, α)/dα を計算
40          runge_kutta_system(a, b, N_DIV, z, func);
41
42          // F(α) を計算
43          F[0] = z[0] - y_a[0];
44          F[1] = z[1] - y_a[1];
45
46          // ヤコビ行列 dF/dα を計算
47          dF[0][0] = z[2] - 1.0;
48          dF[0][1] = z[4];
49          dF[1][0] = z[3];
```

```c
50          dF[1][1] = z[5] - 1.0;
51
52          // ニュートン法の公式に従い F(α) の符号を逆にする
53          for (int j = 0; j < DIM_Y; j++) F[j] = -F[j];
54
55          // ガウスの消去法でニュートン法の修正量を求める
56          pivoted_gauss(dF, F, dy);
57
58          // 近似解の更新
59          for (int j = 0; j < DIM_Y; j++) y_a[j] += dy[j];
60
61          // 収束判定
62          if (vector_norm_max(dy) <= EPS) break;
63      }
64
65      // 戻り値をセット
66      *r = iter;
67  }
68
69  // メイン関数--------------------------------------------------------------
70  int main() {
71
72      double a = 0.0, b = 2.0 * M_PI, y_a[DIM_Y];
73      int iter = 0;
74
75      // 初期値の設定
76      y_a[0] = 1.0;
77      y_a[1] = 1.0;
78
79      shooting(a, b, y_a, f, &iter);
80
81      // 結果出力-----------------------------------------------------------
82      if (iter > MAX_ITER) {
83          printf("反復回数の上限に達しました. \n");
84      } else {
85          printf("解の初期値は以下のとおり. (反復回数：%d 回) \n", iter);
86          for (int j = 0; j < DIM_Y; j++) {
87              printf("y_a[%d] = %8.6lf\n", j, y_a[j]);
88          }
89      }
90
91      return 0;
92  }
```

実行結果を以下に示します.

```
解の初期値は以下のとおり. (反復回数： 5 回)
y[0] = 1.138141
y[1] = 0.744598
```

15.4.3 ● 初期値問題の数値解法に対するニュートン法の適用

上の手法では，写像 $\boldsymbol{F}(\boldsymbol{\alpha})$ の計算はルンゲ・クッタ法を用いて近似的に行いました．本項では，このような（初期値問題の数値解法によって構成された）$\boldsymbol{F}(\boldsymbol{\alpha})$ の近似関数に対して直接ニュートン法を適用する手法について説明します.

まず，区間 $[a, b]$ を n 等分した際の刻み幅を $h = (b-a)/n$, x の分点を $x_i = a+ih$ $(i = 0, 1, \cdots, n)$ とします．次にルンゲ・クッタ法の公式を関数 $\boldsymbol{\nu}$ として表します.

$$\boldsymbol{\nu}(x, \boldsymbol{y}) = \boldsymbol{y} + \frac{1}{6}(\boldsymbol{k}_1 + 2\boldsymbol{k}_2 + 2\boldsymbol{k}_3 + \boldsymbol{k}_4) \tag{15.77}$$

$$\boldsymbol{k}_1 = \boldsymbol{f}(x, \boldsymbol{y}) \tag{15.78}$$

$$\boldsymbol{k}_2 = \boldsymbol{f}\left(x + \frac{h}{2}, \boldsymbol{y} + \frac{h}{2}\boldsymbol{k}_1\right) \tag{15.79}$$

$$\boldsymbol{k}_3 = \boldsymbol{f}\left(x + \frac{h}{2}, \boldsymbol{y} + \frac{h}{2}\boldsymbol{k}_2\right) \tag{15.80}$$

$$\boldsymbol{k}_4 = \boldsymbol{f}(x + h, \boldsymbol{y} + h\boldsymbol{k}_3) \tag{15.81}$$

この関数は x の分点を 1 つ先に進めた $\boldsymbol{y}$ の値を返す関数であるため，$\boldsymbol{y}(a) = \boldsymbol{\alpha}$ に対して $\boldsymbol{\nu}$ を n 回かけることで $\boldsymbol{y}(b)$ が求まります．したがって初期値 $\boldsymbol{\alpha}$ を入力とし，ルンゲ・クッタ法を用いて終端値 $\boldsymbol{y}(b)$ の値を返す関数（$\boldsymbol{\varphi}(b, \boldsymbol{\alpha})$ の近似関数）は

$$\boldsymbol{\eta}(b, \boldsymbol{\alpha}) = \boldsymbol{\nu}(x_{n-1}, \ \boldsymbol{\nu}(x_{n-2}, \ \boldsymbol{\nu}(\cdots, \ \boldsymbol{\nu}(x_0, \boldsymbol{\alpha})))) \tag{15.82}$$

と定義できます．さらに，このルンゲ・クッタ法を用いて計算される $\boldsymbol{F}(\boldsymbol{\alpha})$ の近似関数は

$$\boldsymbol{G}(\boldsymbol{\alpha}) = \boldsymbol{r}(\boldsymbol{\alpha}, \boldsymbol{\eta}(b, \boldsymbol{\alpha})) \tag{15.83}$$

と定義することができます．

以上で定義された $\boldsymbol{G}(\boldsymbol{\alpha})$ に関し，第 8 章で紹介した自動微分によるニュートン法を適用し $\boldsymbol{G}(\boldsymbol{\alpha}) = \boldsymbol{0}$ を解けば，境界値問題の解を求めることができます．この手法では 15.4.1 項の方法に比べ，ヤコビ行列 $\dfrac{\partial \boldsymbol{\varphi}}{\partial \boldsymbol{\alpha}}$ に関する微分方程式 (15.65) を求める必要がないため手法の適用は容易になります．

前項のプログラムの例題（式 (15.68), (15.69)）に対して本手法を適用するプログラムをソースコード 15.4 に示します．なお，実行結果は前項のプログラムと同様になります．

ソースコード 15.4：自動微分を用いたシューティング法のプログラム

```c
 1  #include <stdio.h>
 2  #define _USE_MATH_DEFINES
 3  #include <cmath>
 4
 5  #define N 2 // 次元数
 6  #define DIV 100 // 分割数
 7  #define EPS 1.0e-8 // 収束判定用閾値
 8  #define MAX_ITER 50 // 最大反復回数
 9
10  // 微分方程式の右辺-------------------------------------------------------------
11  void func(BU_N f[], double x, BU_N y[]) {
12
13      f[0] = y[1];
14      f[1] = -0.1 * y[1] - y[0] * y[0] * y[0] + 0.3 * cos(x);
15  }
16
17  // 自動微分型用のルンゲ・クッタ法----------------------------------------------
18  void runge_kutta_system_BU(BU_N f_end[N], BU_N y_0[], double start, double end,
19      void (*func)(BU_N[], double, BU_N[])) {
20
21      BU_N y[N], y_old[N], f[N], y_tmp[N];
22      BU_N k1[N], k2[N], k3[N], k4[N];
23      double h = (end - start) / DIV, x = start;
24
25      int k = 0;
```

```
26
27    for (int i = 0; i < N; i++) {
28        y[i] = y_0[i];
29    }
30
31    for (k = 0; k < DIV; k++) {
32
33        for (int j = 0; j < N; j++) y_old[j] = y[j];
34
35        func(f, x, y);
36        for (int j = 0; j < N; j++) k1[j] = f[j];
37
38        for (int j = 0; j < N; j++) y_tmp[j] = y[j] + h / 2. * k1[j];
39        func(f, x + h / 2, y_tmp);
40        for (int j = 0; j < N; j++) k2[j] = f[j];
41
42        for (int j = 0; j < N; j++) y_tmp[j] = y[j] + h / 2. * k2[j];
43        func(f, x + h / 2, y_tmp);
44        for (int j = 0; j < N; j++) k3[j] = f[j];
45
46        for (int j = 0; j < N; j++) y_tmp[j] = y[j] + h * k3[j];
47        func(f, x + h, y_tmp);
48        for (int j = 0; j < N; j++) k4[j] = f[j];
49
50        for (int j = 0; j < N; j++) {
51            y[j] = y[j] + (h / 6) * (k1[j] + 2 * k2[j] + 2 * k3[j] + k4[j]);
52        }
53
54        x += h;
55    }
56
57    for (int j = 0; j < N; j++) f_end[j] = y[j];
58 }
59
60 // シューティング法----------------------------------------------------------------
61 int shooting_BU(double alpha[], double start, double end,
62    void (*func)(BU_N[], double, BU_N[]), int* r) {
63
64    BU_N ad_g[N], ad_alpha[N];
65    double g[N], dg[N][N], d_alpha[N];
66    int converged = 0, n_iter = 0, i, j;
67
68    while (n_iter < MAX_ITER) {
69
70        // alpha を自動微分型に変換----------------------------------------------
71        init(ad_alpha, alpha);
72
73        // ルンゲ・クッタ法で G(α) を計算---------------------------------------
74        runge_kutta_system_BU(ad_g, ad_alpha, start, end, func);
75        for (i = 0; i < N; i++) ad_g[i] = ad_g[i] - ad_alpha[i];
76
77        // 自動微分型 ad_g を関数値 g(α) とヤコビ行列 dg に分解---------------------
78        split(ad_g, g, dg);
79
80        // ニュートン法の公式に従い g(α) の符号を逆にする------------------------
81        for (j = 0; j < N; j++) g[j] = -g[j];
82
83        // ガウスの消去法により，ニュートン法の修正量を求める----------------------
84        pivoted_gauss(dg, g, d_alpha);
85
86        // 近似解の更新------------------------------------------------------
87        for (int j = 0; j < N; j++) alpha[j] += d_alpha[j];
88
89        n_iter++;
```

```
90
91          if (vector_norm_max(d_alpha) <= EPS) {
92              converged = 1;
93              break;
94          }
95      }
96
97      // 戻り値をセット
98      *r = n_iter;
99      return converged;
100 }
101
102 // メイン関数-------------------------------------------------------------
103 int main() {
104
105     double a = 0.0, b = 2.0 * M_PI, y_a[N];
106     int converged, iter = 0;
107
108     // 初期値の設定
109     y_a[0] = 1.0;
110     y_a[1] = 1.0;
111
112     converged = shooting_BU(y_a, a, b, func, &iter);
113
114     // 結果出力------------------------------------------------------
115     if (converged) {
116         printf("解の初期値は以下のとおり．（反復回数：%d 回）\n", iter);
117         for (int j = 0; j < N; j++) {
118             printf("y_a[%d] = %8.6lf\n", j, y_a[j]);
119         }
120     } else {
121         printf("反復回数の上限に達しました．\n");
122     }
123
124     return 0;
125 }
```

15.5 差分法

15.5.1 ● 差分法の計算方法

本節では差分法を用いて，以下の 2 階微分方程式の境界値問題を解く方法について解説します．

$$y'' = f(x, y, y') \quad (a \le x \le b) \tag{15.84}$$

$$y(a) = y_a, \quad y(b) = y_b \tag{15.85}$$

ここでは，上式の 1 階微分および 2 階微分を中心差分に置き換えることで，微分方程式の近似としての差分方程式を導きます．第 6 章で説明したように $y(x)$ に対する 1 階の中心差分は次式で表されます．

$$y'(x) = \frac{y(x+h) - y(x-h)}{2h} + O(h^2) \tag{15.86}$$

また 2 階微分 $y''(x)$ に対する中心差分は次のようにして求められます．まず

$$y(x+h) = y(x) + y'(x)h + \frac{1}{2}y''(x)h^2 + \frac{1}{6}y^{(3)}(x)h^3 + \frac{1}{24}y^{(4)}h^4 + \cdots \tag{15.87}$$

$$y(x-h) = y(x) - y'(x)h + \frac{1}{2}y''(x)h^2 - \frac{1}{6}y^{(3)}(x)h^3 + \frac{1}{24}y^{(4)}h^4 + \cdots \tag{15.88}$$

とし，両者を足し合わせることで

$$y(x+h) - 2y(x) + y(x-h) = y''(x)h^2 + O(h^4) \tag{15.89}$$

を得ます．ここで上式の右辺第2項 $O(h^4)$ を無視すれば

$$y''(x) \approx \frac{y(x+h) - 2y(x) + y(x-h)}{h^2} \tag{15.90}$$

となり，誤差が $O(h^3)$ の2階中心差分の公式が得られます．

次に，微分方程式 (15.84) の y' と y'' を中心差分で置き換えると，以下の近似式が得られます．

$$\frac{y(x_{i+1}) - 2y(x_i) + y(x_{i-1})}{h^2} \approx f\left(x, y, \frac{y(x_{i+1}) - y(x_{i-1})}{2h}\right) \quad (1 \le i \le N-1) \tag{15.91}$$

ここで $y(x_i)$ の値を未知数 Y_i として上式 (15.91) に当てはめると次の差分方程式が導かれます．

$$\frac{Y_{i+1} - 2Y_i + Y_{i-1}}{h^2} = f\left(x, Y_i, \frac{Y_{i+1} - Y_{i-1}}{2h}\right) \quad (1 \le i \le N-1) \tag{15.92}$$

これを解くことで微分方程式の近似解を得ることができます．なお，上式は一般に非線形方程式となるため，第7章で紹介したニュートン法などを用いて解を求めることになります．また，$f(x, y, y')$ が y および y' について線形である場合は，差分方程式 (15.92) は以下の形をした連立一次方程式となります．

$$A\boldsymbol{Y} = \boldsymbol{b} \tag{15.93}$$

$$A = \begin{bmatrix} \beta_1 & \gamma_1 & & & & \\ \alpha_2 & \beta_2 & \gamma_2 & & & \\ & \alpha_3 & \beta_3 & \gamma_3 & & \\ & & \ddots & \ddots & \ddots & \\ & & & \alpha_{N-2} & \beta_{N-2} & \gamma_{N-2} \\ & & & & \alpha_{N-1} & \beta_{N-1} \end{bmatrix}, \quad \boldsymbol{Y} = \begin{bmatrix} Y_1 \\ Y_2 \\ \vdots \\ \\ Y_{N-1} \end{bmatrix}, \quad \boldsymbol{b} = \begin{bmatrix} b_1 \\ b_2 \\ \vdots \\ \\ b_{N-1} \end{bmatrix} \tag{15.94}$$

たとえば

$$y'' = p(x)y' + q(x)y + r(x) \tag{15.95}$$

の場合，$2 \le i \le N-2$ に対して

$$\frac{Y_{i+1} - 2Y_i + Y_{i-1}}{h^2} = p(x_i)\frac{Y_{i+1} - Y_{i-1}}{2h} + q(x_i)Y_i + r(x_i)$$

$$\Leftrightarrow \quad \left(1 + \frac{h}{2}p(x_i)\right)Y_{i-1} - (2 - q(x_i)h^2)Y_i + \left(1 - \frac{h}{2}p(x_i)\right)Y_{i+1} = h^2 r(x_i) \tag{15.96}$$

となります．また $i = 1, N-1$ については各々，境界条件 $Y_0 = y_a$, $Y_N = y_b$ より

$$-(2 - q(x_1)h^2)Y_1 + \left(1 - \frac{h}{2}p(x_1)\right)Y_2 = h^2 r(x_1) - \left(1 + \frac{h}{2}p(x_1)\right)y_a \tag{15.97}$$

第15章 常微分方程式（2） 267

$$\left(1 + \frac{h}{2}p(x_{N-1})\right)Y_{N-2} - (2 - q(x_{N-1})h^2)Y_{N-1} = h^2 r(x_{N-1}) - \left(1 - \frac{h}{2}p(x_i)\right)Y_N \quad (15.98)$$

となります．これを式 (15.94) の行列形式で表現するならば

$$\alpha_i = 1 + \frac{h}{2}p(x_i), \quad \beta_i = -2 - q(x_i)h^2, \quad \gamma_i = 1 - \frac{h}{2}p(x_i) \quad (1 \le i \le N-1) \quad (15.99)$$

$$b_i = r(x_i) \quad (2 \le i \le N-2), \quad b_1 = r(x_1) - \alpha_1 y_a, \quad b_{N-1} = r(x_{N-1}) - \gamma_{N-1}y_b \quad (15.100)$$

となります．以上の連立一次方程式をガウスの消去法などで解くことにより，解が求められます．

15.5.2 ● 差分法のプログラム作成

差分法を使って以下の境界値問題を解くプログラムをソースコード 15.5 に示します．

$$y'' = -xy' + 3y + 3x^2 + 2x - 6 \quad (0 \le x \le 3) \quad (15.101)$$

$$y(0) = 0, \quad y(3) = 6 \quad (15.102)$$

ソースコード 15.5：差分法のプログラム

```
 1  #include <stdio.h>
 2
 3  #define N 100 // 分割数
 4
 5  // 関数の定義---------------------------------------------------------
 6  double p(double x) {
 7      return -x;
 8  }
 9  double q(double x) {
10      return 3.0;
11  }
12  double r(double x) {
13      return 3.0 * x*x +2*x -6;
14
15  }
16
17  // 差分法-------------------------------------------------------------
18  void fdm(double start, double end, double y_s, double y_e,
19      int n, double x[], double y[]) {
20
21      double alpha[N + 1], beta[N + 1], gamma[N + 1], b[N + 1];
22      double m, h = (end - start) / N;
23      int i;
24
25      // 分点 x_i の計算----------------------------------
26      for (i = 0; i <= N; i++) {
27          x[i] = start + i * h;
28      }
29
30      // 係数行列の初期化--------------------------------
31      for (i = 1; i <= N - 1; i++) {
32          alpha[i] = 1 + h / 2.0 * p(x[i]);
33          beta[i] = -2.0 - q(x[i]) * h * h;
34          gamma[i] = 1.0 - h / 2.0 * p(x[i]);
35          b[i] = h * h * r(x[i]);
36      }
37      b[1] -= alpha[1] * y_s;
38      b[N - 1] -= gamma[N - 1] * y_e;
```

```
39
40      // y の境界値を代入----------------------------------------
41      y[0] = y_s;
42      y[N] = y_e;
43
44      // 前進消去------------------------------------------------
45      for (int i = 1; i <= N - 2; i++) {
46          m = alpha[i + 1] / beta[i];
47          beta[i + 1] = beta[i + 1] - m * gamma[i];
48          b[i + 1] = b[i + 1] - m * b[i];
49      }
50
51      // 後退代入------------------------------------------------
52      y[N - 1] = b[N - 1] / beta[N - 1];
53      for (int i = N - 2; i >= 1; i--) {
54          y[i] = (b[i] - gamma[i] * y[i + 1]) / beta[i];
55      }
56  }
57
58  // メイン関数--------------------------------------------------
59  int main() {
60      double y[N + 1];
61      double x[N + 1];
62      int i;
63
64      fdm(0.0, 3.0, 0.0, 6.0, N, x, y);
65
66      // 結果を表示する----------------------------------------
67      printf(" x     y \n");
68      printf("--------------------\n");
69      for (i = 0; i <= N; i++) {
70          printf("%5.2lf %8.5lf\n", x[i], y[i]);
71      }
72
73      return 0;
74  }
```

実行結果をグラフにしたものを図 15.5 に示します．

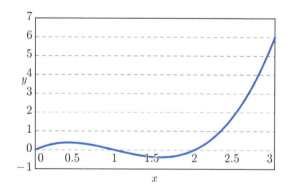

図 15.5：差分法による数値解

第15章　常微分方程式（**2**）　269

> **章末問題**
>
> ### 問 15.1
> 2 階常微分方程式の初期値問題
>
> $$y'' = f(x, y), \quad a \le x \le b \tag{15.103}$$
>
> $$y(a) = \alpha, \quad y'(a) = \beta \tag{15.104}$$
>
> に対してリープ・フロッグ法を適用すると次のようになる．上式を 2 変数 1 階の連立微分方程式
>
> $$y_1' = y_2, \quad y_2' = f(x, y) \tag{15.105}$$
>
> $$y_1(a) = \alpha, \quad y_2(a) = \beta \tag{15.106}$$
>
> に変形し，以下の反復式を用いる．
>
> $$Y_1^{(k+1)} = Y_1^{(k-1)} + 2hY_2^{(k)} \tag{15.107}$$
>
> $$Y_2^{(k+1)} = Y_2^{(k-1)} + 2hf(x, Y_1^{(k)}) \tag{15.108}$$
>
> 以上を用いて次の初期値問題を解くプログラムを作成せよ．
>
> $$y'' = 2y^2 + 2y - x, \quad 0 \le x \le 1 \tag{15.109}$$
>
> $$y(0) = 1, \quad y'(0) = 0 \tag{15.110}$$
>
> ### 問 15.2
> 以下の初期値問題をオイラー法，ルンゲ・クッタ法，リープ・フロッグ法で解き，精度を比較せよ．
>
> $$y'' = -y, \quad 0 \le x \le 10\pi \tag{15.111}$$
>
> $$y(0) = 1, \quad y'(0) = 0 \tag{15.112}$$
>
> ### 問 15.3
> 差分法を用いて以下の 2 点境界値問題を解け．
>
> $$y'' = -\frac{2y^2 y'}{(x+2)^2}, \quad 0 \le x \le 5 \tag{15.113}$$
>
> $$y(0) = 0, \quad y(5) = 3 \tag{15.114}$$

参考文献

[1] 皆川晃弥：C 言語による数値計算入門　解法・アルゴリズム・プログラム，サイエンス社，2005 年.

[2] 山本哲朗：数値解析入門（増訂版），サイエンス社，2003 年.

[3] 森 正武：数値解析　第 2 版，共立出版，2002 年.

[4] 齊藤 宣一：数値解析入門，東京大学出版会，2012 年.

[5] 杉原 正顯，室田 一雄：数値計算法の数理，岩波書店，1994 年.

[6] 篠原 能材：数値解析の基礎，日新出版，1978 年.

[7] 藤野 清次：数値計算の基礎，サイエンス社，1997 年.

[8] 久保田 光一，伊理 正夫：アルゴリズムの自動微分と応用，コロナ社，1998 年.

[9] 齊藤 宣一：数値解析，共立出版，2017 年.

[10] 伊理 正夫，藤野 和建：数値計算の常識，共立出版，1985 年.

[11] 二宮 市三：数値計算のわざ，共立出版，2006 年.

[12] 二宮 市三，吉田 年雄：数値計算のつぼ，共立出版，2004 年.

[13] 堀之内 總一，酒井 幸吉，榎園 茂：C による数値計算法入門（第 2 版）新装版，森北出版，2015 年.

[14] 長谷川 武光：工学のための数値計算，数理工学社，2008 年.

[15] M. Kuno and J.D. Seader, "Computing all real solutions to systems of nonlinear equations with a global fixed-point homotopy," Ind. Eng. Chem. Res., vol.27, pp.1320-1329, 1988.

索引

記号・数字

∞ ノルム　26
1 段法　234
1 ノルム　26, 29
2 次収束　127
2 点境界値問題　256
2 ノルム　26, 29, 204
2 分法　119, 182
3 重対角行列　177

A

Aberth の方法　137

C

C++　110

D

DKA 法　134
DK 法　134

G

goto 文　24

I

IEEE754　3

L

L_2 ノルム　204
LU 分解　52

N

NaN　5

P

p 次収束　127

Q

QR 法　188

S

SOR 法　77
SPD　22

あ

アダムス・バッシュフォース法　250
アダムス・ムルトン法　250
アンダーフロー　5
一次独立　203
一様ノルム　204
陰解法　248
陰公式　248
ヴァンデルモンドの行列式　209
上三角行列　52, 190
演算子多重定義　111
オイラー法　235
オイラー・マクローリンの公式　228
オーバーフロー　5
重み関数　206

か

解曲線　155
解曲線追跡　155
ガウス型積分公式　226
ガウス・ザイデル法　76
ガウス・チェビシェフ積分公式　227
ガウスの消去法　34
仮数　1
割線法　143
カハンのアルゴリズム　10
簡易ニュートン法　144, 148
関数近似　199
関数系　202
緩和係数　77
規格化　3
基数　1
逆反復法　195
狭義優対角行列　85
共役勾配法　88
行列の積　20, 22
行列ノルム　29
局所離散化誤差　235
組立除法　136
くもの巣型収束　125
くもの巣型発散　125
クラス　110
グラムシュミットの直交化法　189
計算グラフ　105
計算量のオーダー　48
桁落ち　7
ゲルシュゴリンの定理　164
高階微分方程式　253
公式の精度　234

構造化プログラミング　22
後退差分　100
後退代入　36, 40
勾配法　89
コーシー列　123
固有値　163
固有ベクトル　163
コレスキー分解　62

正定値対称行列　30, 62
絶対誤差　7
線形収束　127
前進差分　100
前進消去　34, 37
選択　15
相似変換　170
相対誤差　7

ニュートン・コーツ公式　221
ニュートン法　125, 146

は

バイアス表現　3
倍精度　3
ハウスホルダー変換　176
ハウスホルダー法　176
掃き出し法　51
反復　15
反復解法　71
非数　5
非正規化数　5
ピボット選択　43
標準化　3
標本点　199
フォーマット　3
複合シンプソン公式　224
複合台形公式　223
複合中点公式　222
符号化　3
符号付きゼロ　6
浮動小数点数　1
不動点　122, 145
部分ピボット選択付きガウスの
　消去法　43
プログラムの基本構造　15
フロベニウス行列　52
フロベニウスノルム　29
閉円板　164
べき乗法　164
ベクトルの内積　17, 21, 30
ベクトルノルム　25
ヘッセンベルグ行列　191
ベルヌーイ数　229
ベルヌーイ多項式　229
ホイン法　235
方向丸め　7

さ

最急降下法　89
最近点への丸め　7
最小二乗近似　199, 207
最大値ノルム　26, 29, 204
最適勾配法　89
差分法　265
差分方程式　266
指数　1
自然スプライン条件　216
下三角行列　52
自動微分　102
周期境界条件　259
修正オイラー法　237
修正コレスキー分解　67
シューティング法　256
縮小写像原理　122
主座小行列式　182
情報落ち　7
初期値問題　234
シンプソン公式　224
数値微分　100
スツルムの定理　184
スツルム法　182
スツルム列　183
スプライン補間　215
正規化　2
正定値行列　30
正定値性　30

た

対角優位性　85
台形公式　223
対称行列　169
対称性　30
多段法　248
多変数ニュートン法　147
多変数微分方程式　253
単精度　3
単調収束　124
単調発散　124
チェビシェフ多項式　206
チェビシェフ補間　214
置換行列　57
中心差分　101, 237, 265
中点公式　222
中点則　222
中点法　237
直接解法　34, 52
直交行列　30, 168, 189
直交多項式　205
直交多項式補間　213
テイラーの公式　125
デカルトの符号法則　136
トップダウンアルゴリズム　113

な

二乗誤差　199

補間誤差　212
ボトムアップアルゴリズム　103
ホモトピー法　155

ま

丸め誤差　7
密度関数　206
無限大　5, 6

や

ヤコビ行列　146, 261
ヤコビ法　71, 168

有効桁数　12
優対角行列　85
余因子展開　183
陽解法　248
陽公式　248
要素的偏導関数　103
予測子修正子法　250
四倍精度　3

ら

ラグランジュ補間　209
リープ・フロッグ法　247
離散データ　199

リプシッツ条件　246
リプシッツ定数　123
ルジャンドル多項式　207
ルンゲ・クッタ法　238
ルンゲの現象　214
零点　213
レイリー商　165
連鎖律　102
連接　15
連続データ　204
ロルの定理　213
ロンバーグ積分法　228
ロンバーグの T 表　231

著者紹介

相馬隆郎
（そうまたかお）

東京都立大学 大学院システムデザイン研究科電子情報システム工学域 准教授.
博士（工学）.
NTT データ通信株式会社に 3 年勤務の後，早稲田大学理工学部助手，東京都立
短期大学経営情報学科講師，首都大学東京（現東京都立大学）大学院理工学研究
科電気電子工学専攻准教授を経て，2020 年から現職．専門は精度保証付き数値
計算．

NDC418　　　285p　　　26cm

C言語で作って学ぶ　数値計算プログラミング
（げんご）（つくっ）（まな）（すうちけいさん）

2025 年 4 月22日　第 1 刷発行

著　者　相馬隆郎
　　　　（そうまたかお）
発行者　篠木和久
発行所　株式会社　講談社
　　　　〒112-8001　　東京都文京区音羽 2-12-21
　　　　　　販　売　(03)5395-5817
　　　　　　業　務　(03)5395-3615
編　集　株式会社　講談社サイエンティフィク
　　　　代表　堀越俊一
　　　　〒162-0825　東京都新宿区神楽坂 2-14　ノービィビル
　　　　　　編　集　(03)3235-3701
本文データ制作　藤原印刷株式会社
印刷・製本　株式会社ＫＰＳプロダクツ

落丁本・乱丁本は，購入書店名を明記のうえ，講談社業務宛にお送り下さい．
送料小社負担にてお取替えします．
なお，この本の内容についてのお問い合わせは講談社サイエンティフィク
宛にお願いいたします．定価はカバーに表示してあります．
©Takao Soma, 2025
本書のコピー，スキャン，デジタル化等の無断複製は著作権法上での例外を
除き禁じられています．本書を代行業者等の第三者に依頼してスキャンや
デジタル化することはたとえ個人や家庭内の利用でも著作権法違反です．
Printed in Japan

ISBN 978-4-06-539288-1

講談社の自然科学書

実践Data Scienceシリーズ

RとStanではじめる　ベイズ統計モデリングによるデータ分析入門	馬場真哉／著	定価 3,300 円
PythonではじめるKaggleスタートブック	石原祥太郎・村田秀樹／著	定価 2,200 円
データ分析のためのデータ可視化入門	K. ヒーリー／著　瓜生真也ほか／訳	定価 3,520 円
ゼロからはじめるデータサイエンス入門　R・Python一挙両得	辻 真吾・矢吹太朗／著	定価 3,520 円
Pythonではじめるテキストアナリティクス入門	榊 剛史／編著	定価 2,860 円
Rではじめる地理空間データの統計解析入門	村上大輔／著	定価 3,080 円
Pythonではじめる時系列分析入門	馬場真哉／著	定価 4,180 円

イラストで学ぶシリーズ

イラストで学ぶ　人工知能概論　改訂第2版	谷口忠大／著	定価 2,860 円
イラストで学ぶ　ロボット工学	木野 仁／著　谷口忠大／監	定価 2,860 円
イラストで学ぶ　ディープラーニング　改訂第2版	山下隆義／著	定価 2,860 円
イラストで学ぶ　ヒューマンインタフェース　改訂第3版	北原義典／著	定価 2,860 円

Python数値計算プログラミング	幸谷智紀／著	定価 2,640 円
1週間で学べる！Julia数値計算プログラミング	永井佑紀／著	定価 3,300 円
プログラミング〈新〉作法	荒木雅弘／著	定価 2,860 円
問題解決力を鍛える！アルゴリズムとデータ構造	大槻兼資／著　秋葉拓哉／監修	定価 3,300 円
しっかり学ぶ数理最適化	梅谷俊治／著	定価 3,300 円
OpenCVによる画像処理入門　改訂第3版	小枝正直・上田悦子・中村恭之／著	定価 3,080 円
ゼロから学ぶPythonプログラミング	渡辺宙志／著	定価 2,640 円
ゼロから学ぶGit/GitHub	渡辺宙志／著	定価 2,640 円
面倒なことはChatGPTにやらせよう	カレーちゃん・からあげ／著	定価 2,750 円
事例でわかるMLOps	杉山阿聖・太田満久・久井裕貴／編著	定価 3,300 円
迷走しない！英語論文の書き方	V. チョーベー／著　成田悠輔／監訳	定価 1,980 円
最新　使える！　MATLAB　第3版	青山貴伸・蔵本一峰・森口 肇／著	定価 3,080 円
予測にいかす統計モデリングの基本　改訂第2版	樋口知之／著	定価 3,080 円
新しいヒューマンコンピュータインタラクションの教科書	玉城絵美／著	定価 3,300 円

※表示価格には消費税（10%）が加算されています。　　　　　　　　「2025 年 4 月現在」

講談社サイエンティフィク　https://www.kspub.co.jp/